全国水利行业规划教材　高职高专水利水电类
中国水利教育协会策划组织

水利工程建设监理

主　编　王海周　杨胜敏
副主编　吴矿山　于会泉
　　　　张俊兰　常伟玲
主　审　郑　玲

黄河水利出版社
·郑州·

内容提要

本书是全国水利行业规划教材，是根据中国水利教育协会全国水利水电高职教研会制定的水利工程建设监理课程教学大纲编写完成的。本书为高职高专水利类监理课程专业教材，全书共分五章，包括水利工程建设监理概述，质量控制、投资控制与进度控制，合同管理、信息管理与安全管理，水利工程建设监理的组织协调，水利工程建设监理实务等。

本书为高职高专水利水电类专业教材，还可供水利工程施工监理人员，水利类各专业大、中专师生及其各类职业学校师生参考。

图书在版编目(CIP)数据

水利工程建设监理/王海周，杨胜敏主编. —郑州：黄河水利出版社，2010.2 (2013.3 重印)
全国水利行业规划教材
ISBN 978-7-80734-792-7

Ⅰ.①水… Ⅱ.①王… ②杨… Ⅲ.①水利工程-监督管理-高等学校：技术学校-教材 Ⅳ.①TV523

中国版本图书馆 CIP 数据核字(2010)第 017802 号

组稿编辑：王路平 电话：0371-66022212 E-mail：hhslwlp@163.com

出 版 社：黄河水利出版社
地址：河南省郑州市顺河路黄委会综合楼 14 层 邮政编码：450003
发行单位：黄河水利出版社
发行部电话：0371-66026940、66020550、66028024、66022620(传真)
E-mail：hhslcbs@126.com
承印单位：黄河水利委员会印刷厂
开本：787 mm×1 092 mm 1/16
印张：13.5
字数：310 千字 印数：8 001—12 000
版次：2010 年 2 月第 1 版 印次：2013 年 3 月第 3 次印刷
2011 年 10 月修订

定价：25.00 元

前言

本书是根据《教育部、财政部关于实施国家示范性高等职业院校建设计划，加快高等职业教育改革与发展的意见》（教高[2006]14号）、《教育部关于全面提高高等职业教育教学质量的若干意见》（教高[2006]16号）等文件精神，由全国水利水电高职教研会拟定的教材编写规划，在中国水利教育协会指导下，由全国水利水电高职教研会组织编写的第二轮水利水电类专业规划教材。第二轮教材以学生能力培养为主线，具有鲜明的时代特点，体现出实用性、实践性、创新性的教材特色，是一套理论联系实际、教学面向生产的高职高专教育精品规划教材。

我国推行监理制已近20年，目前水利工程建设监理制已经得到全社会的普遍认可，在水利工程项目建设中发挥了重要作用。随着监理制度的发展，对从业人员的素质也提出了更高要求，为满足水利工程建设对监理人才的迫切需要，许多高职院校除开办水利工程监理专业外，也在水利类专业中开设了水利工程建设监理课程，以使学生系统地学习和掌握水利工程建设监理知识。本书就是为了满足教学的客观需要而编写的。

本书由具有多年教学经验及工程实践经验的教师编写，以我国水利工程建设法律、法规和规范为依据，结合教学需要和监理实践经验，参考了国内外有关水利工程建设监理方面的优秀论文、传统教材、监理工程师培训教材等有关文献资料，系统地介绍了水利工程建设监理的基本概念、主要工作内容和工作方法，具有针对性、实用性和灵活性等特色。本书不仅适用于高职高专的课程教学，也可作为监理从业人员的参考用书。

本书编写人员及编写分工如下：杨凌职业技术学院冯旭（第一章第一、二、三节），四川水利职业技术学院李华鹏（第一章第四、五、六节），浙江同济科技职业学院于会泉（第二章第一节），北京农业职业学院杨胜敏（第二章第二节），内蒙古机电职业技术学院张俊兰（第二章第三节），山西水利职业技术学院吴矿山（第三章），安徽水利水电职业技术学院张海娥（第四章），华北水利水电学院水利职业学院王海周（第五章第一、二节），华北水利水电学院水利职业学院常伟玲（第五章第三、四、五、六节）。全书由王海周、杨胜敏担任主编，王海周负责全书统稿，由吴矿山、于会泉、张俊兰、常伟玲担任副主编，由湖北水利水电职业技术学院郑玲担任主审。

在编写过程中，我们借鉴了国内外水利工程建设监理理论研究和教学的优秀成果，引用已发表的文献资料和教材的相关内容，在此谨致以诚挚的谢意。

由于编者水平有限，时间仓促，书中难免存在疏漏或错误，欢迎读者批评指正。

编　者

2010年1月

目 录

第一章　水利工程建设监理概述

第一节　水利工程项目的建设程序

建设程序是指建设项目从设想、规划、评估、决策、设计、施工到竣工验收、投入生产整个建设过程中,各项工作必须遵循的先后次序的法则。这个法则是人们在长期的工程实践中总结出来的。它反映了建设工作所固有的客观规律和经济规律,是建设项目科学决策和顺利进行的重要保证。不遵循科学的建设程序,就会走弯路,使工程遭受重大损失,这在我国工程建设史上是有深刻教训的。

根据我国基本建设实践,水利工程项目的基本建设程序为:根据资源条件和国民经济长远发展规划,进行流域或河段规划,提出项目建议书;进行可行性研究和项目评估,编制可行性研究报告;可行性研究报告批准后,进行初步设计;初步设计经过审批,项目列入国家基本建设年度计划;进行施工准备和设备订货;开工报告批准后正式施工;建成后进行验收投产;生产运行一定时间后,对建设项目进行后评价。水利工程项目建设程序简图如图 1-1 所示。

水利工程项目基本建设程序的具体工作内容如下:

(1)流域规划。流域规划就是根据该流域的水资源条件和国家长远计划,对该地区水利工程建设发展的要求,提出该流域水资源的梯级开发和综合利用的最优方案。对该流域的自然地理、经济状况等进行全面、系统的调查研究,初步确定流域内可能的建设位置,分析各个坝址的建设条件,拟订梯级布置方案、工程规模、工程效益等,进行多方案分析比较,选定合理的梯级开发方案,并推荐近期开发的工程项目。

(2)项目建议书。它是在流域规划的基础上,由主管部门提出建设项目的轮廓设想,从宏观上衡量分析项目建设的必要性和可能性,分析建设条件是否具备,是否值得投入资金和人力,进行可行性研究工作。

项目建议书编制一般由政府委托有相应资质的设计单位承担,并按国家现行规定权限向主管部门申报审批。项目建议书被批准后,由政府向社会公布,若有投资建设意向,则组建项目法人筹备机构,进行可行性研究工作。

(3)可行性研究。可行性研究是项目能否成立的基础,这个阶段的成果是可行性研究报告。它是运用现代技术科学、经济科学和管理工程学等,对项目进行技术经济分析的综合性工作。其任务有:研究兴建某个建设项目在技术上是否可行,经济效益是否显著,财务上是否能够赢利;建设中要动用多少人力、物力和资金;建设工期多长,如何筹集建设资金等重大问题。因此,可行性研究是进行建设项目决策的主要依据。

水利工程项目的可行性研究是在流域(河段)规划的基础上,组织各方面的专家、学者对拟建项目的建设条件进行全方位、多方面的综合论证比较。例如,三峡工程就涉及许

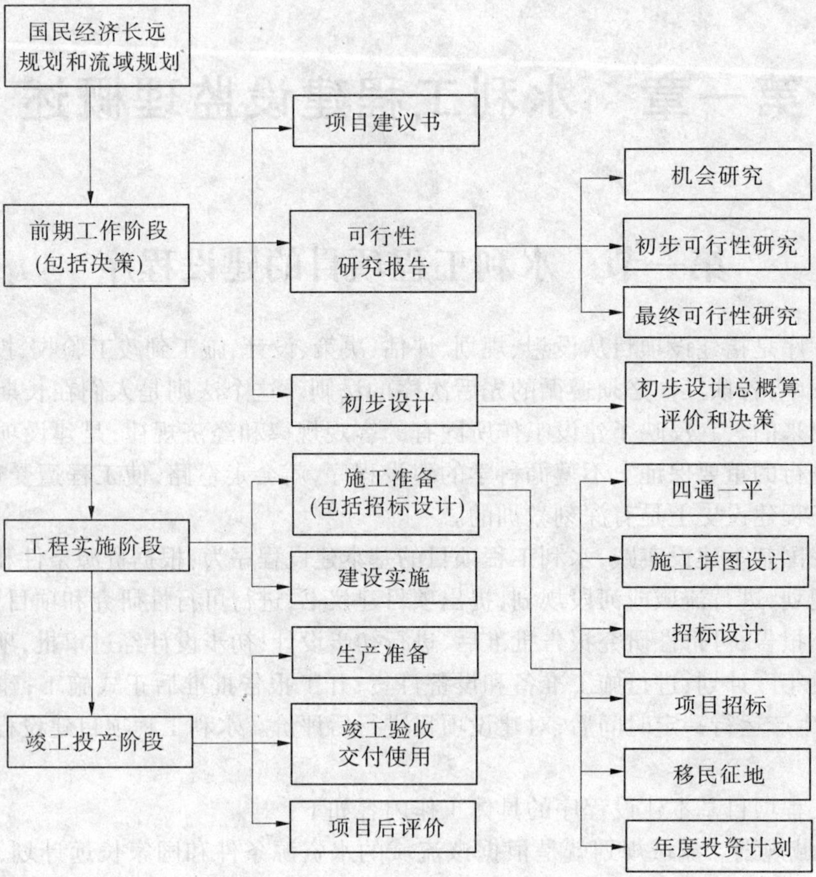

图1-1　水利工程项目建设程序简图

多部门和专业,甚至整个流域的生态环境、文物古迹、军事等学科。

可行性研究报告由项目主管部门委托工程咨询单位或组织专家进行评估,并综合行业归口部门、投资机构、项目法人等方面的意见进行审批。项目的可行性研究报告批准后,应正式成立项目法人,并按项目法人责任制实行项目管理。

(4)初步设计。可行性研究报告批准后,项目法人应择优选择有相应资质的设计单位承担工程的勘测设计工作。

初步设计是在可行性研究的基础上进行的,其主要任务有:确定工程规模,确定工程总体布置、主要建筑物的结构形式及布置,确定电站或泵站的机组机型、装机容量和布置,选定对外交通方案、施工导流方式、施工总进度和施工总布置、主要建筑物施工方法及主要施工设备、资源需用量及其来源,确定水库淹没、工程占地的范围,提出水库淹没处理、移民安置规划和投资概算,提出环境保护措施设计,编制初步设计概算,复核经济评价等。初步设计由项目法人组织审查后,按国家现行规定权限向上级主管部门申报审批。

(5)施工准备。项目在主体工程开工之前,必须完成各项施工准备工作,其主要内容包括:

①施工现场的征地、拆迁,施工用水、电、通信、道路的建设和场地平整等工程;

②必需的生产、生活临时建筑工程；

③组织招标设计、咨询、设备和物资采购等服务；

④组织建设监理和主体工程招标投标，并择优选择建设监理单位和施工承包商；

⑤进行技术设计，编制修正总概算和施工详图设计，编制设计预算。

施工准备工作开始前，项目法人或其代理机构，须依照有关规定，向行政主管部门办理报建手续，须同时交验工程建设项目的有关批准文件。工程项目进行项目报建后，方可组织施工准备工作。

(6)建设实施。建设实施是指主体工程的建设实施，项目法人按照批准的建设文件，组织工程建设，保证项目建设目标的实现。

项目法人或其代理机构，必须按审批权限，向主管部门提出主体工程开工申请报告，经批准后，主体工程方可正式开工。主体工程开工须具备以下条件：

①前期工程各阶段文件已按规定批准，施工详图设计可以满足初期主体工程施工需要；

②建设项目已列入国家或地方水利工程建设投资年度计划，年度建设资金已落实；

③主体工程招标已经决标，工程承包合同已经签订，并得到主管部门同意；

④现场施工准备和征地移民等建设外部条件能够满足主体工程开工需要；

⑤建设管理模式已经确定，投资主体与项目主体的管理关系已经理顺；

⑥项目建设所需全部投资来源已经明确，且投资结构合理；

⑦项目产品的销售，已有用户承诺，并确定了定价原则。

(7)生产准备。生产准备是项目投产前所要进行的一项重要工作，是建设阶段转入生产经营的必要条件。项目法人应按照建管结合和项目法人责任制的要求，适时做好有关生产准备工作，其主要内容一般包括：

①生产组织准备。建立生产经营的管理机构及其相应管理制度。

②招收和培训人员。按照生产运营的要求，配备生产管理人员，并通过多种形式的培训，提高人员素质，使之能满足运营要求。

③生产技术准备。主要包括技术资料的汇总、运行，技术方案的制订，岗位操作规程的制订和新技术准备。

④生产物资准备。主要是落实投产运营所需要的原材料、协作产品、工器具、备品备件和其他协作配合条件的准备。

⑤正常的生活福利设施准备。

⑥及时具体地落实产品销售合同协议的签订，以提高生产经营效益，为偿还债务和资产的保值增值创造条件。

(8)竣工验收。竣工验收是工程完成建设目标的标志，是全面考核基本建设成果、检验设计和工程质量的重要步骤。当建设项目的建设内容全部完成，并经过单位工程验收，符合设计要求并按水利水电基本建设项目档案管理的有关规定，完成了档案资料的整理工作，在完成竣工报告、竣工决算等必需文件的编制后，项目法人按照有关规定，向验收主管部门提出申请，根据国家和部颁验收规程，组织验收。

竣工决算编制完成后，须由审计机关组织竣工审计，其审计报告作为竣工验收的基本资料。

对工程规模较大、技术较复杂的建设项目可先进行初步验收。不合格的工程不予验收;有遗留问题必须有具体处理意见,且有限期处理的明确要求并落实责任人。

(9)项目后评价。建设项目竣工投产后,一般经过1~2年生产运营后要进行一次系统的项目后评价,主要内容包括:

①影响评价。项目投产后对各方面的影响所进行的评价。

②经济效益评价。对项目投资、国民经济效益、财务效益、技术进步和规模效益、可行性研究深度等方面进行的评价。

③过程评价。对项目立项、设计、施工、建设管理、竣工投产、生产运营等全过程进行的评价。

项目后评价工作一般按三个层次组织实施,即项目法人的自我评价、项目行业的评价、计划部门(或主要投资方)的评价。

建设项目后评价工作必须遵循客观、公正、科学的原则,做到分析合理、评价公正。

以上所述基本建设程序的九项内容,是我国对水利工程建设程序的基本要求,也基本反映了水利工程建设工作的全过程。

第二节 水利工程建设项目管理体制

我国的建设项目管理体制与完全市场经济国家是不同的。完全市场经济国家大多数项目为私人投资,国家对建设项目的管理主要是对项目"公共利益"的监督管理,而我国政府除对项目"公共利益"的监督管理外,对建设项目的经济效益、建设布局和对国民经济发展计划的适应性等,都要进行严格的审批。

一、项目

(一)项目的含义

所谓项目,是指在一定的约束条件下具有专门组织和特定目标的一次性任务。项目的概念有广义与狭义之分。广义的项目概念泛指一切符合项目定义,具备项目特征的一次性事业。如工业生产项目、科研项目、教育项目、体育项目、工程项目等。

(二)项目的特性

根据项目的内涵,其具有以下特性。

1. 非重现性(或一次性)

所谓非重现性(或一次性),是指就任务本身和最终成果而言,没有与这项任务完全相同的另一项任务。项目一般都有自己的目标、内容和生产过程,其结果只有一个,它不仅不可逆,而且不重复,这是项目区别于非项目活动的一个重要特征。项目一般都具备特定的开头、结尾和实施过程,有些项目活动甚至是空前绝后的,即使是为了同样的目标实施在建项目,项目在实施过程中设计的风格、实施人员,甚至建筑材料等,都有与前一项目不同之处。所以,项目的非重现性决定了其不容易试产,风险很大,并具有一定的生命周期。只有认识项目的一次性,才能有针对性地根据项目的特殊情况和要求进行科学、有效的管理。

2. 目标性

任何项目都具有明确的目标,这是项目的又一个重要特征。项目的目标性一般包括成果性目标和约束性目标。成果性目标往往取决于项目法人所要达到的目的,例如增加新的固定资产及生产能力。约束性目标也称约束条件,即限定的时间,限定的人力、物力资源投入,限定的技术水平要求。项目成果性目标和约束性目标是密不可分的,脱离了约束性目标,成果性目标就难以实现,因而约束性目标是成果性目标实现的前提。

项目目标按层次可分解为总目标、分目标、子目标等,前者以后者为手段,后者以前者为目标,这些相互间有机联系的目标构成了项目的目标系统。

项目目标按时间可分为阶段性目标,各阶段既有明确的界限,又相互密切联系,各阶段性目标共同服从和受控于总目标,又彼此相互影响和制约,并影响着总目标的实现。

3. 独特性

项目的独特性是指项目所生成的产品或服务与其他产品或服务相比所具有的特殊性。

通常一个项目的产出物或实施过程,即项目所生成的产品或服务至少在一些关键特性上与其他的产品和服务是不同的。每个项目都有一些以前没有做过的、独特的内容。例如,我国已经建设了数万座不同等级的水库,但没有两座完全相同的水库。这些水库在某个或某些方面都有一定的独特性,包括不同的自然条件(气象、水文、地质、地理条件等)、不同的设计、不同的项目法人、不同的承包商、不同的施工方法和施工时间等。当然许多项目会有一些共性的东西,但是它们并不影响整个项目的独特性。

4. 时限性

项目的时限性是指每一个项目都有自己明确的时间起点和终点,都是有始有终的,是不能被重现的。起点是项目开始的时间,终点是项目的目标已经实现,或者项目的目标已经无法实现,从而中止项目的时间。项目无论持续时间的长短,都有自己的生命周期。当然,项目的生命周期与项目所创造出的产品或服务的全生命周期是不同的,多数项目本身相对是短暂的,而项目所创造的产品或服务是长期的。例如,三峡工程项目实施的时间是有限的,但工程投入运行后的有效时间可能是几代人。树立一座纪念碑所用的时间是短暂的,但是这一项目所创造出的产出物(纪念碑),人们会期望其持续数个世纪。国际互联网项目研发的时间相对是短暂的,而该网络系统本身的寿命却是长远的。任何项目都随着目标的实现而终结,绝不会周而复始地持续下去。

5. 制约性

项目的制约性是指每个项目都在一定程度上受到内在和外在条件的制约。项目只有在满足约束条件下获得成功才有意义。内在条件的制约主要是对项目质量、寿命和功能的约束(要求)。外在条件的制约主要是对项目资源的约束,包括人力资源、财力资源、物力资源、时间资源、技术资源、信息资源等方面。项目的制约性是决定一个项目成功的关键特性。

6. 不确定性

项目的不确定性主要是由项目的独特性造成的,因为一个项目的独特之处多数需要进行不同程度的创新,而创新就包括着各种不确定性;项目的非重复性也是造成项目不确定性的原因,因为项目活动的非重复性使得人们没有改进工作的机会,所以使项目的不确定性增加;另外,项目的环境多数是开放的和相对变动较大的,这也是造成项目不确定性的主要原因之一。

7. 其他特性

项目的其他特性有项目过程的渐进性、项目成果的不可挽回性、项目组织的临时性和开放性等。

二、项目管理

(一)项目管理的概念

管理是一种特殊的社会劳动,是由社会分工、共同协作引起的,与生产力的发展水平相适应,又受占统治地位的生产关系的制约和影响。所以,管理一方面具有与生产力、社会化大生产相联系的自然属性,另一方面又具有与生产关系、社会制度相联系的社会属性。认识管理的自然属性,就要重视发挥管理对合理组织生产力的作用,认真研究现代化、社会化生产的技术经济特点,掌握其规律。认识管理的社会属性,就要重视管理对促进和改革生产关系的要求,逐步建立适合我国生产建设和发展社会主义市场经济需要的、具有中国特色的社会主义生产建设管理体制和体系。

对于建设项目的参与方或管理者而言,管理是指通过组织、计划、协调、控制等行动,将一定的人力、财力、物力资源充分加以运用,使之发挥最大的效果,以达到所规定或预期的目标。

项目管理是指系统地进行项目的计划、决策、组织、协调与控制的系统的管理活动。

对于项目管理的定义,各家说法不尽相同。美国项目管理专家 Harold Kerzher 将项目管理定义为:项目管理是为限期实现一次性特定目标,对有限资源进行计划、组织、指导、控制的系统管理方法。也有人认为:"项目管理就是费用目标控制、时间目标控制和质量目标控制,其核心是控制项目的目标。"根据以上几种说法,我们可以将项目管理归纳为:在建设项目生命周期内所进行的有效规划、组织、协调、控制等系统的管理活动。其目的是在一定的约束条件下(限定的投资、限定的时间、限定的质量标准、合同条件等),最优实现建设项目,达到预定的目标。目前,我国对项目管理的解释是一种广义上的项目管理,也就是说,通过一定的组织形式,采取各种措施、手段和方法,对建设项目的所有工作,包括项目建议书、可行性研究、项目的决策、设计、设备询价、施工招标承包、建设实施、竣工验收等系统的过程进行规划、协调、监督、控制和总评价,以达到保证建设项目的质量、缩短建设工期、提高投资效益的目的。

(二)项目管理的主要特征

项目管理与非项目管理活动相比,有以下主要特征。

1. 目标明确

项目管理的目标,就是在限定的时间、限定的资源和规定的质量标准范围内,高效率地实现项目法人规定的项目目标。项目管理的一切活动都要围绕这一目标进行。项目管理的好坏,主要看项目目标的实现程度。

2. 项目经理负责制

项目管理十分强调项目经理个人负责制，项目经理是项目成功的关键人物。项目法人为项目经理规定了要实现的项目目标，并委托其对目标的实施全权负责。有关的一切活动均需置于项目经理的组织与控制之下，以避免多头负责、相互扯皮、职责不清和效率低下。

3. 充分的授权保证系统

项目管理的成功必须以充分的授权为基础。对项目经理的授权，应与其承担的责任相适应。特别是对于复杂的大型项目，协调难度很大，没有统一的责任者和相应的授权，势必难以协调配合，甚至导致项目失败。

4. 具有全面的项目管理职能

项目管理的基本职能是计划、组织、协调和控制。

(1)计划职能。即把项目活动全过程、全部目标都列入计划，通过统一的、动态的计划系统来组织、协调和控制整个项目，使项目协调有序地达到预期目标。

(2)组织职能。即建立一个高效率的项目管理体系和组织保证系统，通过合理的职责划分、授权，动用各种规章制度以及合同的签订与实施，确保项目目标的实现。

(3)协调职能。项目的协调管理，即在项目存在的各种结合部或界面之间，对所有的活动及力量进行连接、联合、调和，以实现系统目标的活动。项目经理在协调各种关系特别是主要的人际关系中，应处于核心地位。

(4)控制职能。项目的控制就是在项目实施的过程中，运用有效的方法和手段，不断分析、决策、反馈，不断调整实际值与计划值之间的偏差，以确保项目总目标的实现。项目控制往往是通过目标的分解、阶段性目标的制定和检验、各种指标定额的执行，以及实施中的反馈与决策来实现的。

(三)项目管理的范围与内容

参照PMI标准委员会制订的项目管理体系，结合国际工程特点和实际而提出的项目管理八个方面的工作内容如下：

(1)项目人力资源管理，系指为了科学有效地安排使用投入项目的人力而采取的一系列步骤，包括项目组织的规划设计、组织结构模式及选择、项目管理班子和项目经理的要求与选择等。

(2)项目范围管理，系指确保项目成功地完成规定要做的全部工作的管理过程，包括项目的批准、范围定义、范围规划、范围变更控制和范围确认等。

(3)项目进度管理，系指确保项目按时完成的一系列(各阶段)工作过程安排，包括项目活动定义和顺序安排的方法，活动时间计划的依据和方法，进度计划的制订和优化，进度的监测(检查)与调整等。

(4)项目费用管理，系指为确保完成项目的总费用不超过批准预算的一系列过程，包括项目费用构成、资源计划、费用结果、计算与控制等。

(5)项目质量管理，系指工程质量管理体系，包括质量策划、控制方法和保证措施等。

(6)项目信息交流管理，系指为确保项目信息快速有效地收集和传递的一系列工作，包括信息交流规划、信息传递、进度报告和施工资料文件的管理等。

(7)项目风险管理，系指对项目风险的识别、分析、排除和降低风险影响的工作，包括风险的识别、分析预测和评价，风险对策的提出与实施管理等。

(8)项目采购管理，系指围绕项目所组织的对货物(材料、设备)和服务进行采购的工作，包括采购计划、招标、合同管理等。

通过上面的介绍可以看出，对工程项目管理的工作范围、内容和控制要求，世界各国几乎都是一样的，只是方法、手段不尽相同。

三、建设项目管理

(一)建设项目的概念与特征

建设项目是指按照一个总体设计进行施工，由一个或几个相互有内在联系的单项工程所组成，经济上实行统一核算，行政上实行统一管理的基本建设单位。建设项目的实现是指投入一定量的资金，经过决策、实施等一系列程序，在一定的约束条件下形成固定资产的一次性过程。

建设项目具有以下特征：

(1)工程投资额巨大，建设周期长。由于建设产品工程量巨大，尤其是水利工程，在建设期间要耗用大量的劳动、资源和时间，加之施工环境复杂多变，受自然条件影响大，这些因素都无时不在影响着工期、投资和质量。

(2)建设项目是若干单项工程的总体。各单项工程在建成后的工程运行中，以其良好的工程质量发挥其功能与作用，并共同组成一个完整的组织结构，形成一个有机整体，协调、有效地发挥工程的整体作用，实现整体的功能目标。

(二)建设项目管理

建设项目管理是以建设项目为对象，以实现建设项目投资目标、工期目标和质量目标为目的，对建设项目进行高效率的计划、组织、协调、控制系统的有限的循环管理过程。建设项目的管理者应由参与建设活动的各方组成，即项目法人、设计单位和施工单位等。因其所处的角度不同、职责不同，形成的项目管理类型也不同。

(1)项目法人的建设项目管理。从编制项目建议书至项目竣工验收、投产使用全过程进行管理，为项目法人的建设项目管理。如果委托监理单位进行具体管理，则称为建设监理。建设监理是监理单位受项目法人委托，按合同规定为项目法人服务，并非代表项目法人。

(2)设计单位的建设项目管理。由设计单位进行的项目管理，一般限于设计阶段。

(3)施工单位的建设项目管理。由施工单位进行的项目管理，一般限于施工阶段。

项目法人在进行项目管理时，与设计单位和施工单位的项目管理目标及出发点不同，只有当建设项目管理的主体是项目法人时，建设项目管理目标才与项目目标一致。

四、建设项目划分

(一)基本建设项目划分

一个基本建设项目往往规模大，建设周期长，影响因素复杂，尤其是大中型水利水电工程。因此，为了便于编制基本建设计划和工程造价，组织招标投标与施工，进行质量、工期和投资控制，拨付工程款项，实行经济核算和考核工程成本，需对一个基本建设项目进行系统的逐级划分。基本建设工程通常按项目本身的内部组成，将其划分为基本建设项目、单项工程、单位工程、分部工程和分项工程。

1. 基本建设项目

基本建设项目是指按照一个总体设计进行施工，由一个或若干个单项工程组成，经济上实行统一核算，行政上实行统一管理的基本建设工程实体。如一座独立的工业厂房、一所学校或一个水利枢纽工程等。

一个建设项目中，可以有几个单项工程，也可以只有一个单项工程，不得把不属于一个设计文件内的、经济上分别核算、行政分开管理的几个项目捆在一起作为一个建设项目，也不能把总体设计内的工程，按地区或施工单位划分为几个建设项目。在一个设计任务书范围内，规定分期进行建设时，仍为一个建设项目。

2. 单项工程

单项工程是一个建设项目中，具有独立的设计文件，竣工后能够独立发挥生产能力和使用效益的工程。如工厂内能够独立生产的车间、办公楼等，一所学校的教学楼、学生宿舍等，一个水利枢纽工程的发电站、拦河大坝等。

单项工程是具有独立存在意义的一个完整工程，也是一个极为复杂的综合体，它是由许多单位工程所组成的，如一个新建车间，不仅有厂房，还有设备安装等工程。

3. 单位工程

单位工程是单项工程的组成部分，是指具有独立的设计文件，可以独立组织施工，但完工后不能独立发挥效益的工程。如工厂车间是一个单项工程，它又可划分为建筑工程和设备安装两大类单位工程。

每一个单位工程仍然是一个较大的组合体，它本身仍然是由许多的结构或更小的部分组成的，所以对单位工程还需要进一步划分。

4. 分部工程

分部工程是单位工程的组成部分，是按工程部位、设备种类和型号、使用的材料和工种的不同对单位工程所作的进一步划分。如建筑工程中的一般土建工程，按照不同的工种和不同的材料结构可划分为土石方工程、基础工程、砌筑工程、钢筋混凝土工程等分部工程。

分部工程是编制工程造价、组织施工、质量评定、包工结算与成本核算的基本单位，但在分部工程中影响工料消耗的因素仍然很多。例如，同样都是土方工程，由于土壤类别（普通土、坚硬土、砾质土）不同，挖土的深度不同，施工方法不同，则每一单位土方工程所消耗的人工、材料差别很大。因此，还必须把分部工程按照不同的施工方法、不同的材料、不同的规格等作进一步的划分。

5. 分项工程

分项工程是分部工程的组成部分，是通过较为简单的施工过程就能生产出来，并且可以用适当计量单位计算其工程量大小的建筑或设备安装工程产品。例如，每立方米砖基础工程、一台电动机的安装等。一般来说，它的独立存在是没有意义的，它只是建筑或设备安装工程的最基本构成要素。

(二)水利水电工程建设项目划分

按照《水利水电工程施工质量检验与评定规程》(SL 176—2007)规定，大中型水利水电工程项目按级划分为单位工程、分部工程、单元(工序)工程等三级。其中,单位工程是指具有独立发挥作用或施工条件的建筑物。分部工程是指一个建筑物内能组合发挥一种功能的建筑物安装工程,是组成单位工程的各个部分。对单位工程安全、功能或效益起控制作用的分部工程称为主要分部工程。单元工程是指分部工程中由几个工种施工完成的最小综合体,是日常质量考核的基本单位。

《水利水电工程施工质量检验与评定规程》(SL 176—2007)中,对项目划分原则作出如下规定。

1. 单位工程项目的划分原则

枢纽工程,一般以每座独立的建筑物为一个单位工程。当工程规模大时,可将一个建筑物中具有独立施工条件的一部分划分为一个单位工程。

堤防工程,按招标标段或工程结构划分单位工程。规模较大的交叉联结建筑物及管理设施以每座独立的建筑物为一个单位工程。

引水(渠道)工程,按招标标段或工程结构划分单位工程。大中型引水(渠道)建筑物以每座独立的建筑物为一个单位工程。

除险加固工程,按招标标段或加固内容,并结合工程量划分单位工程。

2. 分部工程项目的划分原则

(1)枢纽工程,土建部分按设计的主要组成部分划分。金属结构及启闭机安装工程和机电设备安装工程按组合功能划分。

(2)堤防工程,按长度或功能划分。

(3)引水(渠道)工程中的河(渠)道按施工部署或长度划分。大、中型建筑物按工程结构主要组成部分划分。

(4)除险加固工程,按加固内容或部位划分。

(5)同一单位工程中,各个分部工程的工程量(或投资)不宜相差太大,每个单位工程中的分部工程数目,不宜少于5个。

3. 单元工程项目的划分原则

(1)按《水利水电基本建设工程单元工程质量等级评定标准》(试行)(SDJ 249.1 ~ 6—88)规定进行划分。

(2)河(渠)道开挖、填筑及衬砌单元工程划分界限宜设在变形缝或结构缝处,长度一般不大于100 m。同一分部工程中各单元工程的工程量(或投资)不宜相差太大。

(3)《单元工程评定标准》中未涉及的单元工程可依据工程结构、施工部署或质量考核要求,按层、块、段进行划分。

五、我国建设项目管理体制

(一)改革开放前我国的建设项目管理体制

改革开放前我国的建设项目管理体制经历了自营制、指挥部制、投资包干责任制等阶段。新中国成立初期及以后相当长的时期普遍采用的是自营制方式,建设项目管理实行首长(或党委)负责制,行政命令主宰一切。在大跃进期间及其后,随着基建规模的扩大,大中型项目的建设采用以军事指挥的方式组织项目建设活动,即指挥部制。项目建设的指挥层由地方和中央复合构成,由于其不承担决策风险,对投资的使用、回收不承担责任,工程指挥部成员临时组成,项目结束后人员解散,这种一次性非专业化管理方式,使得工程项目建设始终处于低水平管理状态,因此对投资、进度和质量难以控制成为必然。随后出现了投资包干责任制,其特点是上级主管部门和承建的施工企业签订投资包干合同,规定了项目的规模、资金、工期,有的还列入了奖惩条款,这种体制明显优于自营制和指挥部制。但由于施工企业仍然一切依赖国家,这种模式仍摆脱不了自营制的根本缺陷。这些传统的工程项目管理体制由于自身的先天不足,使得我国工程建设的水平和投资效益长期得不到提高,投资失控、工期拖长、质量下降等问题无法从根本上得到解决。

(二)当前我国建设项目管理体制的基本格局

随着社会主义市场经济体制的建立和发展,传统的建设与管理模式的弊端日趋显现。我国在工程建设领域进行了一系列的重大改革,从以前在工程设计和施工中采用行政分配、缺乏活力的计划管理方式,改变为以项目法人为主体的工程招标发包体系,以设计、施工和材料设备供应为主体的投标承包体系,以工程监理单位为主体的技术咨询服务体系的三元主体,且三者之间以经济为纽带,以合同为依据,相互监督,相互制约,构成建设项目组织管理体制的新模式。水利部《水利工程建设项目管理规定》指出:“水利工程建设要推行项目法人责任制、招标投标制和建设监理制”。通过推行项目法人责任制、招标投标制、工程监理制等改革举措,即以国家宏观监督调控为指导,项目法人责任制为核心,招标投标制和工程监理制为服务体系,构筑了当前我国建设项目管理体制的基本格局。

1. 项目法人责任制

法人是具有民事权利能力和民事行为能力,依法独立享有民事权利和承担民事义务的组织。项目法人是建设项目的投资者,项目投资风险的承担者,贷款建设项目的负债者,项目建设与运行的决策者,项目投产或使用效益的受益者,建成项目资产的所有者。项目法人是1994年提出的,此前称业主、建设单位、发包人等。建立、健全水利工程建设项目法人责任制,是推进工程建设管理体制改革的关键。项目法人责任制的前身是项目业主责任制,项目业主责任制是西方国家普遍实行的一种项目组织管理方式。我国实行的项目责任制,是建立社会主义市场经济的需要,是转换建设项目投资经营机制、提高投资效益的一项重要改革措施。项目法人责任制的主要职责是:对项目的策划、资金筹措、建设实施、生产经营、债务偿还及资产的保值增值,实行全过程负责。项目法人是工程建设投资行为的主体,要承担投资风险,并对投资效果全面负责,必然委托智力密集型的监理单位为其提供咨询和管理。

2. 招标投标制

招标投标是国际建筑市场中项目法人选择承包商的基本方式。我国在20世纪70年代之前都是根据国家或地方的计划,用行政分配方式下达建设任务。80年代后,随着改革开放的发展而逐步推行招标投标制。90年代后,逐步实施与完善招标投标制。建设工程实行招标投标,有利于开展竞争,使建设工程得到科学有效的控制和管理,从而提高我国水利工程建设的管理水平,促进我国水利建设事业的发展。

3. 工程监理制

工程监理制是我国工程建设领域中项目管理体制的重大改革举措之一，是一种科学的管理制度，监督管理的对象是建设行为人在工程项目实施过程中的技术经济活动，要求这些活动及其结果必须符合有关法规、技术标准、规程、规范和工程承包合同的规定，目的在于确保工程项目在合理的期限内以合理的代价与合格的质量实现其预定的目标。工程监理制是我国实行项目法人责任制、招标投标制而配套推行的一项建设管理的科学制度。它的推行，使我国的工程建设项目管理体制由传统的自筹、自建、自管的小生产管理模式，开始向社会化、专业化、现代化的管理模式转变。

第三节　建设监理制

20 世纪 80 年代中后期，随着我国建设管理体制改革的不断深化和按国际惯例实施工程建设的需要，出现了建设工程监理。建设部于 1988 年 7 月发布了《关于开展建设监理工作的通知》，明确提出要建立建设监理制度，并开始组织建设监理制试点。1998 年 3 月实施的《中华人民共和国建筑法》第三十条规定"国家推行建设工程监理制度"，标志着建设工程监理在我国全面推行。

建设工程监理制度的实施是我国工程建设管理体制的重大改革，建设工程监理制度改变了我国以往建设单位自己组建机构自行管理，或组织建设指挥部进行管理的工程管理模式，建立专业化、社会化的建设监理机构，从而提高建设工程的投资效益和社会效益。

一、建设监理的产生与发展

（一）工程建设监理的由来

监理制度的起源，可以追溯到产业革命以前的 16 世纪。它的产生、演进和商品经济的发展、建设领域的专业化分工、社会化生产相伴随。但工程咨询监理业真正成为一个独立的行业，始于 19 世纪下半叶，它是近代工业化的产物。

在工程咨询监理业出现以前，建筑师就是总营造师或建筑承包商，他受雇于或从属于业主，负责工程项目的设计、施工、材料设备的采购。那时，港口、公路、铁路、桥梁和楼房等建筑工程设计主要由建筑承包商来完成，施工者即是设计者。16 世纪以后，随着社会对土木工程建造技术要求的不断提高，传统的做法已越来越无法适应工程项目的技术和管理要求。特别是第一次工业革命，大大促进了整个欧洲大陆城市化和工业化的发展进程，全社会大兴土木带来了建筑业的空前繁荣。1747 年法国建立了国立桥梁公路学校，世界上首次出现了正规化的工程教育。随后，英国、西班牙、葡萄牙、德国、荷兰、美国等也相继发展工程教育。各种实用的专业人才被培养出来，使得工程建筑由一种"技艺"发展成为一门应用学科。同时，传统的建筑业也发生了重大变化，根据职责不同，逐步出现了专业化分工，分化出设计师（即咨询工程师）、承包商，并各自成为一门独立的专业。

19 世纪初，随着建设项目规模日益增加、技术日趋复杂，建设领域商品经济更加复杂，在设计和施工有了明显分工的同时，业主也越来越感到单靠自己的力量监督管理工程建设的困难，工程咨询监理的重要性逐步被人们认识。特别是 19 世纪初，英国为了维护市场各方经济利益并加快工程进度，明确业主、设计者、施工者之间的责任界限，以立法的形式要求每个建设项目由一个承包商进行总承包的制度。总承包制的实行，导致了招标投标交易方式的出现，也极大地促进了工程咨询监理制度的发展。当时，咨询人员多是个体的或小型的咨询公司，慢慢地从业人员多了，为了协调各方面和彼此之间的关系，开始出现行会组织。1818年英国成立了第一个"土木工程师协会"，1852年美国土木工程师协会成立，1904年丹麦成立了国家咨询工程师协会，特别是1907年美国通过了第一个许可工程师作为专门职业的注册法，这些都表明工程咨询作为一个行业已经形成并进入规范化的发展阶段。

第二次世界大战以后，欧美各国在恢复建设中加快了向现代化的进程。20世纪50年代末和60年代初，由于科学技术的发展，工业和国防建设及人民生活水平的不断提高，需要建设许多大型工程，如水利工程、核电站、航天工程、大型钢铁企业、石油化工企业和新型城市开发等。这些工程投资多、风险大、规模浩大、技术复杂，无论是投资者还是承建者都难以承担由于投资不当或项目组织管理的失误而造成的损失。激烈的竞争环境，迫使业主更加重视项目建设的科学管理，拓宽了咨询监理的业务范围，使其由项目实施阶段的工程监理向前延伸到决策阶段的咨询服务。业主为了减少投资风险，节约工程投资，保证高效益和工程项目顺利实施，需要有经验的咨询监理人员进行投资机会论证和项目可行性研究，以作出科学的决策，在工程建设的实施阶段，还要进行全面监理。于是，工程监理和咨询服务就逐步贯穿于建设活动的全过程。监理制度在西方工业发达国家推行时间先后不同，各国使用的名称也不尽相同，有的称为工程咨询服务，有的称为项目管理服务，但其基本内容相近，包括决策阶段的咨询服务和实施阶段的工程监理。前者主要是对工程建设进行可行性研究或技术经济论证，解决投资效益是否显著、规划布局是否合理等问题；后者主要是代表业主组织工程设计和施工招标，并以合同、技术规范和国家有关政令为依据，对工程施工的全过程进行控制和协调。

近20年来，西方发达国家的监理制度正向法制化、程序化发展，有关的法律、法规都对监理的内容、方法，以及从事监理的社会组织作了详尽的规定。咨询监理制度逐步成为工程建设组织体系的一个重要部分，工程建设活动中形成了业主、承包商和监理工程师三足鼎立的基本格局。进入20世纪80年代以后，监理制度在国际上得到了很大的发展。一些发展中国家，也开始采用发达国家的这种做法，并结合本国的实际，开展了监理活动；世界银行和亚洲、非洲开发银行等国际金融组织，也都把实行监理制度作为提供建设贷款的条件之一，建设工程监理成为进行工程建设的国际惯例。

(二)工程建设监理在我国的发展

建设工程监理制度是国际上通行的做法，这主要体现在一些国际通用的工程合同文件中。实施建设工程监理制度是我国工程建设与国际惯例接轨的一项重要工作，也是我国建设领域管理体制改革的重要举措，是我国在建设领域推行的"三项制度"改革的内容之一。

我国的工程建设监理制度起源于我国第一个世界银行贷款项目鲁布革水电站引水工程。1988年建设部《关于开展建设监理工作的通知》标志着这项制度的正式建立。

我国的工程监理发展过程大致可分为以下三个阶段：

(1)1988~1992年为监理试运作期，监理对象大多为国家、地方重点工程项目，如水利工程、高速公路工程、城市标志性工程等。这一时期的监理方式主要为自行监理,即由业主直接派出人员组建监理。社会对监理一词认识比较模糊。

(2)1992～1998 年四川彩虹桥事件之前,为监理维护时期。监理对象除一些重点工程外,还有一些具有一定规模、投资相对较大的工程项目。如市政工程、高层建筑、小区开发等。这一时期,监理队伍发展较快,社会监理机构发展迅速,监理方式除自行监理外,开始委托社会化独立的监理单位。

(3)自彩虹桥事件至今,为监理强制性维护时期。不管工程大小,只要涉及人民的生命、财产安全的必须实行监理制,监理方式主要是委托监理。社会对监理的认识是三大控制、质量负责制,强调质量。监理这一行业,由于国家法律及政策等宣传作用,社会地位较高,监理很受社会尊重。

1997 年 11 月 1 日公布的《中华人民共和国建筑法》和 2000 年 1 月 30 日国务院颁布的《建设工程质量管理条例》都规定国家推行建设工程监理制度,并明确规定实行监理的范围及其职责和义务。2001 年建设部发布了《建设工程监理范围和规模标准规定》,2007 年建设部又通过了《工程监理企业资质管理规定》。

水利部根据有关法律、行政法规和有关规定,于 1999 年 11 月发布了《水利工程建设监理规定》、《水利工程建设监理单位管理办法》、《水利工程建设监理人员管理办法》(水建管[1999]637 号),于 2001 年 6 月发布了《水利工程设备制造监理规定》、《水利工程设备制造监理单位与监理人员资格管理办法》(水建管[2001]217 号)。随后,水利部又于 2006 年修订并发布《水利工程建设监理规定》、《水利工程建设监理单位资质管理办法》等。

二、工程建设监理的概念

(一)监理概念

“监”一般是指从旁监视、督促的意思,是一项目标性很明确的具体行为,将其意思进一步延伸,它有视察、检查、评价、控制等从旁纠偏,督促目标实现的含义。“理”有两个方面的意思,一是指条理、准则,二是指管理、整理的意思。它具有监督、管理的意思,带有管理的职能,即从计划、组织、指挥、协调、控制等方面对事物进行管理,以实现既定的目标。

监理是指由一个机构或执行者,依据一定的行为准则,对某一行为的有关主体进行监督管理,使这些行为符合准则要求,并协助行为主体实现其行为目的。

在实施监理活动的过程中,需要具备的基本条件是:①明确的监理“执行者”,也就是必须有监理组织;②明确的行为“准则”,也就是监理的工作依据;③明确的被监理“对象”,也就是被监理的行为和行为主体;④明确的监理目的和行之有效的监理思想、理论、方法和手段。

(二)工程监理概念

工程监理,就是监理的执行者,依据有关工程建设的法律法规和技术标准,综合运用法律、经济、技术手段,对工程建设参与者的行为及其职责、权利,进行必要的协调与约束,促使工程建设的进度、质量和投资按计划实现,避免建设行为的随意性和盲目性,使工程建设目标得以最优实现。

（三）水利工程监理概念

按照水利部制定的《水利工程建设监理规定》，水利工程建设监理，是指具有相应资质的水利工程建设监理单位，受项目法人委托，按照监理合同对水利工程建设项目实施中的质量、进度、资金、安全生产、环境保护等进行的管理活动，包括水利工程施工监理、水土保持工程施工监理、机电及金属结构设备制造监理、水利工程建设环境保护监理。

三、工程建设监理的内涵

（一）针对项目建设实施的监督管理

工程建设监理是围绕着工程项目建设来展开的，离开了工程项目，就谈不上监理活动。监理单位代表项目法人的利益，依据法规、合同、科学技术、现代方法和手段，对工程项目建设进行程序化管理。

（二）行为主体是监理单位

建设工程监理单位是具有独立性、社会化、专业化等特点的专门从事工程建设监理和其他相关工程技术服务活动的经济组织。监理单位在工程建设中是独立的第三方，只有监理单位才能按照"公正、独立、自主"的原则，开展工程监理工作。建设行政主管部门对工程项目建设行为所实施的监督管理活动、项目业主所进行的管理、总承包单位对分包单位进行的监督管理，都不属于工程建设监理范畴。

（三）需要项目法人委托和授权

工程建设监理的实施需要项目法人委托和授权，这是由工程建设监理的特点所决定的，也是建设监理制所规定的。工程建设监理不是强制性的，而是委托性的，这种委托与政府对工程建设的强制性监督有很大区别。只有监理合同中对工程监理企业进行委托与授权，工程监理企业才能在委托的范围内，根据建设单位的授权，对承建单位的工程建设活动实施科学管理。

（四）有明确依据的工程建设行为

工程建设监理实施的依据主要有国家和建设管理部门颁发的法律、法规、规章及有关政策，国家有关部门颁发的技术规范、技术标准，政府建设主管部门批准的工程项目建设文件，工程承包合同和其他工程建设合同。

（五）现阶段工程监理发生在实施阶段

鉴于目前工程监理工作在建设工程投资决策阶段和设计阶段尚未形成系统、成熟的经验，需要通过实践进一步研究探索，现阶段工程监理主要发生在项目建设的实施阶段。

（六）微观管理活动

政府职能部门从宏观上对工程建设进行管理，通过强制性的立法、执法来规范建筑市场。工程监理属于微观层次，是针对一个具体的工程项目展开的，是紧紧围绕着工程建设项目的各项投资活动和生产活动进行的监督管理，注重具体工作的实际效益。

四、工程建设监理的性质

工程建设监理是市场经济的产物，是一种特殊的工程建设活动，它具有以下性质。

(一)服务性

服务性是工程建设监理的重要特征之一,是由监理的业务性质决定的。首先,监理单位是智力密集型的,它本身不是建设产品的直接生产者和经营者,为建设单位提供的是智力服务。监理单位拥有一批多学科、多行业、具有长期从事工程建设工作的丰富实践经验、精通技术与管理、通晓经济与法律的高层次专门人才。一方面,监理单位的监理工程师通过工程建设活动进行组织、协调、监督和控制,保证建设合同的顺利实施,达到建设单位的建设意图;另一方面,监理工程师在工程建设合同的实施过程中,有权监督建设单位和承包单位必须严格遵守国家有关建设标准与规范,贯彻国家的建设方针和政策,维护国家利益和公众利益。从这一意义上理解,监理工程师的工作也是服务性的。监理单位的劳动与相应的报酬是技术服务性的。监理单位与工程承包公司、房屋开发公司、建筑施工企业不同,它不像这类企业那样承包工程造价,不参与工程承包的赢利分配,是按其支付脑力劳动量的大小而取得相应的监理报酬。因此,工程监理企业不具有建设工程重大问题的决策权,而只是在委托与授权范围内代表建设单位进行项目管理。工程建设监理的服务性使它与政府对工程建设行政性监督管理活动区别开来。

(二)科学性

科学性是监理单位区别于其他一般服务性组织的重要特征,也是其赖以生存的重要条件。监理单位必须具有发现和解决工程设计及承建单位所存在的技术与管理方面问题的能力,能够提供高水平的专业服务,所以它必须具有科学性。科学性必须以监理人员的高素质为前提,按照国际惯例,监理单位的监理工程师,都必须具有相当的学历,并有长期从事工程建设工作的丰富实践经验,精通技术与管理,通晓经济与法律,经权威机构考核合格并经政府主管部门登记注册,发给证书,才能取得公认的合法资格。监理单位不拥有一定数量这样的人员,就不能正常开展业务,也是没有生命力的。社会监理单位的独立性和公正性也是科学性的基本保证。

(三)独立性

独立性是工程建设监理的又一重要特征,其表现在以下几个方面:第一,监理单位在人际关系、业务关系和经济关系上必须独立,其单位和个人不得与参与工程建设的各方发生利益关系。我国建设监理有关规定指出,监理单位的“各级监理负责人和监理工程师不得是施工、设备制造和材料供应单位的合伙经营者,或与这些单位发生经营性隶属关系,不得承包施工和建材销售业务,不得在政府机关、施工、设备制造和材料供应单位任职”。之所以这样规定,正是为了避免监理单位和其他单位之间的利益牵制,从而保持自己的独立性和公正性,这也是国际惯例。第二,监理单位与建设单位的关系是平等的合同约定关系。监理单位所承担的任务不是由建设单位随时指定,而是由双方事先按平等协商的原则确立于合同之中,监理单位可以不承担合同以外建设单位随时指定的任务。如果实际工作中出现这种需要,双方必须通过协商,并以合同形式对增加的工作加以确定。监理委托合同一经确定,建设单位不得干涉监理工程师的正常工作。第三,监理单位在实施监理的过程中,是处于工程承包合同签约双方,即建设单位和承建单位之间的独立一方,它以自己的名义,行使依法成立的监理委托合同所确认的职权,承担相应的职业道德责任和法律责任。

(四)公正性

公正性是监理单位和监理工程师顺利实施其职能的重要条件。监理成败的关键在很大程度上取决于能否与承包商以及业主进行良好的合作、相互支持、互相配合。而这一切都是以监理的公正性为基础的。公正性也是监理制对工程建设监理进行约束的条件。实施建设监理制的基本宗旨是建立适合社会主义市场经济的工程建设新秩序,为开展工程建设创造安定、协调的环境,为业主和承包商提供公平竞争的条件。建设监理制的实施,使监理单位和监理工程师在工程项目建设中具有重要的地位。所以,为了保证建设监理制的实施,就必须对监理单位及其监理工程师制定约束条件。公正性要求就是重要的约束条件之一。公正性是监理制的必然要求,是社会公认的职业准则,也是监理单位和监理工程师的基本职业道德准则。公正性必须以独立性为前提。

五、工程建设监理的目标、任务和依据

(一)工程建设监理的目标

就整个建设项目全过程监理而言,工程建设监理的目标就是力求在计划的投资、进度和质量目标内实现建设项目的总目标,阶段监理要力求实现本阶段建设项目的目标。

(二)工程建设监理的任务

工程建设监理的中心任务是指控制工程项目目标,也就是控制合同所确定的投资、进度和质量目标。中心任务的完成是通过各阶段具体的监理工作任务的完成来实现的。监理工作任务的划分见图1-2。我国目前监理工作的重点在施工阶段。

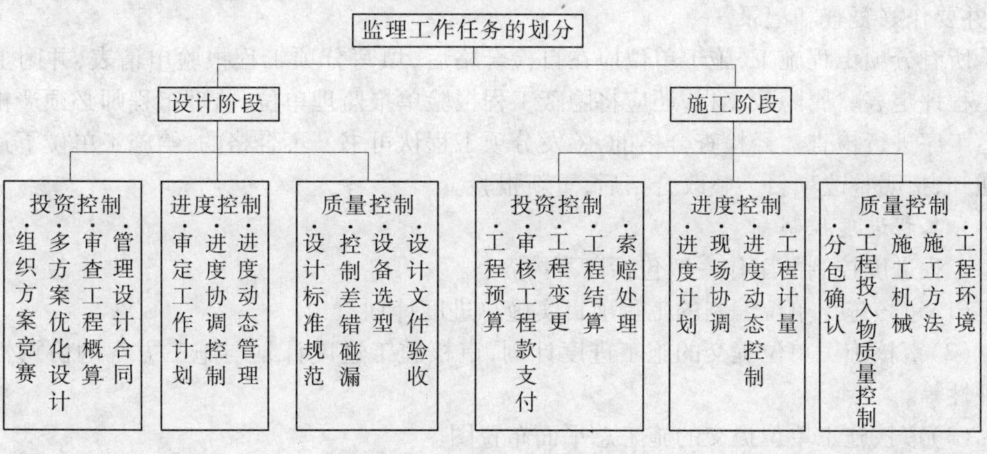

图1-2 监理工作任务的划分

工程建设监理的内容主要是对建设项目进行投资控制、质量控制、进度控制、合同管理、信息管理、安全管理、组织协调等,简称“三控制、三管理、一协调”。

1. 工程投资控制

监理单位审核施工单位编制的工程项目各阶段及各年、季、月度资金使用计划,并控制其执行,熟悉设计图纸、招标文件、标底(合同价),分析合同价构成因素,找出工程费用最易突破的部分,从而明确投资控制的重点,预测工程风险及可能发生索赔的原因,制定防范性对策,严格执行付款审核签订制度,及时进行工程投资实际值与计划值的比较、分

析,严格履行计量与支付程序,及时对质量合格工程进行计量,及时审核签发付款证书等。

设计单位的设计变更通知,应通知监理单位,监理工程师应核定费用及工期的增减,列入工程结算。

严格审核施工单位提交的工程结算书,公正地处理施工单位提出的索赔。

根据施工合同拟定的工程价款结算方式,由施工单位按已完工程进度填制工程价款等有关账单并报送监理单位,由总监理工程师对已完工程的数量、质量核实签证后,经建设单位同意,送开户银行作为支付价款的依据。

2. 工程质量控制

(1)原材料、构配件及设备的质量控制。工程所需的主要原材料、构配件及设备应由监理单位进行质量认定,其主要控制内容一般有:审核工程所用原材料、构配件及设备的出厂合格证或质量保证书;对工程原材料、构配件及设备在使用前需进行抽检或复试其试验的范围,按有关规定、标准的要求确定;凡采用新材料、新型制品,应检查技术鉴定文件;对重要原材料、构配件及设备的生产工艺、质量控制、检测手段等进行检查,必要时应到生产厂家实地进行考察,以确定供货单位;所有设备在安装前,应按相应技术说明书的要求进行质量检查,必要时还应由法定检测部门检测。

(2)分部、分项工程的质量控制。在一般情况下,主要的分项工程在施工前,施工单位应将施工工艺、原材料使用、劳动力配置、质量保证措施等基本情况填写施工条件准备情况表报监理单位,监理单位应调查核实,经同意后方可开工。

分项工程施工过程中,应对关键部位随时进行抽检,抽检不合格的应通知施工单位整改,并要作好复查和记录。

所有分项工程施工,施工单位应在自检合格后,填写分项工程报验申请表,并附上分项工程评定表。属隐蔽工程,还应将隐蔽工程报验单报监理单位,监理工程师必须严格按每道工序进行检查。经检查合格的,签发分项工程认可书。不合格的,给施工单位下达监理通知,指明整改项目。整改合格后,重新报验。

3. 工程进度控制

工程进度控制的工作一般包括以下内容:

(1)审核施工单位编制的工程项目实施总进度计划。

(2)审核施工单位提交的施工进度计划,审核施工进度计划与施工方案的协调性和合理性等。

(3)审核施工单位提交的施工总平面布置图。

(4)审定材料、构配件及设备的采购供应计划。

(5)工程进度的检查,主要检查计划进度与实际进度的差异,实际工程量与计划工程量指标完成情况的一致性。

4. 合同管理

合同管理是监理工作的主要内容。广义地讲,监理工作可概括为监理单位受项目法人的委托,协助项目法人组织工程项目建设合同的订立、签订,并在合同实施过程中管理合同。狭义的合同管理指合同文件管理、会议管理、支付、合同变更、违约、索赔及风险分担、合同争议协调等。

5. 信息管理

信息管理是项目建设监理的重要手段。信息是反映客观事物规律的一种数据，是人们决策的重要依据。信息管理是项目工程监理的重要手段。只有及时、准确地掌握项目建设中的信息，严格、有序地管理各种文件、图纸、记录、指令、报告和有关技术资料，完善信息资料的接收、签发、归档和查询等制度，才能使信息及时、完整、准确和可靠地为工程监理提供工作依据，以便及时采取有效的措施，有效地完成监理任务。计算机信息管理系统是现代工程建设领域信息管理的重要手段。

如小浪底水利枢纽工程，聘用加拿大国际工程管理公司(CIPM)负责小浪底水利枢纽工程投资前的咨询和建设准备阶段的咨询。工程开工之初，CIPM 专家提出了一个计算机文函管理系统，根据这个系统，项目法人、监理人与承包人的来往信函均要编码存入计算机的数据库。由于受传统习惯做法的影响，一些人认为过去手工存档也把工程建设成了，没有必要采用这么烦琐的计算机文函管理系统。但实践证明，采用了该系统，尽管计算机输入非常枯燥，但监理人处理承包人提出的索赔，能及时、准确地提供信息。一个工程的施工过程，信息的表现形态是数据和往来的文函。

6. 安全管理

项目监理机构应当审查施工单位提出的施工组织设计中的安全技术措施或者专项施工方案是否符合工程建设强制性标准，并按照法律、法规和工程建设强制性标准对安全生产实施监理，对工程安全生产承担监理责任。

项目监理机构在实施监理过程中，发现存在质量缺陷和安全事故隐患的，应当要求施工单位整改；发现存在重大质量和安全事故隐患时，应当要求施工单位停工整改，并及时报告建设单位；施工单位拒不整改或者不停止施工的，项目监理机构应当及时向有关水行政主管部门或流域管理机构或其委托的安全监督机构以及项目法人报告。

7. 组织协调

在工程项目实施过程中，存在大量的组织协调工作，项目法人和承包商之间由于各自的经济利益和对问题的不同理解，就会产生各种矛盾和冲突；在项目建设过程中，多部门、多单位以不同的方式为项目建设服务，他们难以避免地会发生各种冲突。因此，监理工程师及时、准确地做好协调工作，是建设项目顺利进行的重要保证。

(三)三大控制目标之间的关系

工程建设项目质量、进度、投资这三大目标之间的关系，是既相互对立又相互统一的，如图 1-3 所示。图中三角形内部，表示三个目标之间的矛盾关系，三角形外部，表示三个目标之间的统一关系。三个目标之间是相互关联的，任何一个目标发生变化，都必将影响其他两个目标。所以，在对建设项目的目标实施控制的同时，应兼顾其他两个目标，以维持建设项目目标体系的整体平衡。良好的建设项目管理任务，就是要通过合理的组织、协调、控制和管理，达到质量、进度、投资整体最佳组合的目标。

1. 三大目标是对立统一体

工程项目进度、投资、质量三大目标是相互制约、相互影响的对立统一体。例如，投资与进度的关系，加快进度往往要增加投资，而加快进度提早投产就可能增加收入，提高投资效益。又如，进度与质量的关系，加快进度有可能影响质量，而质量控制严格，不返工，

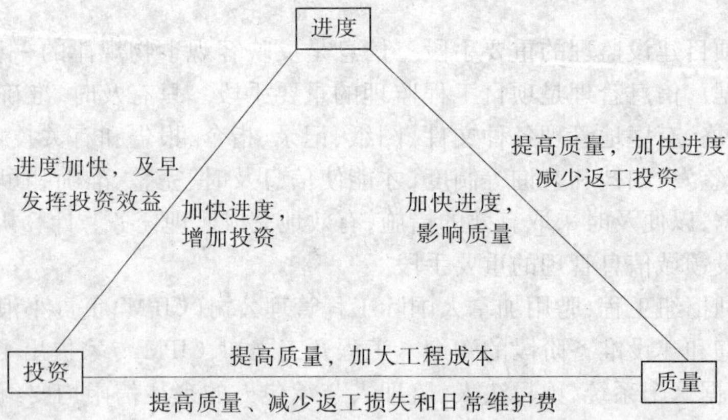

图1-3　进度、投资、质量三者关系

进度则会加快。投资与质量的关系也是这样，提高质量可能要增加投资；而质量控制严了，可以减少经常的维护费用，提高投资效益。因此，工程的三大控制是相辅相成的，只谈任一方面的控制都是无意义的。

2. 三大目标的优先次序

三大目标不同时期，重要性则不同。三大目标优先次序的确认至关重要，它关系到监理工作的重点。对于大型水利工程，投资大，工期长，但一旦建成投产，收益又是巨大的，项目法人可能愿意花合适的额外投资以获得进度的加快，使工程能提前或按时投产。因此，在水利工程中，进度在三大目标中往往显得尤为重要。

在处理三者的矛盾时，应注意以下几点：

(1)必须坚持"质量第一"的观点。

对于水利工程，由于它对国民经济有着十分重大的影响，水利工程的失事，会造成巨大的财产损失，因此更应该始终把工程质量放在首位。越是赶进度越要注意质量控制。实践证明，为了赶进度而忽视质量，由此发生质量事故所造成的返工，往往会大大拖延工程进度，造成巨大的经济损失。所以，在三个控制目标中，进度与投资应服从质量控制要求。

(2)应注意坚持合理的、必要的质量，而不是苛求质量。

建设项目的质量目标是根据该工程的规模、重要性、技术的复杂性和用户的需要等因素确定的。在水利工程中，则根据规范确定枢纽或建筑物的等级，采取相应的参数。质量目标越高相应的投资越大，进度越慢。工程质量控制并不是一味地追求工程建设的绝对完美，应注重工程质量成本管理。一方面，围绕工程质量成本的组成，对工程质量成本各种数据进行收集、汇总，分析施工对质量的投入，判定工程质量的保证程度，平衡资源的匮乏与浪费；另一方面，在日常质量管理中，既不放松质量标准，忽视工程质量，也不提出超出质量标准的更高要求，使工程建设满足设计标准，同时降低质量成本，提高工程建设的经济效益。因此，建设项目的项目法人和监理单位，应坚持合理的、必需的质量，而不是苛求质量。

(3)在掌握质量标准时，应注意具体情况具体分析。

由于各工程项目的具体条件不同，特别是水利工程，更各有其特性，有时很难用规范和标准“一刀切”。对于不同的工程部位,由于其重要性及对后续工程的影响不同,因此在掌握质量标准时,要作具体的分析,而不宜将合同条款和技术规范,千篇一律地到处生搬硬套。对关键部位、关键工序,必须坚持质量标准;对非关键部位、非关键工序,经过验证,在不影响工程的使用功能和安全等特性的情况下,为了保证进度,采用适当的质量标准也是必要的。

(四)工程监理的主要依据

监理的主要依据可以概括为以下几个方面的内容:

(1)国家和部门制定颁发的法律、法规及有关政策。

(2)技术规范、规程和标准。主要包括国家有关部门颁发的设计规范、技术标准、质量标准及各种施工规范、验收规程等。

(3)政府建设主管部门批准的建设文件、设计文件。

(4)依法签订的合同。主要包括工程建设监理合同、施工合同、设计合同、勘察合同、设计文件、物资采购合同等。

(五)水利工程建设监理的范围

水利工程建设项目依法实行建设监理。

总投资200万元以上且符合下列条件之一的水利工程建设项目,必须实行建设监理:

(1)关系社会公共利益或者公共安全的;

(2)使用国有资金投资或者国家融资的;

(3)使用外国政府或者国际组织贷款、援助资金的。

铁路、公路、城镇建设、矿山、电力、石油天然气、建材等开发建设项目的配套水土保持工程,符合前款规定条件的,应当按照本规定开展水土保持工程施工监理。

第四节　水利工程建设监理单位

监理单位是指取得工程监理资质证书,具有法人资格的监理公司、监理事务所和兼承监理业务的工程设计科学研究及建设工程咨询的单位。

监理单位的主要特征如下:

(1)依法成立。监理单位必须依法成立。我国政府对监理市场实行市场准入控制管理。

(2)是中介服务单位。从市场角度定位,监理单位属于中介服务性质的单位,它受业主的委托而承担监理任务,向业主提供专业化服务。

(3)公正、独立。监理单位在实施监理过程中,是以业主和承包商合同之外的独立的第三方名义开展监理业务。

监理单位不得从事所监理工程的施工和建筑材料、构配件及建筑机械、设备的经营活动。

一、监理单位的设立

按照我国现行法律、法规规定,我国监理单位的组织形式按资本主体分为:独资监理企业、合资监理企业、股份监理企业;按资质条件分为:甲级、乙级、丙级;按工程类别分为(工程性质和技术特点)14 种,如房建、市政公用、机电安装等。

无论哪种形式的监理单位,要想开展正常的生产经营活动,必须具备一定的技术能力、管理水平、固定的场所、一定数量的注册资本等,并经国家工商行政管理机构登记注册取得相应的监理单位资质证书后方可开业运营。

我国水利工程建设监理单位资质管理办法规定,水利工程监理单位的资质分为水利工程施工监理、水土保持工程施工监理、机电及金属结构设备制造监理和水利工程建设环境保护监理四个专业。其中,水利工程施工监理专业资质和水土保持工程施工监理专业资质分为甲级、乙级和丙级三个等级,机电及金属结构设备制造监理分为甲级、乙级两个等级,水利工程建设环境保护监理专业资质暂不分级。

(一)甲级监理单位资质条件

(1)具有健全的组织机构、完善的组织章程和管理制度。技术负责人具有高级专业技术职称,并取得总监理工程师岗位证书。

(2)专业技术人员。监理工程师以及取得高级专业技术职称的人员、总监理工程师,均不小于表 1-1 规定的人数。水利工程造价工程师(或者从事水利工程造价工作 5 年以上并具有中级专业技术职称的人员)不少于 3 人。

表 1-1　各专业资质等级配备监理工程师一览

监理单位资质等级	水利工程施工监理专业资质			水土保持工程施工监理专业资质			机电及金属结构设备制造监理专业资质			水利工程建设环境保护监理专业资质		
	监理工程师	其中高级职称人员	其中总监理工程师	监理工程师	其中高级职称人员	其中总监理工程师	监理工程师	其中高级职称人员	其中总监理工程师	监理工程师	其中高级职称人员	其中总监理工程师
甲级	40	8	7	25	5	4	25	5	4	—	—	—
乙级	25	5	3	15	3	2	12	3	2	—	—	—
丙级	10	3	1	10	3	1	—	—	—	—	—	—
不定级	—	—	—	—	—	—	—	—	—	10	3	1

(3)具有 5 年以上水利工程建设监理经历,且近 3 年监理业绩分别如下:

①申请水利工程施工监理专业资质,应当承担过(含正在承担,下同)2 项Ⅱ等水利枢纽工程,或者 1 项Ⅱ等水利枢纽工程、2 项Ⅱ等(堤防 2 级)其他水利工程的施工监理业务;该专业资质许可的监理范围内的近 3 年累计合同额不少于 600 万元。

承担过水利枢纽工程中的挡、泄、导流、发电工程之一的,可视为承担过水利枢纽工程。

②申请水土保持工程施工监理专业资质，应当承担过2项Ⅱ等水土保持工程的施工监理业务；该专业资质许可的监理范围内的近3年累计合同额不少于350万元。

③申请机电及金属结构设备制造监理专业资质，应当承担过4项中型机电及金属结构设备制造监理业务；该专业资质许可的监理范围内的近3年累计合同额不少于300万元。

(4)能运用先进技术和科学管理方法完成建设监理任务。

(5)注册资金不少于200万元。

(二)乙级监理单位应具备的条件

(1)具有健全的组织机构、完善的组织章程和管理制度。技术负责人具有高级专业技术职称，并取得总监理工程师岗位证书。

(2)专业技术人员。监理工程师及取得高级专业技术职称的人员、总监理工程师，均不小于表1-1规定的人数。水利工程造价工程师(或者从事水利工程造价工作5年以上并具有中级专业技术职称的人员)不少于2人。

(3)具有3年以上水利工程建设监理经历，且近3年监理业绩分别如下：

①申请水利工程施工监理专业资质，应当承担过3项Ⅲ等水利枢纽工程，或者2项Ⅲ等水利枢纽工程、2项Ⅲ等(堤防3级)其他水利工程的施工监理业务；该专业资质许可的监理范围内的近3年累计合同额不少于400万元。

②申请水土保持工程施工监理专业资质，应当承担过4项Ⅲ等水土保持工程的施工监理业务；该专业资质许可的监理范围内的近3年累计合同额不少于200万元。

(4)能运用先进技术和科学管理方法完成建设监理任务。

(5)注册资金不少于100万元。

首次申请机电及金属结构设备制造监理专业乙级资质，只需满足(1)、(2)、(4)、(5)项；申请重新认定、延续或者核定机电及金属结构设备制造监理专业乙级资质，还须该专业资质许可的监理范围内的近3年年均监理合同额不少于30万元。

(三)丙级监理单位应具备的条件

(1)具有健全的组织机构、完善的组织章程和管理制度。技术负责人具有高级专业技术职称，并取得总监理工程师岗位证书。

(2)专业技术人员。监理工程师及取得高级专业技术职称的人员、总监理工程师，均不小于表1-1规定的人数。水利工程造价工程师(或者从事水利工程造价工作5年以上并具有中级专业技术职称的人员)不少于1人。

(3)能运用先进技术和科学管理方法完成建设监理任务。

(4)注册资金不少于50万元。

申请重新认定、延续或者核定丙级(或者不定级)监理单位资质，还须该专业资质许可的监理范围内的近3年年均监理合同额不少于30万元。

二、监理单位的业务范围

监理单位的业务主要是为业主提供监理服务，监理服务应在企业营业执照规定的范围和监理单位资质等级规定的业务范围内开展工作。各级监理单位业务范围规定如下。

（一）水利工程施工监理专业资质

（1）甲级可以承担各级水利工程的施工监理业务。

（2）乙级可以承担Ⅱ等（堤防2级）以下各等级水利工程的施工监理业务。

（3）丙级可以承担Ⅲ等（堤防3级）以下各等级水利工程的施工监理业务。

水利工程等级划分标准按照《水利水电工程等级划分及洪水标准》（SL 252—2000）执行。

（二）水土保持工程施工监理专业资质

（1）甲级可以承担各级水土保持工程的施工监理业务。

（2）乙级可以承担Ⅱ等以下各等级水土保持工程的施工监理业务。

（3）丙级可以承担Ⅲ等水土保持工程的施工监理业务。

同时具备水利工程施工监理专业资质和乙级以上水土保持工程施工监理专业资质的，方可承担淤地坝中的骨干坝施工监理业务。

（三）机电及金属结构设备制造监理专业资质

（1）甲级可以承担水利工程中的各类型机电及金属结构设备制造监理业务。

（2）乙级可以承担水利工程中的中小型机电及金属结构设备制造监理业务。

（四）水利工程建设环境保护监理专业资质

具有水利工程建设环境保护监理专业资质的监理单位可以承担各类各等级水利工程建设环境保护监理业务。

监理单位获得监理业务的途径有两条：一是通过投标竞争获得监理业务；二是由业主直接委托获得监理业务。随着我国建筑市场的建立和完善，我国工程项目监理的业务范围将以由施工阶段为主，逐步向工程项目建设全过程推开；由强制指定工程项目监理范围，到广大业主自愿委托监理，要求监理的工程项目范围将越来越大。

三、有关监理单位的法律规定

（一）对监理单位监理活动的义务性规定

（1）监理单位不得超越资质等级许可的范围承担工程监理业务。

监理单位必须在其等级核定的监理范围内从事监理活动，不得擅自越级承接监理业务。如果监理单位越级承接监理业务，由于其水平、能力、规模等条件的限制，监理单位难以完成任务，从而工程监理的目的难以达到，工程的质量和安全将很难保证。

《水利工程建设监理规定》第二十七条规定：监理单位超越资质等级许可的范围承担工程监理业务的，依照《建设工程质量管理条例》第六十条规定，责令停止违法行为，对勘察、设计单位或者工程监理单位处合同约定的勘察费、设计费或者监理酬金1倍以上2倍以下的罚款；对施工单位处工程合同价款百分之二以上百分之四以下的罚款，可以责令停业整顿，降低资质等级；情节严重的，吊销资质证书；有违法所得的，予以没收。

（2）监理单位应当依据客观、公正的原则代表建设单位进行工程监理。

监理单位从性质上讲应当属于社会中介组织。它和建设单位之间是一种委托代理关系。监理单位接受建设单位的委托对工程建设活动进行监督。因此，它具有一定的独立性，而不是建设单位让它干什么，它就干什么。监理单位据以监理的依据是法律、行政法规及有关的技术标准、设计文件和建设工程承包合同。因其与建设单位的代理关系，所以它必须维护建设单位的利益；因其具有社会中介组织的独立性，所以它必须依法办事。也就是说，监理单位代表建设单位进行工程监理应依据客观、公正的原则进行。

(3)监理单位与其监理的承包商以及建筑材料、构配件和设备供应单位不得有隶属关系或者其他利害关系。

监理单位与被监理的承包商之间是一种监督与被监督的关系，监理单位代表建设单位对承包商的工程建设活动进行监督。因此，监理单位与被监理的承包商之间不得有隶属关系，否则，工程监理变成了自己监督自己的工程建设活动，这样的监督肯定会出问题，即使监理单位与被监理的承包商存在其他利害关系，也会对建筑工程的质量和安全产生程度不同的影响。另外，监理单位与建筑材料、构配件和设备供应单位也不得有隶属关系或者其他利害关系，因为这样存在将不合格的建筑材料、构配件和设备用于工程的可能性。

《水利工程建设监理规定》第二十七条规定：监理单位与被监理单位以及建筑材料、建筑构配件和设备供应单位有隶属关系或者其他利害关系承担该项工程建设监理业务的，依照《建设工程质量管理条例》第六十八条规定，责令改正，处5万元以上10万元以下的罚款，降低资质等级或者吊销资质证书；有违法所得的，予以没收。

(4)监理单位不得转让监理业务。《水利工程建设监理规定》第二十七条规定：监理单位转让监理业务的，依照《建设工程质量管理条例》第六十二条规定，责令改正，没收违法所得，处合同约定的监理酬金百分之二十五以上百分之五十以下的罚款；可以责令停业整顿，降低资质等级；情节严重的，吊销资质证书。

(二)对监理单位民事责任的规定

(1)监理单位不按照委托监理合同的约定履行监理职责或者不正确履行职责，由此给建设单位造成的损失应当承担相应的赔偿责任。

建设单位与其委托的监理单位通过委托监理合同确定了委托代理关系，监理单位必须全面、正确地履行委托监理合同约定的监理义务，对应当监督检查的项目认真、全面地按规定进行检查，发现问题及时要求施工单位整改。只有这样，才能保证监理任务按合同约定完成。监理单位不按照委托监理合同的约定履行监理义务，对应当监督检查的项目不检查或不按规定检查，即是违反合同约定的行为，给建设单位造成损失的，应当承担相应的赔偿责任。

监理单位承担赔偿责任首先应明确两个条件：一是违反合同，监理工作失职；二是造成损失，这里的损失包括直接损失和间接损失。其次，应明确监理单位赔偿责任的范围和大小。承担相应的赔偿责任，一是指在建设单位委托的范围内，由于监理单位过失造成的损失，监理单位均应当作出相应的赔偿；二是根据其过失责任的轻重，造成损失的大小，确定其因工作过失应赔偿的数额。

(2)监理单位与承包商串通为承包商谋取非法利益给建设单位造成损失，监理单位与承包商要承担连带赔偿责任。

监理单位与承包商均受建设单位的委托，从事监理活动和施工活动，两者应该严格按照建设单位与其订立的合同，履行各自的义务，两者之间是一种监督与被监督的关系。监理单位应客观、公正地按合同约定执行监理任务，不得与承包商相互勾结，为承包商谋取非法利益，造成建设单位损失。监理单位与承包商串通，为承包商谋取非法利益，是一种严重的故意违法行为，不仅要承担民事责任，而且要承担相应的行政责任、刑事责任。监理单位与承包商承担连带赔偿责任，是指建设单位可以对监理单位和承包商中的一方或双方同时或先后请求全部赔偿，其中一方承担全部赔偿责任时，另一方对建设单位则免除赔偿责任。当一方承担全部赔偿责任时，有权向相连带的另一方请求偿还应由其承担赔偿责任的费用。这样规定，有利于保护建设单位的合法权益。

(三)监理单位经营活动的基本准则

监理单位从事建设工程监理活动，应当遵循“守法、诚信、公正、科学”的准则。

1. 守法

守法，即遵守国家有关工程建设监理法律、法规、规范、标准。对于监理单位而言，守法即是依法经营。

(1)监理单位只能在其资质等级许可的范围内承揽水利工程建设监理业务。

(2)监理单位不得伪造、涂改、倒卖、出租、出借、转让资质或资格证书，不得非法扣压、没收资质或资格证书。

(3)水利工程建设监理合同一经签订，即具有法律约束力(无效合同除外)，工程监理单位应认真履行合同约定内容，不得无故或故意违背自己的承诺。

(4)监理单位离开原住所地承接监理业务，要自觉遵守当地人民政府颁发的监理法规和有关规定，主动向监理工程所在地的省、自治区、直辖市水行政主管部门备案登记，接受其指导和监督管理。

(5)遵守国家关于企业法人的其他法律、法规的规定，包括行政的、经济的和技术的。

2. 诚信

诚信，即诚实守信用。监理单位在生产经营过程中不应损害他人利益和社会公共利益，维护市场道德秩序，在合同履行过程中能履行自己应尽的职责、义务，建立一套完整的、行之有效的、服务于企业、服务于社会的企业管理制度并贯彻执行，取信于业主，取信于市场。

工程监理企业应当建立健全企业的信用管理制度，主要内容有以下几点：

(1)建立健全合同管理制度。

(2)建立健全与业主的合作制度，及时进行信息沟通，增强相互间的信任感。

(3)建立健全监理服务需求制度。

(4)建立企业内部信用管理制度，及时检查和评估企业信用的实施情况，不断提高企业信用管理水平。

3. 公正

公正是指工程监理单位在监理活动中既要维护业主的利益，为业主提供服务，又不能损害施工承包单位的合法利益，并能依据合同公平公正地处理业主与施工承包单位之间的合同争议，公正性是监理工作的必然要求，是社会公认的执业准则，也是监理单位和监理工程师的基本职业道德准则。监理单位要做到公正，必须要做到以下几点：

(1)要培养良好的职业道德，不为私利而违心地处理问题。

(2)要坚持实事求是的原则，不唯上级或业主的意见是从。

(3)要提高综合分析问题的能力,不为局部问题或表面现象所迷惑。

(4)要不断提高自己的专业技术能力,尤其是要尽快提高综合理解、熟练运用建设工程有关合同条款的能力,以便以合同条款为依据,恰当地协调、处理问题。

4.科学

所谓科学,是指监理单位的监理活动要依据科学的方案,运用科学的手段,采用科学的方法,工程项目监理结束后,还要进行科学总结。

(1)科学的方案。就一个工程项目的管理工作而言,科学的方案主要是指监理细则,它包括:该项目监理机构的组织计划;该项目监理工作的程序,各专业、各年度(含季度,甚至按天计算)的监理内容与对策;工程的关键部分或可能出现的重大问题的监理措施。总之,在实施监理前,要尽可能地把各种问题都列出来,并拟订解决办法,使各项监理活动都纳入计划管理的轨道。更重要的是,要集思广益,充分运用已有的经验和智慧,制定出切实可行、行之有效的监理细则,指导监理活动顺利进行。

(2)科学的手段。单凭人的感官直接进行监理,这是最原始的监理手段。科学发展到今天,必须借助于先进的科学仪器才能做好监理工作。

(3)科学的方法。监理工作的科学方法主要体现在监理人员在掌握大量的、确凿的有关监理对象及其外部环境实际情况的基础上,适时、妥当、高效地处理有关问题,体现在解决问题要用"事实说话"、"用书面文字说话"、"用数据说话",尤其体现在要开发、利用计算机软件,建立起先进的软件库。

四、水利工程建设监理单位的资质管理

为加强水利工程建设监理单位的资质管理,规范水利工程建设市场秩序,保证水利工程建设质量,根据《建设工程质量管理条例》、《国务院对确需保留的行政审批项目设定行政许可的决定》等规定,水利部于2006年12月18日颁布了《水利工程建设监理单位资质管理办法》。

申请监理资质的单位(简称申请人),应当按照其拥有的技术负责人、专业技术人员、注册资金和工程监理业绩等条件,申请相应的资质等级。

水利部负责监理单位资质的认定与管理工作。

水利部所属流域管理机构(简称流域管理机构)和省、自治区、直辖市人民政府水行政主管部门依照管理权限,负责有关的监理单位资质申请材料的接收、转报以及相关管理工作。

(一)资质的申请、受理和认定

(1)申请监理单位资质,应当具备《水利工程建设监理单位资质等级标准》规定的资质条件。

监理单位资质一般按照专业逐级申请。申请人可以申请一个或者两个以上专业资质。

(2)监理单位资质每年集中认定一次,受理时间由水利部提前三个月向社会公告。

监理单位分立后申请重新认定监理单位资质以及监理单位申请资质证书变更或者资质延续的,不适用前款规定。

(3)申请人应当向其注册地的省、自治区、直辖市人民政府水行政主管部门提交申请

材料。但是,水利部直属单位独资或者控股成立的企业申请监理单位资质的,应当向水利部提交申请材料;流域管理机构直属单位独资或者控股成立的企业申请监理单位资质的,应当向该流域管理机构提交申请材料。

省、自治区、直辖市人民政府水行政主管部门和流域管理机构应当自收到申请材料之日起20个工作日内提出意见,并连同申请材料转报水利部。水利部按照《中华人民共和国行政许可法》第三十二条的规定办理受理手续。

(4)首次申请监理单位资质,申请人应当提交以下材料:

①水利工程建设监理单位资质等级申请表;

②企业法人营业执照或者工商行政管理部门核发的企业名称预登记证明;

③验资报告;

④企业章程;

⑤法定代表人身份证明;

⑥水利工程建设监理单位资质等级申请表中所列监理工程师的资格证书和申请人同意注册证明文件(已在其他单位注册的,还需提供原注册单位同意变更注册的证明),总监理工程师岗位证书,造价工作人员资格或者职称证书,以及上述监理人员、造价人员的聘用合同。

申请晋升、重新认定、延续监理单位资质等级的,除提交前款规定的材料外,还应当提交以下材料:

①原水利工程建设监理单位资质等级证书(副本);

②水利工程建设监理单位资质等级申请表中所列监理工程师的注册证书;

③近3年承担的水利工程建设监理合同书,以及已完工程的建设单位评价意见。

申请人应当如实提交有关材料和反映真实情况,并对申请材料的真实性负责。

(5)水利部应当自受理申请之日起20个工作日内作出认定或者不予认定的决定;20个工作日内不能作出决定的,经本机关负责人批准,可以延长10个工作日。决定予以认定的,应当在10个工作日内颁发水利工程建设监理单位资质等级证书;不予认定的,应当书面通知申请人并说明理由。

(6)水利部在作出决定前,应当组织对申请材料进行评审,并将评审结果在水利部网站公示,公示时间不少于7日。

水利部应当制作《水行政许可除外时间告知书》,将评审和公示时间告知申请人。

(7)水利工程建设监理单位资质等级证书包括正本1份、副本4份,正本和副本具有同等法律效力,有效期为5年。

(8)资质等级证书有效期内,监理单位的名称、地址、法定代表人等工商注册事项发生变更的,应当在变更后30个工作日内向水利部提交《水利工程监理单位资质等级证书变更申请》并附工商注册事项变更的证明材料,办理资质等级证书变更手续。水利部自收到变更申请材料之日起3个工作日内办理变更手续。

(9)监理单位分立的,应当自分立后30个工作日内,按照本办法第十条、第十一条的规定,提交有关申请材料以及分立决议和监理业绩分割协议,申请重新认定监理单位资质等级。

(10)资质等级证书有效期届满，需要延续的，监理单位应当在有效期届满30个工作日前，按照本办法第十条、第十一条的规定，向水利部提出延续资质等级的申请。水利部在资质等级证书有效期届满前，作出是否准予延续的决定。

(11)水利部应当将资质等级证书的发放、变更、延续等情况及时通知有关省、自治区、直辖市人民政府水行政主管部门或者流域管理机构，并定期在水利部网站公告。

(二)监督管理

(1)水利部建立监理单位资质监督检查制度，对监理单位资质实行动态管理。

(2)水利部履行监督检查职责时，有关单位和人员应当客观、如实反映情况，提供相关材料。

(3)县级以上地方人民政府水行政主管部门和流域管理机构发现监理单位资质条件不符合相应资质等级标准的，应当向水利部报告，水利部按照本办法核定其资质等级。

(4)违反本办法应当给予处罚的，依照《中华人民共和国行政许可法》、《建设工程质量管理条例》、《水利工程建设监理规定》的有关规定执行。

(5)监理单位被吊销资质等级证书的，3年内不得重新申请；被降低资质等级的，2年内不得申请晋升资质等级；受其他行政处罚的，1年内不得申请晋升资质等级。法律法规另有规定的，从其规定。

五、工程监理费的计算方法

(一)总则

(1)建设工程监理与相关服务是指监理人接受发包人的委托，提供建设工程项目施工阶段的质量、进度、费用控制管理和安全、合同、信息等方面协调管理服务，以及勘察、设计、设备监造、保修等阶段的相关工程服务，各阶段的工作内容见表1-2。

(2)建设工程监理与相关服务收费为建设工程施工阶段的工程监理(简称施工监理)服务收费与勘察、设计、设备监造、保修等阶段的监理与相关服务(简称其他阶段的相关服务)收费之和。

(3)施工监理收费一般按照建设项目工程概算投资额分档定额计费方式计算收费。

表1-2　建设工程监理与相关服务的主要工作内容

服务阶段	具体服务范围构成	备注
勘察阶段	协助业主编制勘察要求，选择勘察单位，核查勘察方案并监督实施和进行相应的控制，参与验收勘察成果	勘察、设计、施工阶段监理与相关服务工作的具体内容按照国家或行业有关规范、规定执行
设计阶段	协助业主编制设计要求，选择设计单位，组织评选设计方案，对各设计单位进行协调管理，监督合同履行，审查设计进度计划并监督实施，核查设计大纲和设计深度、使用技术规范的合理性，提出设计评估报告(包括各阶段设计的核查意见和优化建议)，协助审核设计概算	
施工阶段	施工过程中的质量、进度、投资的目标控制，安全、合同、信息管理及现场协调	

续表 1-2

服务阶段	具体服务范围构成	备注
设备采购监造阶段	协助业主编制设备采购方案和计划，参与设备采购的招标活动，协助业主签订设备制造合同，对设备的设计、零部件采购与生产、安装、调试、保修期运行等过程实施监督、管理、控制和协调	
保修阶段	检查和记录工程质量缺陷，对缺陷原因进行调查分析并确定责任归属，审核修复方案，监督修复过程并验收，审核修复费用	

铁路、水运、公路、水电、水库工程的施工监理服务收费按建筑安装工程费分档定额计费方式计算收费，对机电设备与工器具购置费、联合试运转费之和占工程概算投资额30%以上的工程项目，双方可协商确定计费方式和收费额。

(4)其他阶段的相关服务收费一般按相关服务工作所需工日和建设工程监理与相关服务人员人工日费用标准(见表 1-3)的规定收费。

表 1-3　建设工程监理与相关服务人员人工日费用标准

建设工程监理与相关服务人员职级	人工日费用标准(元)
一、高级专家	1 000 ~ 1 200
二、高级专业技术职称的监理与相关服务人员	800 ~ 1 000
三、中级专业技术职称的监理与相关服务人员	600 ~ 800
四、初级及以下专业技术职称监理与相关服务人员	300 ~ 600

注：本表适用于提供短期服务的人工费用标准。

(5)施工监理服务收费按照下列公式计算

施工监理服务收费 = 施工监理服务收费基准价 ×(1 ± 浮动幅度值)

施工监理服务收费基准价 = 施工监理服务收费基价 × 专业调整系数 × 工程复杂程度调整系数 × 高程调整系数

(6)施工监理服务收费基准价。是按照本收费标准计算出的施工监理服务基准收费额，发包人与监理人根据项目的实际情况，在规定的浮动幅度范围内协商确定施工监理服务收费合同额。

(7)施工监理服务收费基价。是完成国家法律法规、行业规范规定的施工阶段基本监理服务内容的酬金。施工监理服务收费基价按表 1-4 确定，计费额处于两个数值区间的，采用直线内插法确定施工监理服务收费基价。

(8)施工监理服务计费额。施工监理服务收费是以建设项目工程概算投资额分档定额计费方式计算收费的，计费额为经过批准的建设项目初步设计概算中的建筑安装工程费、设备与工器具购置费和联合试运转费之和。

工程中有利用原有设备并进行安装调试服务的，以签订工程监理合同时同类设备的当期价格作为施工监理服务收费的计费额；工程中有缓配设备的，应扣除签订监理合同时同类设备的当期价格作为施工监理服务收费的计费额;工程中有引进设备的,按照购进设备的离岸价格折换成人民币作为施工监理服务收费的计费额。

表1-4　施工监理服务收费基价表　　　　(单位:万元)

序号	计费额	收费基价
1	500	16.5
2	1 000	30.1
3	3 000	78.1
4	5 000	120.8
5	8 000	181.0
6	10 000	218.6
7	20 000	393.4
8	40 000	708.2
9	60 000	991.4
10	80 000	1 255.8
11	100 000	1 507.0
12	200 000	2 712.5
13	400 000	4 882.6
14	600 000	6 835.6
15	800 000	8 658.4
16	1 000 000	10 390.1

注:计费额大于1 000 000万元的以计费额乘以1.039%的收费率计算收费基价。其他未包含的收费由双方协商议定。

施工监理服务收费是以建筑安装工程费分档定额计费方式计算收费的,计费额为经过批准的建设项目初步设计概算中的建筑安装工程费。

作为施工监理服务收费计费额的建设项目工程概算投资额或建筑安装工程费均指每个监理合同中约定的工程项目范围的计算额。

(9)施工监理服务收费调整系数。施工监理服务收费调整系数包括专业调整系数、工程复杂程度调整系数和高程调整系数。

专业调整系数是对不同专业建设工程项目的施工监理工作复杂程度和工作量差异进行调整的系数。计算施工监理服务收费时,专业调整系数在表1-5中查找确定。

表 1-5　施工监理服务收费专业调整系数

工程类型	专业调整系数
水利电力工程	
风力发电、其他水利工程	0.9
火电工程、送变电工程	1.0
核能、水电、水库工程	1.2

工程复杂程度调整系数是对同一专业不同建设工程项目的施工监理复杂程度和工作量差异进行调整的系数。工程复杂程度分为一般、较复杂和复杂三个等级，其调整系数分别为：一般（Ⅰ级），0.85；较复杂（Ⅱ级），1.0；复杂（Ⅲ级），1.15。计算施工监理服务收费时，工程复杂程度在表 1-6、表 1-7 中查找确定。

在海拔超过 2 000 m 地区进行施工监理工作时，高程调整系数如下：

海拔 2 001 ~ 3 000 m 为 1.1；

海拔 3 001 ~ 3 500 m 为 1.2；

海拔 3 501 ~ 4 000 m 为 1.3；

海拔 4 001 m 以上的，高程附加调整系数在以上基础上由发包人和监理人协商确定。

（10）发包人将施工监理服务中的某一部分工作单独发包给监理人，则按照其占施工监理服务工作量的比例计算施工监理服务收费，具体比例由双方协商确定。

（11）建设工程项目施工监理服务由两个或者两个以上监理人承担的，各监理人按照其占施工监理服务工作量的比例计算施工监理服务收费。发包人委托其中一个监理人对建设工程项目施工监理服务总负责，该监理人按照各监理人合计监理服务收费额的 4% ~ 6% 加收总体协调费。

（12）本收费标准不包括第（1）条以外的其他服务收费。其他服务收费，国家有规定的，从其规定；国家没有收费规定的，由发包人与监理人协商确定。

（二）水利电力工程

（1）水利电力工程范围。适用于水利、发电、送电、变电、核能工程。

（2）水利电力工程复杂程度。水利、发电、送电、变电、核能工程复杂程度见表 1-6，其他水利工程复杂程度见表 1-7。

表 1-6　水利、发电、送电、变电、核能工程复杂程度

等级	工程特征
Ⅰ级	1. 单机容量 200 MW 及以下凝汽式机组发电工程，燃气轮机发电工程，50 MW 及以下供热机组发电工程； 2. 电压等级 220 kV 及以下的送电、变电工程； 3. 最大坝高 <70 m，边坡高度 <50 m，基础处理深度 <20 m 的水库水电工程； 4. 施工明渠导流建筑物与土石围堰； 5. 总装机容量 <50 MW 的水电工程； 6. 单洞长度 <1 km 的隧洞； 7. 无特殊环保要求

续表 1-6

等级	工程特征
Ⅱ级	1. 单机容量 300～600 MW 凝汽式机组发电工程，单机容量 50 MW 以上供热机组发电工程，新能源发电工程（可再生能源、风电、潮汐等）； 2. 电压等级 330 kV 的送电、变电工程； 3. 70 m≤最大坝高＜100 m 或 1 000 万 m^3≤库容＜1 亿 m^3 的水库水电工程； 4. 地下洞室的跨度＜15 m，50 m≤边坡高度＜100 m，20 m≤基础处理深度＜40 m 的水库水电工程； 5. 施工隧洞导流建筑物（洞径＜10 m）或混凝土围堰（最大堰高＜20 m）； 6. 50 MW≤总装机容量＜1 000 MW 的水电工程； 7. 1 km≤单洞长度＜4 km 的隧洞； 8. 工程位于省级重点环境（生态）保护区内，或毗邻省级重点环境（生态）保护区，有较高的环保要求
Ⅲ级	1. 单机容量 600 MW 以上凝汽式机组发电工程； 2. 换流站工程，电压等级≥500 kV 送电、变电工程； 3. 核能工程； 4. 最大坝高≥100 m 或库容≥1 亿 m^3 的水库水电工程； 5. 地下洞室的跨度≥15 m，边坡高度≥100 m，基础处理深度≥40 m 的水库水电工程； 6. 施工隧洞导流建筑物（洞径≥10 m）或混凝土围堰（最大堰高≥20 m）； 7. 总装机容量≥1 000 MW 的水库水电工程； 8. 单洞长度≥4 km 的水工隧洞； 9. 工程位于国家级重点环境（生态）保护区内，或毗邻国家级工程重点环境（生态）保护区，有特殊的环保要求

表 1-7　其他水利工程复杂程度

等级	工程特征
Ⅰ级	1. 流量＜15 m^3/s 的引调水渠道管线工程； 2. 堤防等级Ⅴ级的河道治理建（构）筑物及河道堤防工程； 3. 灌区田间工程； 4. 水土保持工程
Ⅱ级	1. 15 m^3/s≤流量＜25 m^3/s 的引调水渠道管线工程； 2. 引调水工程中的建筑物工程； 3. 丘陵、山区、沙漠地区的引调水渠道管线工程； 4. 堤防等级Ⅲ、Ⅳ级的河道治理建（构）筑物及河道堤防工程
Ⅲ级	1. 流量≥25 m^3/s 的引调水渠道管线工程； 2. 丘陵、山区、沙漠地区的引调水建筑物工程； 3. 堤防等级Ⅰ、Ⅱ级的河道治理建（构）筑物及河道堤防工程； 4. 护岸、防波堤、围堰、人工岛、围垦工程，城镇防洪、河口整治工程

第五节　水利工程建设监理人员

根据监理工作需要及职能划分，监理人员又分为总监理工程师、监理工程师、监理员。水利工程建设监理实行注册管理制度。总监理工程师、监理工程师、监理员均系岗位职务，各级监理人员应持证上岗。总监理工程师(General Engineer)简称总监，是指取得水利工程建设总监理工程师岗位证书，受监理单位委派，全面负责工程项目监理工作的监理工程师；监理工程师(Engineer)是指取得水利工程建设监理工程师资格证书，并按规定注册，取得水利工程建设监理工程师岗位证书，在监理机构中承担监理工作的人员，具体负责实施某一专业或某一方面的监理工作；监理员(Assistant Engineer)是取得水利工程建设监理员岗位证书，在监理机构中承担辅助、协助工作的人员。

一、监理工程师

(一)监理工程师的概念

水利工程监理工程师是指取得水利工程建设监理工程师资格证书，并按规定注册，取得水利工程建设监理工程师岗位证书，在监理机构中承担监理工作的人员。

监理工程师是一种岗位职务，执业资格称谓，不是技术职称。取得监理工程师执业资格一般要求在工程建设监理工作岗位上工作，经全国统一考试合格，并经有关部门注册方可上岗执业。

(二)监理工程师的素质

具体从事监理工作的监理人员，不仅要有较强的专业技术能力和较高的政策水平，能够对工程建设进行监督管理，提出指导性的意见，而且要能够组织、协调与工程建设有关的各方共同完成工程建设任务。也就是说，监理人员既要有一定的工程技术或工程经济方面的专业知识，还要有一定的组织协调能力。就专业知识而言，既要精通某一专业，又要具备一定水平的其他专业知识。所以说监理人员，尤其是监理工程师是一种复合型人才，对这种高智能人才素质的要求，主要体现在以下几个方面：

(1)具有较高学历和多学科专业知识。为了优质、高效地搞好工程建设，需要具有较深厚的现代科技理论知识、经济管理理论知识和一定法律知识的监理人员进行组织管理。

(2)要有丰富的工程建设实践经验。工程建设中的实践经验主要包括以下几个方面：

①工程建设地质勘测实践经验；

②工程建设规划设计实践经验；

③工程建设施工实践经验；

④工程建设经济管理实践经验；

⑤工程建设招标、投标等中介服务的实践经验；

⑥工程建设立项评估、建成使用后评价分析实践经验；

⑦工程建设监理工作实践经验。

(3) 要有良好的品德。监理工程师的良好品德主要体现在以下几个方面：

①热爱社会主义祖国，热爱人民，热爱建设事业；

②具有科学的工作态度；

③具有廉洁奉公、为人正直、办事公道的高尚情操；

④能听取不同意见，有良好的包容性。

(4)具有健康的体魄和充沛的精力。我国现行有关规定，要求对年满65周岁的监理工程师不再进行注册，主要就是考虑监理从业人员身体健康状况对监理工作的适应而设定的。

二、监理人员的职责

(一)总监理工程师的职责

水利工程建设监理实行总监理工程师负责制。总监理工程师应负责全面履行监理合同中所约定的监理单位的职责。主要职责应包括以下各项：

(1)主持编制监理规划，制定监理机构规章制度，审批监理实施细则，签发监理机构的文件。

(2)确定监理机构各部门职责分工及各级监理人员职责权限，协调监理机构内部工作。

(3)指导监理工程师开展工作；负责本监理机构中监理人员的工作考核，调换不称职的监理人员；根据工程建设进展情况，调整监理人员。

(4)主持审核承包人提出的分包项目和分包人，报发包人批准。

(5)审批承包人提交的施工组织设计、施工措施计划、施工进度计划和资金流计划。

(6)组织或授权监理工程师组织设计交底，签发施工图纸。

(7)主持第一次工地会议，主持或授权监理工程师主持监理例会和监理专题会议。

(8)签发进场通知、合同项目开工令、分部工程开工通知、暂停施工通知和复工通知等重要监理文件。

(9)组织审核付款申请，签发各类付款证书。

(10)主持处理合同违约、变更和索赔等事宜，签发变更和索赔的有关文件。

(11)主持施工合同实施中的协调工作，调解合同争议，必要时对施工合同条款作出解释。

(12)要求承包人撤换不称职或不宜在本工程工作的现场施工人员或技术、管理人员。

(13)审核质量保证体系文件并监督其实施，审批工程质量缺陷的处理方案，参与或协助发包人组织处理工程质量及安全事故。

(14)组织或协助发包人组织工程项目的分部工程验收、单位工程完工验收、合同项目完工验收，参加阶段验收、单位工程投入使用验收和工程竣工验收。

(15)签发工程移交证书和保修责任终止证书。

(16)检查监理日志，组织编写并签发监理月报、监理专题报告、监理工作报告，组织整理监理合同文件和档案资料。

总监理工程师不得将以下工作授权给副总监理工程师或监理工程师：

①主持编制监理规划，审批监理实施细则。

②主持审核承包人提出的分包项目和分包人。

③审批承包人提交的施工组织设计、施工措施计划、施工进度计划和资金流计划。

④主持第一次工地会议,签发进场通知、合同项目开工令、暂停施工通知、复工通知。

⑤签发各类付款证书。

⑥签发变更和索赔的有关文件。

⑦要求承包人撤换不称职或不宜在本工程工作的现场施工人员或技术、管理人员。

⑧签发工程移交证书和保修责任终止证书。

⑨签发监理月报、监理专题报告和监理工作报告。

一名总监理工程师只宜承担一个工程建设项目的总监理工程师工作。如需担任两个标段或项目的总监理工程师时,应经发包人同意,并配备副总监理工程师。总监理工程师可通过书面授权副总监理工程师履行除上述①～⑨规定外的总监理工程师的职责。

(二)监理工程师(专业监理工程师)的职责

监理工程师应按照总监理工程师所授予的职责权限开展监理工作,是所执行监理工作的直接责任人,并对总监理工程师负责。主要职责应包括以下各项:

(1)参与编制监理规划,编制监理实施细则。

(2)预审承包人提出的分包项目和分包人。

(3)预审承包人提交的施工组织设计、施工措施计划、施工进度计划和资金流计划。

(4)预审或经授权签发施工图纸。

(5)核查进场材料、构配件、工程设备的原始凭证、检测报告等质量证明文件及其质量情况。

(6)审批分部工程开工申请报告。

(7)协助总监理工程师协调参建各方之间的工作关系。按照职责权限处理施工现场发生的有关问题,签发一般监理文件。

(8)检验工程的施工质量,并予以确认或否认。

(9)审核工程计量的数据和原始凭证,确认工程计量结果。

(10)预审各类付款证书。

(11)提出变更、索赔及质量和安全事故处理等方面的初步意见。

(12)按照职责权限参与工程的质量评定工作和验收工作。

(13)收集、汇总、整理监理资料,参与编写监理月报,填写监理日志。

(14)施工中发生重大问题和遇到紧急情况时,及时向总监理工程师报告、请示。

(15)指导、检查监理员的工作。必要时可向总监理工程师建议调换监理员。

(三)监理员的职责

监理员应按被授予的职责权限开展监理工作,其主要职责应包括以下各项:

(1)核实进场原材料质量检验报告和施工测量成果报告等原始资料。

(2)检查承包人用于工程建设的材料、构配件、工程设备使用情况,并作好现场记录。

(3)检查并记录现场施工程序、施工工法等实施过程情况。

(4)检查和统计计日工情况,核实工程计量结果。

(5)核查关键岗位施工人员的上岗资格;检查、监督工程现场的施工安全和环境保护措施的落实情况,发现异常情况及时向监理工程师报告。

(6)检查承包人的施工日志和实验室记录。

(7)核实承包人质量评定的相关原始记录。

当监理人员数量较少时,监理工程师可同时承担监理员的职责。

三、监理工程师的职业道德和法律责任

(一)监理工程师的职业道德

(1)维护国家的荣誉和利益,按照“守法、诚信、公正、科学”的准则执业;

(2)执行有关工程建设的法律、法规、标准、规范、规程和制度,履行监理合同规定的义务和职责;

(3)努力学习专业技术和建设监理知识,不断提高业务能力和监理水平;

(4)不以个人名义承揽监理业务;

(5)不同时在两个或两个以上监理单位注册和从事监理活动,不在政府部门或施工、材料设备的生产供应等单位兼职;

(6)不为所监理项目指定承包商、建筑构配件、设备、材料生产厂家和施工方法;

(7)不收受被监理单位的任何礼金;

(8)不泄露所监理工程各方认为需要保密的事项;

(9)坚持独立自主地开展工作。

(二)监理工程师的法律责任

1. 监理工程师的权利

(1)使用监理工程师名称;

(2)依法自主执行业务;

(3)依法签署工程监理相关文件并加盖执业印章;

(4)法律、法规赋予的其他权利。

2. 监理工程师的义务

(1)遵守法律、法规,严格依照相关技术标准和委托监理合同开展工作;

(2)恪守执业道德,维护社会公共利益;

(3)在执业中保守委托单位申明的商业秘密;

(4)不得同时受聘于两个及两个以上单位执行业务;

(5)不得出借监理工程师执业资格证书、监理工程师注册证书和执业印章;

(6)接受执业继续教育,不断提高业务水平。

3. 监理工程师的法律责任

监理工程师的法律责任是建立在法律法规和委托监理合同的基础上,表现行为主要有违法行为和违约行为两方面。

四、监理工程师的执业资格考试、注册和继续教育

(一)监理工程师执业资格考试

1. 考试报名条件

参加考试人员须同时具备以下条件:

(1)取得工程及相关类中级专业技术职务任职资格,或者具有工程及相关类专业的

学习工作经历(大专毕业且从事专业工作8年以上、本科毕业且从事专业工作5年以上、硕士研究生毕业且从事专业工作3年以上);

(2)年龄不超过60周岁;

(3)有一定的专业技术水平、组织协调能力和管理能力。

2. 考试内容及科目

由于监理工程师的主要工作任务是依据工程建设过程的各种信息控制建设工程的质量、投资、进度,监督管理建设工程合同实施,协调工程建设各方的关系,所以监理工程师执业资格考试的内容包括建设工程监理概论、建设工程合同管理、建设工程投资控制、建设工程进度控制、建设工程质量控制、建设工程信息管理各科目的理论知识、相关法律、法规和实务技能。

考试科目为建设监理基础知识及相关法规、建设项目目标控制、建设项目合同管理、案例分析。

3. 考试方式

监理工程师资格考试是对考生监理理论和实务技能水平的考查,是一种水平考试。案例分析科目试题为主观题,分水利工程施工监理和水土保持工程施工监理两个类别,其余三科试题均为客观题,不分类别。

4. 考试组织

中国水利工程协会总体负责考试组织工作,委托资格考试报名联系单位受理考生报名、承担资格初审等工作。

(二)监理工程师注册

专业执业资格实行注册制度,这是国际上通行的做法。监理工程师是一种岗位职务,经注册的监理工程师具有相应的责任和权力。实行监理工程师注册制度,是为了建立一支适应工程建设监理工作需要的、高素质的监理队伍,是为了建立和维护监理工程师岗位的严肃性。

1. 监理工程师的注册条件

取得水利工程建设监理工程师资格证书的人员应当按照《水利工程建设监理工程师注册管理办法》(水利部水建管[2006]600号)规定先申请注册,取得水利工程建设监理工程师注册证书和执业印章后,方可从事水利工程建设监理活动。但是有下列情形之一的,不予注册:

(1)不具备完全民事行为能力的;

(2)在两个以上监理单位申请注册执业的;

(3)在申请注册过程中弄虚作假的;

(4)为国家公务员或依照公务员管理的现职工作人员的;

(5)年龄超过65周岁的;

(6)未按本办法规定取得继续教育合格证书的;

(7)依法不予注册的其他情形。

2. 监理工程师的注册管理

(1)监理工程师申请注册程序如下:

①监理工程师向监理企业提出申请。

②监理企业同意后，由监理企业向其工商注册地的省、自治区、直辖市人民政府水行政主管部门提交申请材料。但是，流域管理机构直属单位独资或控股成立的监理企业，应当向流域管理机构提交申请材料；水利部直属单位独资或控股成立的监理企业，应当向水利部提交申请材料。

省、自治区、直辖市人民政府水行政主管部门和流域管理机构应当自收到申请材料之日起10个工作日内提出意见，并连同申请材料转报水利部。

(2)水利部自收到申请材料之日起20个工作日内完成审查工作，对符合条件者准予注册备案，并颁发水利工程建设监理工程师注册证书和执业印章。

水利部每半年向社会公告注册监理工程师人员名单，接受社会监督。

(3)申请注册应提交下列材料：

①水利工程建设监理工程师注册申请表；

②与监理企业签订的聘用合同和身份证复印件；

③水利工程建设监理工程师资格证书复印件。

取得水利工程建设监理工程师资格证书3年后首次申请注册执业或被注销注册证书后又重新申请注册执业的，应提交继续教育合格证书。

监理工程师申请注册，应对其提交的申请材料内容的真实性负责，不得采取欺骗等不正当手段取得水利工程建设监理工程师注册证书和执业印章。

(4)水利工程建设监理工程师注册证书有效期一般为3年。监理工程师允许执业时间不足3年的，按其实际可执业期限确定有效期。

水利工程建设监理工程师注册证书和执业印章由监理工程师本人保管，任何单位和个人不得涂改、伪造、出借、转让和非法扣押、没收水利工程建设监理工程师注册证书和执业印章。

(5)监理工程师的注册证书有效期满需继续执业的，应当在有效期满30个工作日前，按相关规定向有关主管部门申请办理延续注册备案手续。

(6)监理工程师在注册证书有效期内，其注册内容(包括注册监理企业、监理专业等)发生变化的，应当按相关规定及时向有关主管部门申请办理变更注册备案手续，并提交以下材料：

①注册变更内容及相关证明材料；

②水利工程建设监理工程师注册证书和执业印章。

监理工程师变更注册监理企业的，需提交原注册监理企业同意变更证明文件。

监理企业与监理工程师的聘用合同期满后，监理企业不得无故限制监理工程师自由变更注册监理企业。

(7)监理工程师注册后有下列情形之一的，由水利部注销其注册证书，收回水利工程建设监理工程师注册证书和执业印章：

①完全丧失民事行为能力的；

②死亡或者依法宣告死亡的；

③年龄超过65周岁的；

④以欺骗等不正当手段取得注册证书的；

⑤超过注册证书有效期而未延续注册的；

⑥注册证书被依法吊销的；

⑦成为国家公务员或依照公务员管理的现职工作人员的；

⑧依法应当注销的其他情形。

(8)在水利工程建设监理工程师注册证书有效期内，监理工程师应当至少参加一次由水利部组织的继续教育培训并合格。

(9)监理工程师遗失水利工程建设监理工程师注册证书或执业印章，应当在水利部指定的媒体声明后，向水利部申请补发水利工程建设监理工程师注册证书或执业印章。

(10)监理工程师注册(变更注册、延续注册)申请表格式由水利部统一规定，水利工程建设监理工程师注册证书和执业印章由水利部统一制作。

第六节　水利工程建设监理组织

一、组织的基本原理

(一)组织的概念

组织是为了使系统达到它特定的目标，使全体参加者经分工与协作以及设置不同层次的权力和责任制度而构成的一种人的组合体。

其包括以下四层含义：

(1)目标是组织存在的前提；

(2)没有分工与协作就不是组织，没有不同层次的权力和责任制度就不能实现组织活动与组织目标；

(3)组织的功能在于有计划地组织、指挥、调节和控制各种活动，实现组织目标；

(4)组织生存的基本条件是必须具备一定的物质和技术基础，并不断地进行变换，使自己适应环境的要求。

(二)组织构成因素

组织构成受多种因素的制约，最主要的有管理层次、管理跨度、管理部门、管理职能。各因素之间相互联系、相互制约。

1.管理层次

管理层次是指从组织的最高管理者到最基层的实际工作人员的等级层次的数量。管理层次可以分为三个层次，即决策层、协调层和执行层、操作层。三个层次的职能要求不同，表示不同的职责和权限，由上到下权责递减，人数却递增。组织必须形成一定的管理层次，否则其运行将陷于无序状态，管理层次也不能过多，否则会造成资源和人力的巨大浪费。

2.管理跨度

管理跨度是指一个主管直接管理下属人员的数量。在组织中，某级管理人员管理跨度的大小直接取决于这一级管理人员所要协调的工作量，跨度大，处理人与人之间关系的数量随之增大。跨度太大时,领导者和下属接触频率会太高。跨度的大小又和分层多少有关,一般来说,管理层次增多,跨度会小;反之,层次少,跨度会大。

3. 管理部门

按照类别对专业化分工的工作进行分组,以便对工作进行协调,即为部门化。部门可以根据职能来划分,可以根据产品类型来划分,可以根据地区来划分,也可以根据顾客类型来划分。组织中各部门的合理划分对发挥组织效能非常重要,如果划分不合理,就会造成控制、协调困难,浪费人力、物力、财力。

4. 管理职能

组织机构设计确定的各部门的职能,在纵向要使指令传递、信息反馈及时,在横向要使各部门相互联系、协调一致。

(三)组织结构设计

组织结构就是指在组织内部构成和各部分间所确定的较为稳定的相互关系和联系方式。简单地说,就是指对工作如何进行分工、分组和协调合作。

1. 组织结构的含义

组织结构的含义包括以下几点:

(1)确定正式关系与职责的形式;

(2)向组织各个部门或个人分派任务和各种活动的方式;

(3)协调各个分离活动和任务的方式;

(4)组织中权力、地位和等级关系。

2. 项目监理机构组织设计的基本原则

1)集权与分权统一的原则

在任何组织中都不存在绝对的集权和分权。在项目监理机构设计中,所谓集权,就是总监理工程师掌握所有监理大权,各专业监理工程师只是其命令的执行者;所谓分权,是指各专业监理工程师在各自管理的范围内有足够的决策权,总监理工程师主要起协调作用。

2)专业分工与协作统一的原则

对于项目监理机构来说,分工就是将监理目标,特别是投资控制、进度控制、质量控制三大目标分成各部门以及各监理工作人员的目标、任务,明确干什么、怎么干。

在组织中有分工就必然有协作,明确部门之间和部门内的协调关系与配合方式十分重要。应明确部门与部门之间的关系,在工作中相互联系与衔接,找出易出矛盾所在,合理协调。

3)管理跨度与管理层次统一的原则

在组织机构的设计过程中,管理跨度与管理层次成反比例关系。应该在通盘考虑影响管理跨度的各种因素后,在实际运用中根据具体情况确定管理层次。

4)权责一致的原则

在项目监理机构中应明确划分职责、权力范围,做到责任和权力相一致。权责不一致对组织的效能损害是很大的。权大于责就容易产生瞎指挥、滥用权力的官僚主义;责大于权就会影响管理人员的积极性、主动性、创造性,使组织缺乏活力。

5）才职相称的原则

使每个人现有的和可能有的才能与其职务上的要求相适应，做到才职相称，人尽其才，才得其用，用得其所。

6）经济效率原则

应组合成最适宜的结构形式，实行最有效的内部协调，使事情办得简洁而正确，减少重复和扯皮。

7）弹性原则

组织机构既要有相对的稳定性，不要总是轻易变动，又要随组织内部和外部条件的变化，根据长远目标作出相应的调整与变化，使组织机构具有一定的适应性。

（四）组织机构活动基本原理

1. 要素有用性原理

一个组织机构中的基本要素有人力、物力、财力、信息、时间等。

运用要素有用性原理，首先应看到人力、物力、财力等因素在组织活动中的有用性，充分发挥各要素的作用，还要具体分析各要素的特殊性，以便充分发挥每一要素的作用。

2. 动态相关性原理

一加一可以等于二，也可以大于二，还可以小于二。整体效应不等于其各局部效应的简单相加，这就是动态相关性原理。组织管理者的重要任务就在于使组织机构活动的整体效应大于其局部效应之和，否则，组织就失去了存在的意义。

3. 主观能动性原理

人是生产力中最活跃的因素，组织管理者的重要任务就是要把人的主观能动性发挥出来。

4. 规律效应性原理

规律与效应的关系非常密切，一个成功的管理者懂得只有努力揭示规律，才有取得效应的可能，而要取得好的效应，就要主动研究规律，坚决按规律办事。

二、项目监理组织机构形式及人员配备

监理单位通过招标投标方式取得工程建设监理任务，监理单位与项目法人签订书面建设工程委托监理合同后，一般组建项目监理组织。项目监理组织一般由总监理工程师、专业或子项监理工程师和其他监理人员组成。工程项目建设监理实行总监理工程师负责制。总监理工程师行使合同赋予监理单位的权限，全面负责委托的监理工作。总监理工程师在授权范围内发布有关指令，签认所监理的工程项目有关款项的支付凭证，并有权建议撤换不合格的分包单位和项目负责人及有关人员。项目监理组织成立后一般工作内容包括：收集有关资料，熟悉情况，编制项目监理规划；按工程建设进度，分专业编制工程建设监理细则；根据项目监理规划和监理细则开展工程建设监理活动；参与工程预验收并签署试验、化验报告等。

（一）项目监理的组织形式

项目监理的组织形式的设计，应遵循集中与分权统一、专业分工与协作统一、管理跨度与分层统一、权责一致、才职相称、效率和弹性的原则。同时，还应考虑工程项目的特

点、工程项目承发包模式、业主委托的任务以及监理单位自身的条件。常用的项目监理组织形式有直线制、职能制、直线职能制和矩阵制。

1. 直线制监理组织

直线制是早期采用的一种项目管理形式，来自于军事组织系统，它是一种线性组织结构，其本质就是使命令线性化。整个组织自上而下实行垂直领导，不设职能机构，可设职能人员协助主管人员工作，主管人员对所属单位的一切问题负责。

这种组织形式是最简单的，它的特点是组织中各种职位是按垂直系统直线排列的，权力系统自上而下形成直线控制，权责分明。它适用于监理项目能划分为若干相对独立子项的大中型建设项目，如图 1-4 所示。总监理工程师负责整个项目的规划、组织和指导，并着重整个项目范围内各方面的协调工作。子项目监理组分别负责子项目的目标值控制，具体领导现场专业或专项监理组的工作。

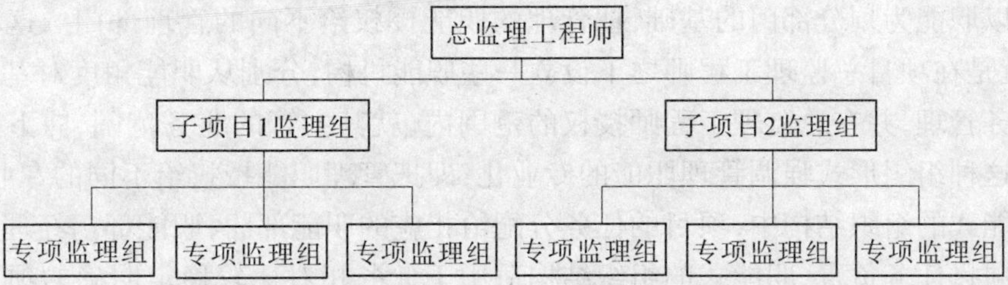

图 1-4　按子项分解设立直线制监理组织形式

还可按建设阶段分解设立直线制监理组织形式，如图 1-5 所示。此种形式适用于大中型以上项目，且承担包括设计和施工的全过程工程建设监理任务。这种组织形式的主要优点是机构简单、权力集中、命令统一、职责分明、决策迅速、隶属关系明确。缺点是实行没有职能机构的“个人管理”，这就要求总监理工程师通晓各种业务和多种知识技能，成为“全能”式人物。

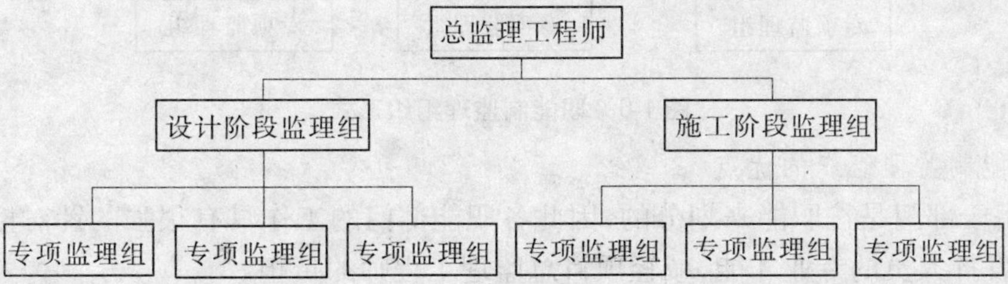

图 1-5　按建设阶段分解设立直线制监理组织形式

1）直线制监理组织的优点

（1）保证单头领导，每个组织单元仅向一个上级负责，一个上级对下级直接行使管理和监督的权力即直线职权，一般不能越级下达指令。项目参加者的工作任务、责任、权力明确，指令唯一，这样可以减少扯皮和纠纷，协调方便。

（2）它具有独立的项目组织的优点。尤其是项目总监理工程师能直接控制监理组织资源，向业主负责。

（3）信息流通快，决策迅速，项目容易控制。

(4)项目任务分配明确,责、权、利关系清楚。

2)直线制监理组织的缺点

(1)当项目比较多、比较大时,每个项目对应一个组织,使监理企业资源可能不能达到合理使用。

(2)项目总监理工程师责任较大,一切决策信息都集中于他处,这要求他能力强、知识全面、经验丰富,是一个"全能式"人物,否则决策较难、较慢,容易出错。

(3)不能保证项目监理参与单位之间信息的流通速度和质量。

(4)监理企业的各项目间缺乏信息交流,项目之间的协调、企业的计划和控制比较困难。

2.职能制监理组织

职能制组织形式,是一种传统的组织结构模式,它特别强调职能的专业分工,因此组织系统是以职能为划分部门的基础,把管理的职能授权给不同的管理部门。这种监理组织形式,就是在项目总监理工程师之下设立一些职能机构,分别从职能角度对基层监理组织进行业务管理,并在总监理工程师授权的范围内,就其主管的业务范围,向下下达命令和指示。这种组织形式强调管理职能的专业化,即把管理职能授权给不同的专业部门。

在职能式的组织结构中,项目的任务分配给相应的职能部门,职能部门经理对分配到本部门的项目任务负责,职能式的组织结构适用于任务相对比较稳定明确的项目监理工作,如图1-6所示。

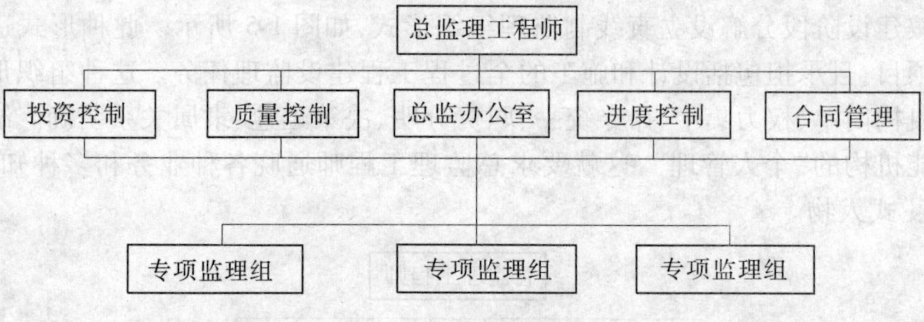

图1-6 职能制监理组织形式

1)职能制监理组织的优点

(1)由于部门是按职能来划分的,因此各职能部门的工作具有很强的针对性,可以最大程度地发挥人员的专业才能,减轻项目总监理工程师的负担。

(2)如果各职能部门能做好互相协作的工作,对整个项目的完成会起到事半功倍的效果。

2)职能制监理组织的缺点

(1)项目信息传递途径不畅。

(2)工作部门可能会接到来自不同职能部门的互相矛盾的指令。

(3)不同职能部门之间有意见分歧难以统一时,互相协调存在一定的困难。

(4)职能部门直接对工作部门下达工作指令,项目总监理工程师对工程项目的控制能力在一定的程度上被弱化。

3. 直线职能制监理组织

直线职能制的监理组织形式是吸收了直线制组织形式和职能制组织形式的优点而构成的一种组织形式，如图 1-7 所示。

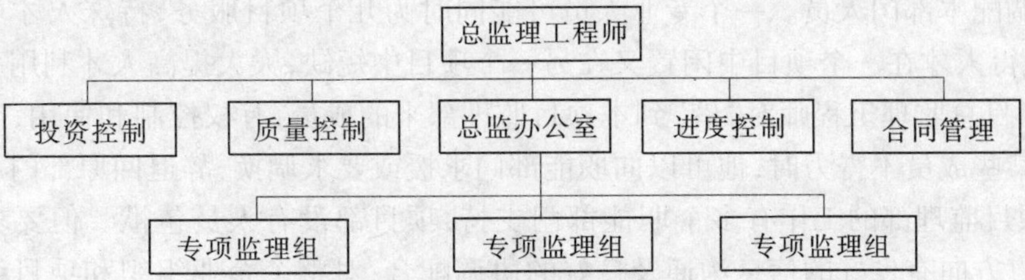

图 1-7　直线职能制监理组织形式

这种形式的主要优点是集中领导、职责清楚、有利于提高办事效率。缺点是职能部门与指挥部门易产生矛盾，信息传递路线长，不利于互通情报。

4. 矩阵制监理组织

矩阵制是现代大型工程管理中广泛采用的一种组织形式，是美国在 20 世纪 50 年代创立的一种组织形式，它把职能原则和项目对象原则结合起来建立工程项目管理组织机构，使其既能发挥职能部门的横向优势，又能发挥项目组织的纵向优势。从系统论的观点来看，解决问题不能只靠某一部门的力量，而需要各方面专业人员共同协作。矩阵式的监理组织由横向职能部门系统和纵向子项目组织系统组成，如图 1-8 所示。

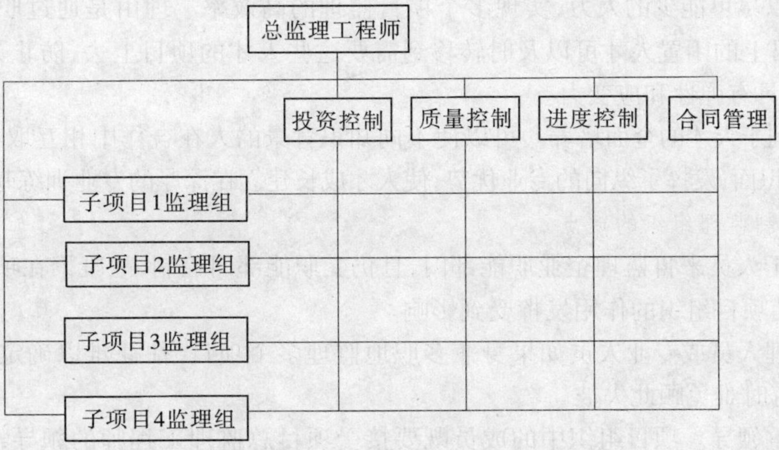

图 1-8　矩阵制监理组织形式

1）特征

（1）项目监理组织机构与职能部门的结合部同职能部门数量相同，多个项目与职能部门的结合部呈矩阵状。

（2）把职能原则和对象原则结合起来，既发挥职能部门的横向优势，又发挥项目组织的纵向优势。

（3）专业职能部门是永久性的，项目组织是临时性的。职能部门负责人对参与项目组织的人员有组织调配、业务指导和管理考察权，项目总监理工程师将参与项目组织的职能人员在横向上有效地组织在一起，为实现项目目标协同工作。

(4)矩阵中的每个成员或部门，接受原部门负责人和项目总监理工程师的双重领导，但部门的控制力大于项目的控制力，部门负责人有权根据不同项目的需要和忙闲程度，在项目之间调配本部门人员。一个专业人员可能同时为几个项目服务，特殊人才可充分发挥作用，免得人才在一个项目中闲置又在另一个项目中短缺，大大提高人才利用率。

(5)项目总监理工程师对“借”到本项目监理部来的成员，有权控制和使用，当感到人力不足或某些成员不得力时，他可以向职能部门求援或要求调换，辞退回原部门。

(6)项目监理部的工作有多个职能部门支持，项目部没有人员包袱。但要求在水平方向和垂直方向有良好的信息沟通及良好的协调配合，对整个企业组织和项目组织的管理水平与组织渠道畅通提出了较高的要求。

2)适用范围

(1)适用于平时承担多个需要进行项目监理工程的企业。在这种情况下，各项目对专业技术人才和管理人员都有需求，加在一起数量较大。采用矩阵制组织可以充分利用有限的人才对多个项目进行监理，特别有利于发挥稀有人才的作用。

(2)适用于大型、复杂的监理工程项目。因大型复杂的工程项目要求多部门、多技术、多工种配合实施，在不同阶段，对不同人员，有不同数量和搭配各异的需求。显然，矩阵制监理组织形式可以很好地满足其要求。

3)矩阵制监理组织的优点

(1)能以尽可能少的人力，实现多个项目监理的高效率。理由是通过职能部门的协调，一些项目上的闲置人才可以及时转移到需要这些人才的项目上去，防止人才短缺，项目组织因此具有弹性和应变力。

(2)有利于人才的全面培养。可以使不同知识背景的人在合作中相互取长补短，在实践中拓宽知识面；发挥了纵向的专业优势，使人才成长建立在深厚的专业训练基础之上。

4)矩阵制监理组织的缺点

(1)由于人员来自监理企业职能部门，且仍受职能部门控制，故凝聚在项目上的力量减弱，往往使项目组织的作用发挥受到影响。

(2)管理人员或专业人员如果身兼多职地监理多个项目，往往难以确定监理项目的优先顺序，有时难免顾此失彼。

(3)双重领导。项目组织中的成员既要接受项目总监理工程师的领导，又要接受监理企业中原职能部门的领导，在这种情况下，如果领导双方意见和目标不一致，乃至有矛盾时，当事人便无所适从。

(4)矩阵制监理组织对监理企业管理水平、项目管理水平、领导者的素质、组织机构的办事效率、信息沟通渠道的畅通，均有较高要求。

(二)项目监理机构的人员配备

1. 监理人员配备应考虑的因素

监理组织人员的配备一般应考虑专业结构、人员层次、工程建设强度、工程复杂程度和监理单位的业务水平。

1)合理的专业结构

具有与监理项目性质以及业主对项目监理的要求相适应的各专业人员组成，也就是各专业人员要配套。

2)合理的职称结构

监理人员根据其技术职称分为高、中、低级三个层次，合理的人员层次结构是指监理机构中各专业的监理人员应有的与监理工作要求相适应的高、中、初级职称比例。这样有利于管理和分工。例如：在决策、设计阶段，就应以高、中级职称人员为主，基本不用初级职称人员；在施工阶段，监理专业人员就应以中级职称人员为主，高、初级职称人员为辅。

合理的职称结构还包含另一层意思，就是合理的年龄结构。

监理人员的职称结构如表1-8所示。根据经验，一般高、中、低人员配备比例大约为10%、60%、20%，此外还有10%左右为行政管理人员。

表1-8　监理人员的职称结构

监理组织层次		主要职能	要求对应的技术职称
项目监理部	总监理工程师 专业监理工程师	项目监理的策划 项目监理实施的组织与协调	高级
子项监理组	子项监理工程师 专业监理工程师	具体组织子项监理业务	中级
现场监理员	质监员 计量员 预算员 计划员等	监理实务的执行与作业	初级

2.项目监理机构监理人员数量的确定

监理人员的数量要根据工程建设强度、建设工程的复杂程度、监理人员的业务素质等因素来确定。

1)工程建设强度

工程建设强度是指单位时间内投入的工程建设资金数量，用公式表示为：

$$工程建设强度 = 投资/工期$$

显然，工程建设强度越大，所需要投入的监理人员就越多。

2)建设工程的复杂程度

根据不同情况，可将工程的复杂程度等级划分为简单、一般、一般复杂、复杂、很复杂五级。工程项目由简单到很复杂，所需要的监理人员相应地由少到多。

3)监理单位的业务水平及监理人员的业务素质

每个监理单位的业务水平和对某类工程的熟悉程度不完全相同，每个监理人员的专业能力、管理水平、工作经验等方面都有差异，所以在监理人员素质和监理的设备手段等方面也存在差异，这都会直接影响到监理效率的高低。高水平的监理单位和高素质的监理人员可以投入较少的监理人力完成一个建设工程的监理工作，而一个经验不多或管理水平不高的监理单位则需投入较多的监理人力。因此，各监理单位应当根据自己的实际情况确定监理人员需要量。

4)监理机构的组织结构和任务职能分工

项目监理机构的组织结构形式关系到具体的监理人员的需求量,人员配备必须能满足项目监理机构任务职能分工的要求。必要时,可对人员进行调配。如果监理工作需要委托专业咨询机构或专业监测、检验机构进行,则项目监理机构的监理人员数量可以考虑适当减少。

小 结

本章重点阐述了水利工程项目的建设程序,水利工程建设项目管理体制的相关知识;建设监理的产生、发展、概念、内涵、性质、项目、任务和依据;监理单位的设立、业务范围及相关法律规定;监理单位资质管理和工程监理费的计算方法;建设监理人员、监理组织的相关知识,使学生对水利工程建设监理有一个整体的认识。

复习思考题

1. 简述水利工程项目的建设程序。
2. 什么是建设项目? 有哪些特征?
3. 简述水利工程建设项目的划分。
4. 简述水利工程监理的概念。
5. 简述水利工程建设监理的范围。
6. 工程建设监理费的计算方法有哪些?
7. 监理工程师要具备哪些素质?
8. 项目监理的组织形式有哪些? 各自有哪些优缺点?
9. 项目监理机构监理人员数量是怎么确定的?

第二章 质量控制、投资控制与进度控制

监理规划明确了监理的工作目标,即对工程项目的质量、投资、进度目标实施控制。三者之间既互相联系,又互相制约。进度加快,需要增加投资,但工程提前使用可以提高投资效益;进度加快有可能影响工程质量,质量控制严格,又有可能影响进度,但严格控制质量而不致返工又可加快进度。因此,监理工程师对三大目标的实现应全面考虑,正确处理好质量、投资和进度的关系,提高工程建设的综合效益。

第一节 工程质量控制

工程质量是基本建设效益得以实现的基本保证。没有质量,就没有投资效益、没有工程进度。因此,建设项目质量决定了建设项目的成败,也是进行建设监理三大目标(质量、投资、进度)的重点之一。建设项目的投资控制和进度控制必须以一定的质量水平为前提,确保建设项目能全面满足各项要求。为此,国务院2000年颁布了《建设工程质量管理条例》,而且质量控制是保证工程质量的一种有效方法。

一、工程质量控制的概念

(一)质量及工程质量

1. 质量的概念

质量的定义是:一组固有特性满足要求的程度(2000版GB/T 19000—ISO 9000族标准)。其中,关键词有质量、固有特性及要求。其含义是质量不仅指产品质量,也可以是某项活动或过程的质量,或是质量管理体系的质量。固有特性是指在某事或某物中本来就有的,尤其是那种永久的特性(如性能、适用性、可用性、可靠性、维修性、安全性、环境、经济性和美学性等)。要求是指明示的(即规定的要求,如在合同、规范、标准等文件中阐明的或顾客明确提出的要求)、通常隐含的(即组织、顾客和其他相关方的惯例及一般做法,所考虑的需求或期望是不言而喻的)或必须履行的(即法律、法规要求的或有强制性标准要求的,组织在产品实现过程中必须执行这类标准)需求或期望。

质量的差、好或者是优秀是由产品固有特性满足要求的程度来反映的。由于组织、顾客和其他相关方的质量要求是动态的、发展的和相对的,所以质量具有时效性和相对性。

2. 工程质量

工程质量是指工程产品满足规定要求和具备所需要的特征与特性的总和。

工程质量有两个方面含义:一是从狭义上讲,指的是工程产品的特征性能,即工程产品质量;二是从广义上讲,还包括参与工程建设各方面的工作水平、组织管理等的工作质量。

(二)工程质量控制

ISO 9000—2000族标准中质量控制的定义是:质量管理的一部分,致力于满足质量要

求。具体地说,质量控制就是指为保证某一产品、过程或服务满足规定的质量要求所采取的作业技术和活动。

工程质量控制是指致力于满足工程质量要求,也就是为了保证质量满足合同、规范标准所采取的一系列措施、方法和手段。工程质量要求主要表现为合同、设计文件、技术规范规定的质量标准。工程质量控制是通过控制工作质量,从而保证工程的产品质量满足设计要求、合同标准。工作质量又反映到工序施工过程中的每一环节(工序)、每一因素(人、材料、机械、方法、环境)。所以,工程质量取决于施工过程的工序质量。也就是说,工程质量控制,是利用各种手段对每道工序的人、机械、材料、方法、环境等要素进行控制。

工程质量的控制贯穿于可行性研究、勘测设计、施工准备、建设实施、后期运行等各阶段,施工阶段工程质量控制是在产品形成全过程中,监理人员监督和控制合同各方的工作质量,主要是控制承包人的工作质量,进而实现合同规定的质量标准。

(三)工程质量管理体系

《水利工程质量管理规定》明确规定:水利工程质量实行项目法人(建设单位)负责、监理单位控制、承包人保证和政府监督相结合的质量管理体制。由此可见,水利工程质量管理的三个体系分别为政府部门的质量监督体系,业主/监理工程师的质量检查控制体系,设计、承包人的质量保证体系。

1.政府部门的质量监督体系

水利工程质量监督机构为专职机构,分以下三级设置:

(1)水利部设置水利工程质量监督总站,负责对流域机构、省级水利工程质量监督机构和水利工程质量检测单位进行统一规划、管理与资质审查。

(2)各省、自治区、直辖市设置水利工程质量监督中心站,负责本行政区域内省级以下水利工程质量监督机构和水利工程质量检测单位的统一规划、管理与资质审查。

(3)地区(市)设置水利工程质量监督站。

水利工程质量监督机构的任务是监督设计、监理、施工等单位在其资质等级允许范围内从事水利工程建设的质量工作,检查和督促建设、设计、监理、施工单位建立健全质量体系,并按照国家和水利行业有关工程建设法规、技术标准与设计文件,来实施工程质量监督,对施工现场影响工程质量的行为进行监督检查。

政府部门的质量监督是以抽查为主的监督方式,运用法律和行政手段,做好监督抽查后的处理工作。工程竣工验收时,质量监督机构对工程质量等级进行核定。未经质量核定或核定不合格的工程,承包人不得交验,工程主管部门不能验收,工程不得投入使用。

2.业主/监理工程师的质量检查控制体系

业主为维护自己的利益,保证工程质量,充分发挥投资效益,需要建立质量检查控制体系,成立质量检查机构,对各道工序、各个阶段的工程质量进行检查、认证。目前,在实行建设监理制的工程中,业主已把这部分工作委托给监理工程师。

监理单位作为专业化的、与业主无隶属关系的独立一方,受业主的委托,在项目建设的招标投标阶段,要协助业主组织招标工作,编制招标文件,挑选承包人,并协助业主与中标单位签订较为完善的工程承包合同,以保证工程项目的顺利实施。在建设项目施工阶段,监理单位不仅要按照委托监理合同的授权,进行进度控制和投资控制,更大量的日常工作，是进行质量控制以及安全和环境保护监理。

业主/监理工程师对工程质量的控制认证，有一套完整的、严密的组织机构、工作制度、程序和方法，构成了项目建设的质量检查控制体系，成为我国工程建设管理体系中不可缺少的另一层次的组成部分，并对强化工程质量管理发挥着越来越重要的作用。

3. 设计、承包人的质量保证体系

质量保证体系是指为保证质量，满足明确和隐含需要，由组织机构、职责、程序、活动、能力和资源等构成的有机整体。

对于设计、承包人，质量保证体系是指设计、承包人运用系统工程的观点和方法，以保证工程质量为目的，将单位内各部门、各环节的经营、管理活动严密协调地组织起来，明确他们在保证工程或产品质量方面的任务、责任、权限、工作程序和方法，从而形成的一个有机的质量保证整体。

设计、承包人的质量保证体系，是我国工程质量管理三个体系中最基础的部分，对于确保工程质量是至关重要的。只有使质量保证体系正常实施和运行，才能使建设单位和设计、承包人在风险、成本及利润三个方面达到最佳状态。

设计、承包人对工程项目质量负有首要的责任。这就要求设计、承包人积极推行全面质量管理，保证全员、全过程、全企业的工作质量，逐步实现企业经营管理和生产技术的标准化、规范化、系列化，以保证设计质量、工程施工质量，创造优质工程，缩短建设工期，降低物质消耗，改善服务质量，提高社会经济效益。由于工程产品生产的特殊性，在市场经济的条件下，承包人总想追求更多的经济利益，从而往往有意无意地忽视工程质量。因此，单靠设计、承包人内部的质量保证体系还是不够的，还必须有外部的约束机制，即业主/监理工程师的质量检查控制体系和政府的质量监督体系。

业主/监理工程师的质量检查控制体系是依据国家的有关法律、技术规范、标准和承包合同，对承包人在施工全过程中的每一道工序、每一个环节进行检查认证，及时发现其中的质量问题，分析原因，采取正确的措施加以纠正，防患于未然。但是，它并不能代替承包人内部的质量保证体系，只能通过合同双方履行承包合同的约定，运用质量认证和否决权，对承包人进行检查和管理，并帮助、促进承包人建立健全质量保证体系使之正常运转，从而保证工程质量。

各级工程质量监督机构对工程质量进行监督，是政府部门的职能，代表政府行使工程质量监督权，对工程建设实施强制性的监督。

二、监理单位质量责任、质量控制的依据及控制的主要因素

（一）工程监理单位的质量责任

（1）工程监理单位应当依法取得相应等级的资质证书，并在其资质等级许可的范围内承担工程监理业务。

禁止工程监理单位超越本单位资质等级许可的范围或者以其他工程监理单位的名义承担工程监理业务。禁止工程监理单位允许其他单位或者个人以本单位的名义承担工程监理业务。工程监理单位不得转让工程监理业务。

（2）工程监理单位与被监理工程的施工承包单位以及建筑材料、建筑构配件和设备

供应单位有隶属关系或者其他利害关系的,不得承担该项建设工程的监理业务。

(3)工程监理单位应当依照法律、法规以及有关技术标准、设计文件和建设工程承包合同,代表建设单位对施工质量实施监理,并对施工质量承担监理责任。

(4)工程监理单位应当选派具备相应资格的总监理工程师和监理工程师进驻施工现场。未经监理工程师签字,建筑材料、建筑构配件和设备不得在工程上使用或者安装,施工单位不得进行下一道工序的施工。未经总监理工程师签字,建设单位不拨付工程款,不进行竣工验收。

(5)监理工程师应当按照工程监理规范的要求,采取旁站、巡视和平行检验等形式,对建设工程实施监理。

工程监理单位有下列行为之一的,责令改正,处50万元以上100万元以下的罚款,降低资质等级或者吊销资质证书;有违法所得的,予以没收;造成损失的,承担连带赔偿责任:

(1)与建设单位或者施工单位串通,弄虚作假、降低工程质量的;

(2)将不合格的建设工程、建筑材料、建筑构配件和设备按照合格签字的。

(二)质量控制的依据

(1)国家的法律、法规、政策;

(2)主管部门的有关技术规范、规程、质量标准;

(3)有关部委(如环保、交通、消防、防汛等)的有关规定;

(4)项目法人和承包人签订的施工合同文件;

(5)已批准的设计文件和相应的设计变更文件;

(6)项目法人和监理单位签订的监理合同文件;

(7)承包人呈报并经监理工程师批准的施工组织设计和施工技术措施;

(8)设备制造厂家的设备安装说明书和有关技术标准。

(三)控制的主要因素

工程施工是一种物质生产活动。因此,影响工程产品质量的主要因素可归结为以下5个方面,它们分别是人(Man)、材料(Material)、机械(Machine)、方法(Method)及环境(Environment),简称为4M1E。

1.人的控制

人是生产经营活动的主体,在水利工程建设中,项目建设的决策、管理、操作均是通过人来完成的。其中,既包括了施工承包人的操作、指挥及组织者,也包括了监理人员。人作为控制的对象,要避免产生失误,要充分调动人的积极性。因此,建设工程质量控制中人的因素是质量控制的重点。水利建筑行业实行经营资质管理和各类专业从业人员持证上岗制度就是保证人员素质的重要管理措施。

根据合同规定:监理人有权随时检查承包人人员的上岗资格证明。其技术岗位和特殊工种的工人均应持有国家或有关部门统一考试或考核的资格证明,监理人认为必要时可进行考核,合格者才准上岗。监理人有权要求承包人撤换那些不能胜任本职工作或行为不端或玩忽职守的任何人员,承包人应及时予以撤换。承包人应对其在工地的人员进行有效的管理,使其能做到尽职尽责。

2. 材料质量控制

材料即工程材料，包括工程实体所用的原材料、成品、半成品、构配件，是工程质量的物质基础。材料不符合要求，就不可能有符合要求的工程质量。《水利水电土建工程施工合同条件》（GF 2000—0208）（简称《合同条件》）中明确规定，工程使用的一切材料和工程设备，均应满足本合同《技术条款》和施工图纸规定的等级、质量标准及技术特性。控制的主要措施是加强订货、采购和进场后的检查、验收工作，使用前的试验、检验工作，以及材料的现场管理和合理使用等。

1）原材料、半成品质量控制

对原材料、半成品质量控制主要进行以下各项工作：

（1）检查承包人是否严格按质量标准要求做好了原材料、半成品的订货、采购工作。

（2）按验收标准做好原材料、半成品的检查验收工作。

（3）按规定检查原材料的仓储、保管是否得当，特别应注意水泥、外加剂的保管质量。

（4）检查施工材料是否按施工进度计划要求供应到了现场，特别应当注意的是混凝土工程，施工材料若未备足（包括适当富裕量），绝不允许进行开仓浇筑。

（5）承包人不得擅自变更产品供货单位，如需改变，需提前报监理工程师批准。

（6）砂浆、混凝土所使用的各种原材料，经监理工程师确认批准后，由监理工程师代表、承包人的技术人员一起进行配合比设计，由承包人写出试验报告，交监理工程师审批。经监理工程师批准的配合比，承包人不能擅自改变。

（7）试验检验。

2）材料质量检验方法

材料质量检验的目的，是通过一系列的检测手段，将所取得的材料数据与材料质量标准相比较，借以判断材料质量的可靠性，决定其能否使用于工程中，同时还有利于掌握材料信息。材料质量检验方法分为书面检验、外观检验、理化检验和无损检验等四种。

（1）书面检验。对提供的材料质量保证资料、试验报告等进行审核，取得认可方能使用。

（2）外观检验。对材料的品种、规格、标志、外形尺寸等进行直观检验，看其有无质量问题。

（3）理化检验。是指在物理、化学等方法的辅助下量度。它借助于试验设备和仪器对材料样品的化学成分、机械性能等进行科学的鉴定。

（4）无损检验。是在不破坏材料样品的前提下，利用超声波、X 射线、表面探伤仪等进行检测。

3. 机械设备控制

机械设备包括组成工程实体及配套的工程设备和施工机械设备两大类。监理工程师采取的控制措施，应从保证项目施工质量角度出发，着重对施工机械设备的选型、主要性能参数和使用操作要求等三方面予以控制。

承包人在其施工组织设计和施工技术方案中，一般都根据施工任务的进度和质量要求，选择相应的施工机械设备的形式、性能和数量。建立和健全机械设备使用管理的各种规章制度，严格执行各项技术规定。

监理工程师应按照质量控制的要求进行审核，以确保为施工提供性能好、效率高、操作方便、安全可靠、经济合理并数量足够的施工机械设备。督促承包人做好施工机械设备的使用管理工作，督促承包人对施工机械设备特别是关键性的施工机械设备的性能和状况定期进行维护与鉴定。

对施工设备的主要控制内容如下：

(1)审核承包人在其施工组织设计和施工技术方案中所选择的施工机械设备的形式、性能与数量。

(2)按照施工合同约定保证施工设备按计划及时进场，并对进场的施工设备进行评定和认可。禁止不符合要求的设备投入使用，并应要求承包人及时撤换。检查操作人员的合格性。

(3)督促承包人对施工机械设备，特别是关键性的施工机械设备的及时进场和对其性能、状况定期进行维护与鉴定。

(4)督促承包人建立和健全机械设备维修、保养、使用管理的各种规章制度与措施，严格执行各项技术规定。

(5)旧施工设备进入工地前，承包人应提供该设备的使用和检修记录，以及具有设备鉴定资格的机构出具的检修合格证。经监理机构认可，方可进场。

(6)设备专用于本工程管理。

(7)监理机构若发现承包人使用的施工设备影响施工质量和进度时，应及时要求承包人增加或撤换。

对工程设备的主要控制内容如下：

(1)对于发包人提供的工程设备，监理机构应会同承包人参加交货验收。

(2)对于承包人采购的工程设备，监理机构应参加工程设备的交货验收。

4. 施工方法控制

施工方法是指工艺方法，包括施工组织设计、施工方案、施工计划及工艺技术等。控制的主要方法是制订正确的施工方案，加强技术业务培训和工艺管理，严格工艺操作规程，合理配合和使用机具等。施工方案合理与否、施工方法和工艺先进与否，均会对施工质量产生极大的影响，是保证工程质量稳定提高的重要因素。

监理工程师在制订和审核施工方案与施工工艺时，必须结合工程实际，从技术、管理、经济、组织等方面进行全面分析，综合考虑，确保施工方案和施工工艺在技术上可行、经济上合理，且有利于提高施工质量。

5. 环境因素控制

环境是指对工程质量特性起重要作用的环境因素，包括管理环境（如质量保证体系、三检制、质量管理制度、质量签证制度、质量奖惩制度等）、技术环境（如工程地质、水文、气象等）、作业环境（如作业面大小、防护设施、通风照明和通信条件等）、周边环境（如工程邻近的地下管线、建筑物等）、社会环境（如社会秩序的安定与否）等。控制的措施主要是创造良好的工序环境，排除环境的干扰等。

三、施工阶段质量控制的内容、程序及监理工作制度

(一)控制内容

监理工程师在施工阶段的质量控制是一项最经常、最繁重的工作。对承包人的施工

工序严格做到事前审批、事中监督和检查、事后检验。要求承包人不断改进质量的技术环节和管理活动。施工阶段质量控制的内容如图 2-1 所示。

- 施工阶段质量控制内容
  - 事前控制
    - 建立本项目的监理质量监控体系
    - 承包人的资质及质量保证体系的核查
    - 进场人员技术资质、施工机械设备质量控制
    - 原材料、成品、半成品、构配件的质量检查
    - 生产设备采购、订货、加工制作的质量控制
    - 承包人提出的施工组织或施工技术措施设计审查
    - 施工图纸审查、签发
    - 新材料、新结构、新工艺、新技术审查
    - 测量控制网复核、审查
    - 技术环境监督检查
    - 管理环境监督检查
    - 开工申请审查
  - 事中控制
    - 工序质量控制
    - 施工作业监督检查
    - 重大质量、技术、安全问题的审定和处理
    - 监督和检查施工现场作业
    - 单元工程、分部工程和隐蔽工程的检查验收
    - 中间产品质量控制
    - 设计变更与图纸修改审查
    - 组织质量信息的反馈
  - 事后控制
    - 竣工资料审核
    - 单位工程、单项工程竣工验收
    - 组织工程设备和系统的试压、试验、试运行
    - 协同政府质量监督部门进行工程质量等级评定
    - 协助项目法人进行文档管理

图 2-1　施工阶段质量控制的内容

事前控制是指正式开工前进行的质量控制工作。事中控制是工程质量控制最基本的、最直接的、最重要的环节。

工程质量的事后控制，既是鉴定验收工程质量是否达到设计要求，提交工程实体成果和技术资料成果的重要环节，也是通过对工程质量存在的问题进行分析、处理使质量进一步改进提高的阶段。因此，监理单位不仅重视工程验收的监理工作，还要求承包人对存在的工程质量缺陷全面登记，及时加以分析。实行工程质量检验、考核与评比制度。对事后控制，一方面要求提出明确的处理方案，改进工程质量；另一方面查找原因，提出质量改进措施，以提高后续施工质量。

（二）控制程序

监理施工阶段工程质量控制工作流程如图 2-2 所示。

根据《水利工程建设项目施工监理规范》（SL 288—2003）附录内容，施工监理工作常用表格可分为以下两种类型：承包人用表（以 CB × ×表示）和监理机构用表（以 JL × ×表示）。各表可结合流程的环节使用。

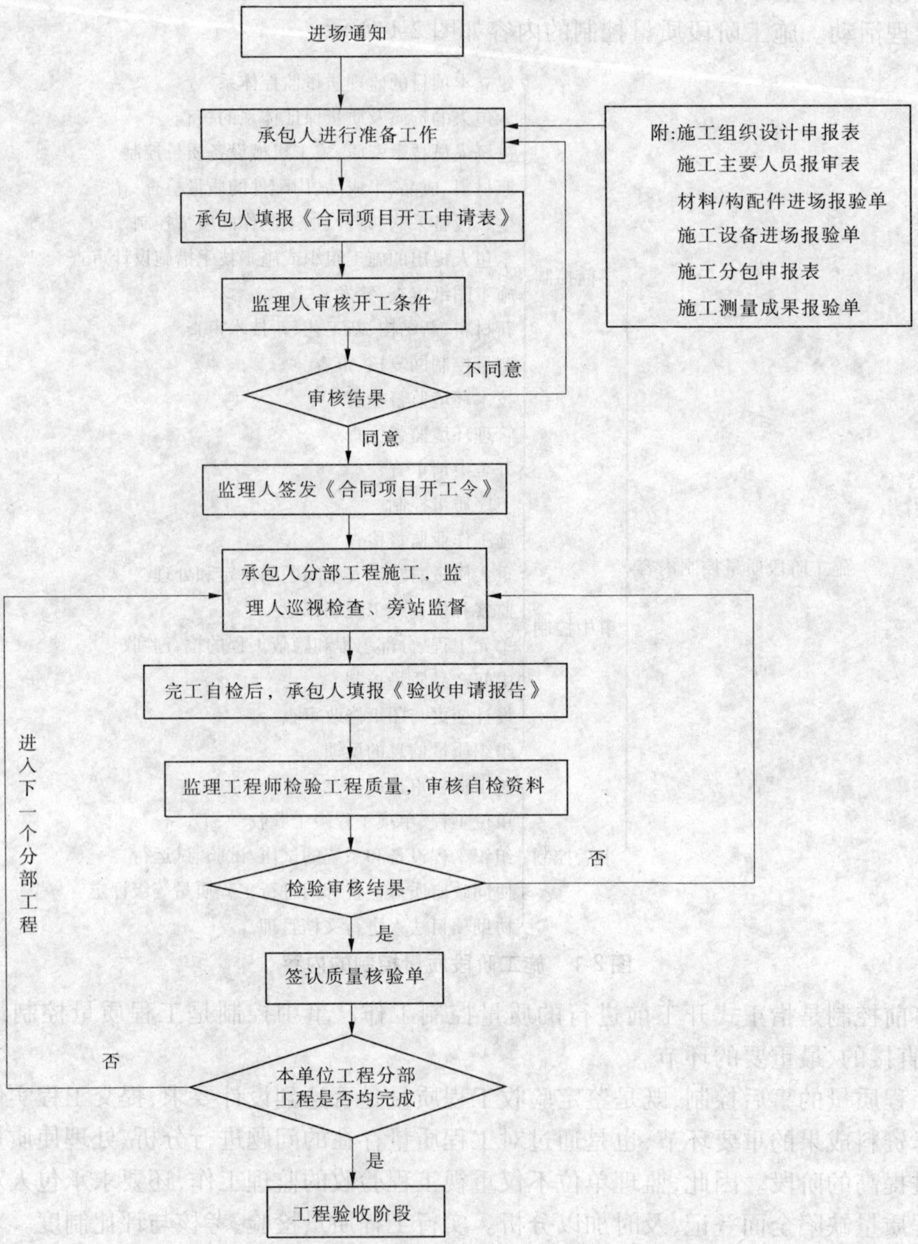

图 2-2 施工阶段工程质量控制工作流程

(三)监理工作制度

(1)技术文件审核、审批制度。根据施工合同约定由双方提交的施工图纸、施工组织设计、施工措施计划、施工进度计划、开工申请、设计图纸的变更处理等文件均应通过监理机构核查、审核或审批方可实施。

(2)原材料、构配件和工程设备检验制度。进场的原材料、构配件和工程设备应有出厂合格证明与技术说明书,经承包人自检合格后,方可报监理机构检验。不合格的材料、构配件和工程设备应按监理指示在规定时限内运离工地或进行相应处理。

(3)隐蔽工程验收制度。隐蔽前,承包人应根据工程质量检验评定标准进行自检,并将评定合格自检材料送交监理工程师。监理工程师收到承包人自检资料后,应在承包人自检合格基础上组织复查,复查无误后,方可办理隐蔽工程验收签证。

(4)施工现场紧急情况报告制度。监理机构应针对施工现场可能出现的紧急情况编制处理程序、处理措施等文件。当发生紧急情况时,应立即向发包人报告,并指示承包人立即采取有效紧急措施进行处理。

(5)工作报告制度。监理机构应及时向发包人提交监理月报或监理专题报告;在工程验收时,提交监理工作报告;在监理工作结束后,提交监理工作总结报告。

(6)工程竣工验收制度。在承包人提交验收申请后,监理机构应对其是否具备验收条件进行审核,并根据有关水利工程验收规程或合同约定,参与、组织或协助发包人组织工程验收。

(7)会议制度。包括第一次工地会议制度、监理例会制度、监理专题会议制度等。

四、质量控制方法及施工过程的质量控制

(一)质量控制方法

要控制好工程质量,首先,监理工程师必须具备良好的质量控制素质,主要表现在熟悉合同文件,具有丰富的合同管理和工程实践经验,精通专业技术、规范、标准、工艺方法。其次,应掌握质量控制的具体操作方法,使人、材料、机械、工艺方法、环境等方面得到有效控制。

主要工作方法有现场记录和发布文件、旁站监理、巡视检查、跟踪检测、平行检测、支付控制手段等。

1. 现场记录和发布文件

监理人应认真、完整记录每日施工现场的人员、设备和材料、天气、施工环境以及施工中出现的各种情况,做好监理日志,并应按监理人员各级的分工,分级编报监理日报、周报、月报,做好质量技术资料文档管理。一方面作为今后解决质量纠纷的重要依据,另一方面为工程竣工验收提供资料,并采用通知、指示、批复、签认等文件形式进行施工全过程的控制和管理。

2. 旁站监理

监理人按照监理合同约定,在施工现场对工程项目的重要部位和关键工序的施工,实施连续性的全过程检查、监督与管理,监督检查承包人做好施工日志、实验室记录。根据工程质量控制的要求,可以安排不同形式的旁站监理人员对施工现场跟踪检查,如全过程旁站、部分旁站。在旁站监理中,监理人员可以全过程监督承包人的工作人员、施工设备、使用的材料、工艺方法、施工环境,及时制止不按规范施工的行为,避免发生工程质量问题或质量事故。

3. 巡视检查

监理人对所监理的工程项目进行的定期或不定期的检查、监督和管理。

4. 跟踪检测

在承包人进行试样检测前,监理机构对其检测人员、仪器设备以及拟订的检测程序和

方法进行审核;在承包人对试样进行检测时,实施全过程的监督,确认其程序、方法的有效性以及检测结果的可信性,并对该结果确认。

1)现场跟踪检查的内容

(1)开工检查。开工检查是指检查承包人开工前的各项准备工作完成情况,是否具备开工条件,能否保证工程连续施工和顺利完成。

(2)工序操作质量的巡视检查。有些质量问题是由于施工者操作不符合规程引起的,这种质量问题有时从表面看好像影响不大,但往往具有潜在危害,所以监理人员必须加强对操作质量的巡视检查,发现违规操作及时纠正。

(3)工序交接检查。工序交接检查是指前一道工序完工后,经检查合格方能进行下一道工序的作业。监理人员在上一道工序作业完成后,在承包人进行质量自检的基础上,进行工序质量的交接检查。

(4)隐蔽工程在覆盖前的检查。隐蔽工程(或作业)在施工完成后,承包人应首先进行自检。在自检合格,并在封闭或掩盖前向监理工程师提出验收申请,监理工程师在接到申请后,应立即组织测量人员进行复测,组织地质人员进行地质测绘素描,组织测量、地质、设计和现场检查人员进行内部会签,再由监理工程师进行现场签证。未经监理工程师检查、验收,自行封闭或掩盖,则不予以认可,并作违规处理。

(5)工程施工预验。施工预验是指监理人员在施工未进行前所进行的预先检查,以防出现差错,确保工程的质量。

需进行施工预验的项目有:①建筑物的位置。检查标准轴线桩、边线桩、水准点。②基础开挖。检查开挖尺寸、坡度等。③混凝土工程。检查模板尺寸、标高、支撑预埋件,钢筋型号、规格、数量、锚固长度、保护层等,混凝土配合比、外加剂、养护条件等。

(6)成品保护质量检查。成品保护质量检查是指在施工过程中,某些单元工程或分部工程已完工,而其他单元工程还在继续施工,为保护已完工的成品免受损坏,监理人员应对成品保护的质量经常进行巡视检查,要求施工单位对成品采取护、盖、封等保护措施。

(7)停工后复工前的检查。

(8)分部工程完工后的检查、验收。

(9)其他质量跟踪检查。

在施工过程中,监理工程师应派出检查员(现场工程师)在现场进行巡视、值班,临场监督,根据合同和技术规程,对工程质量进行检查和监督。对于违反合同和技术规程的规定,影响工程质量的施工活动,应及时劝阻或制止。若劝阻无效,则可发出现场通知、违规通知,直至停工指令。

2)现场质量跟踪检查的方法

(1)感觉性检查。包括观察、目测和手摸检查。例如:地基清理和处理;建筑物的布置及位置;材料的品种、规格和质量;混凝土浇筑面的平整情况,出现麻面、蜂窝、狗洞、露筋情况;模板安装的稳定性、刚度和强度;模板表面的光洁情况;施工操作是否符合规程等项目的检查。

(2)量测检查。采用测量仪器和工具进行检查。如建筑物的轴线、标高、轮廓尺寸,混凝土拌合物温度,混凝土密实度,土方填筑坡度、厚度,混凝土面板的厚度、表面平整度,压力钢管的圆度、周长、管口平面度，平面闸门两侧止水中心线距离、止水橡皮顶面平度、止水橡皮与滚轮或滑道面距离等项目的检查。

（3）材料试验。试验是监理工程师确认各种材料品质，工艺方法，成品、半成品质量，工程产品质量的重要手段。所有用于工程的材料、成品、半成品必须经过性能试验，并经监理工程师批准才能使用。混凝土的配合比、拌和楼的调校也都必须通过试验确定。

5. 平行检测

平行检测是监理人在承包人对试样自行检测的同时，独立抽样进行的检测，核验承包人的检测结果。抽样检验是工程质量的保证。土的回填、混凝土浇筑都需要随机地选取有代表性的样本做性能试验，来反映总体质量是否合格。在工程质量检验中，首先，应采用先进、准确、可靠的检验仪器与手段；其次，应事先进行科学的抽样检验设计，如抽检部位、抽检次数、抽检结果分析方法与标准、质量控制点的选择等。

6. 支付控制手段

支付控制手段是监理合同赋予监理工程师的一种支付控制权。所谓支付控制权，是指对施工单位支付各项工程款时，必须有监理工程师签署的支付证明书，项目法人才向施工单位支付工程款，否则项目法人不得支付。监理工程师应正确行使合同文件赋予的质量认证权和质量否决权，不合格工程部位决不予以计量和支付，并应要求承包人立即返工、修复，直到工程质量达到合格为止。例如：单元工程完工，未经验收签证擅自进行下一道工序的施工，则可暂不支付工程款；单元工程完工后，经检查质量未达合格标准，在返工修理达到合格标准之前，监理工程师也可暂不签发支付证明书。

（二）施工过程的质量控制

1. 监理机构自身的准备工作

（1）依据监理合同约定，适时设立现场监理机构，配置监理人员，并进行必要的岗前培训。

（2）建立监理工作规章制度。

（3）接收、收集并熟悉有关工程建设资料，包括工程建设法律、法规、规章和技术标准，工程建设项目设计文件及其他相关文件，合同文件及相关资料等。

（4）接收由发包人提供的交通、通信、试验及办公设施和食宿等生活条件，完善工作和生活环境。

（5）组织编制监理规划和监理实施细则，在约定的期限内报送发包人。

2. 协助发包人做好承包人进场前的准备工作

1）检查开工前需要办理的各类手续

由于各地区对项目施工的手续要求不尽统一，监理工程师首先应了解当地政府对项目施工开工前需办理的手续种类，例如向主管部门编报开工申请报告，向交通、航运、防汛、消防、环保、土地管理部门等办理有关的登记、申报手续。

2）承包人施工场地占有权和交通通道使用权

为了使承包人能进入施工现场，尽早开始工程施工，项目法人应按照承包人所承包的工程施工的需要，事先划定并给予承包人占有现场各部分的范围以及及时按合同规定给予承包人施工场地占有权和交通通道使用权。

3）做好施工场地的“四通一平”工作

为了使承包人能尽早开始主体工程的施工，项目法人应事先做好施工现场的“四通一平”，即通水、通电、通路、通信和场地平整工作，这一般是在合同中规定的项目法人为承包人所应提供的必要的施工条件。

4）检查施工图纸的准备情况

招标图纸只作为承包人编制招标书的依据，不能作为施工图纸。按照施工进度的要求，监理工程师应及时为承包人提供相应施工部位所需要的施工图纸。

5）做好向承包人办理有关交接的准备工作

为了帮助承包人尽快进入角色，加快施工准备工作，监理单位应会同项目法人尽早将施工现场的有关情况向施工单位办理交接，主要包括场地自然地貌情况、四邻各类原有建筑物的详细情况。其包括基础类型、埋置深度、持力层，施工时间及质量情况，建筑物主体结构类型、层数、总高、施工单位及工程质量情况等。水源、电源接驳点及其管径、流量、容量等，如已装有水表、电表的，双方应办理水表、电表读数认证手续。水准点、坐标点交接以及原始的基准点、基准线、参考标高的交接。占道、破堤及开路口的批准文件，具体位置及注意事项。地下电缆、水管等管线情况。交待指定排污点及市政对施工排水、排污的要求。如果施工现场处于古代历史文化区域时，应提醒施工单位注意可能碰到的地下文物的保护。按合同规定份数向施工单位签发施工图纸、地质勘察及有关技术资料。其他施工单位需要了解的情况。

3. 审查承包人的开工条件

1）审查承包人基本条件

（1）审查承包人组织机构和工作人员。

（2）审查承包人选定的分包商。

（3）承包人工地实验室和试验计量设备的检查。

（4）对原始基准点、基准线和参考标高的复核和工程放线。

（5）施工机具、设备的检查。

（6）原材料、成品、半成品的检查。

（7）审查承包人的施工组织设计与施工技术措施设计，以及全面质量管理保证体系，这是保证工程施工顺利进行的重要条件。

2）检查承包人的准备工作

（1）承包人派驻现场的主要管理、技术人员数量及资格是否与施工合同文件一致。如有变化，应重新审查并报发包人认定。

（2）承包人进场施工设备的数量和规格、性能是否符合施工合同约定要求。

（3）检查进场原材料、构配件的质量、规格、性能是否符合有关技术标准和技术条款的要求，原材料的储存量是否满足工程开工及随后施工的需要。

（4）承包人实验室应具备的条件是否符合有关规定要求。

（5）督促承包人对发包人提供的测量基准点进行复核，并督促承包人在此基础上完成施工测量控制网的布设及施工区原始地形图的测绘。

(6)砂石料系统、混凝土拌和系统以及场内道路、供水、供电、供风等施工辅助设施的准备。

(7)承包人的质量保证体系。

(8)承包人的施工安全、环境保护措施及规章制度的制定和关键岗位施工人员的资格。

(9)审批承包人提交的中标后的施工组织设计、施工措施计划、施工进度计划和资金流计划等技术资料。

(10)审批应由承包人负责提供的设计文件和施工图纸。

(11)审核按照施工规范要求需要进行的各种施工工艺参数的试验情况。

(12)审核承包人在施工准备完成后递交的项目工程开工申请报告。

4.施工图的审查与签发

施工图的审查是监理工程师进行质量控制的有效手段之一,也是监理工程师熟悉图纸的必要环节。应坚持谁监理谁审查的原则。据《水利工程建设监理规定》,核查并签发施工图,未经总监理工程师签字的施工图不得用于施工。监理单位不得修改工程设计文件。

1)施工图的审查方式

(1)工程师单独审查。针对一般性的或者普通的图纸,图纸由监理工程师按照谁监理谁审查的原则组织审查并签发。

(2)图纸会审。对工程的关键部位,隐蔽工程或者是工程的难点、重点或有争议的图纸,由监理工程师组织项目法人、设计单位和承包人参加图纸会审。首先由设计代表介绍设计意图和设计特点,对施工的要求和技术关键问题,以及对质量、工艺、工序等方面的要求。然后由承包人指出图纸中存在的问题及项目法人的其他要求和意见。再由项目法人、设计单位、监理单位、承包人协商解决存在的问题,写出书面的会议纪要交设计人员,由设计人员进行修改或改进,最终由监理工程师签发图纸。

2)施工图审查的内容

施工图的审查主要有三个方面。首先,审查是否经设计单位正式签章;其次,审查施工图有没有违背招标图纸的原则和内容;最后,依据《水利工程建设项目施工监理规范》(SL 288—2003)对施工图纸进行核查,其主要包括以下内容:

(1)是否符合技术标准及其强制性条文的规定。

(2)各类图纸之间、各专业图纸之间、平面图与剖面图之间、各剖面图之间有无矛盾,标注是否清楚、齐全,是否有误。

(3)总平面布置图与施工图的位置、几何尺寸、标高等是否一致。

(4)图纸与设计说明、技术要求是否一致。

(5)是否存在不便于施工或不能施工的技术问题。

(6)在工程安全、环境保护、消防方面是否满足有关要求。

(7)其他涉及设计文件及施工图纸的问题。

3)施工图的签发

经审查、修正后的正式图纸需经监理工程师签发。经监理工程师签发的图纸叫施工图纸或工程师图纸。承包人只有按工程师图纸施工,才予以验收、计量与支付。

监理工程师在收到施工详图后，首先应对图纸进行审核，在确认图纸正确无误后，由监理工程师签发，作为“施工图纸”下达给承包人，施工图纸即正式生效，承包人就可按“施工图纸”进行施工。施工图纸应按合同规定的份数免费提供给承包人。承包人需要更多时，可自行复制并负担其费用。除非为执行合同绝对需要，承包人在未经工程师同意的情况下，不得将工程师提供的图纸、规范和其他文件用于第三方或转送给第三方。在颁发缺陷责任证书时，承包人应将根据合同提供的全部图纸、规范和其他文件退还给工程师。提供给承包人的或由承包人提供的图纸的一套复印件应由承包人保留在现场，该套图纸应可随时提供给工程师和任何由工程师书面授权的其他人员检查与使用。

5. 工序质量控制

1）工序质量控制的含义

工序是指人、机械、材料、方法、环境等因素对工程综合起作用的过程，它是组成工程施工过程的最基本单位。

工序质量控制就是生产活动效果的质量控制，根据工序质量检验及对反馈来的工程产品性能特征的各方面的质量数据的分析，针对存在的差异问题采取措施，消除这些差异因素，使质量达到合同规定的要求，并保持稳定的调节管理过程。

2）步骤

工序质量控制就是对施工过程的每一道工序质量进行控制，使每一道工序质量符合要求，它是产品质量的一种预防。

工序质量控制是以工序分析为基础的，工序分析为工序的质量控制提供了信息和方法。

工序分析一般有下述三个步骤：

第一步，采用因果分析图等方法进行分析，找出支配性要素。

第二步，找出质量特性和工序支配性要素之间的关系，按试验方案进行试验，确定试验结果。

第三步，制定标准，控制支配性要素。

3）内容

工序质量控制包括以下内容：

（1）工序施工前的控制，要检查一下上一道工序有无工程质量合格证。

（2）工序施工过程中的质量控制，要求承包人加强工序质量管理，通过工序能力及工序条件的分析研究，充分管理施工工序，使之处于严格的控制之中，以保证工序质量。同时，在工序施工过程中，监理工程师也应加强工序质量检查控制，在工序施工过程中及时检查和抽查，对重要的工序实行旁站检查。对承包人设置的两类质量检验点（“见证点”和“待检点”），应重点检查和控制。

所谓“见证点”，是指承包人在施工过程中达到这一类质量检验点时，应事先书面通知监理工程师到现场见证，观察和检查承包人的实施过程。然而在监理工程师接到通知后未能在约定时间到场的情况下，承包人有权继续施工。

对于某些更为重要的质量检验点，必须要在监理工程师到场监督、检查的情况下承包人才能进行检验。这种质量检验点称为“待检点”。

“见证点”和“待检点”的设置，是监理工程师对工程质量进行检验的一种行之有效的方法。这些检验点应根据承包人的施工技术力量、工程经验,具体的施工条件、环境、材料、机械等各种因素的情况来选定。各承包人的这些因素不同,“见证点”或“待检点”也就不同。有些检验点在施工初期当承包人对施工还不太熟悉、质量还不稳定时可以定为“待检点”,而当承包人已较熟练地掌握施工过程的内在规律、工程质量较稳定时,又可以改为“见证点”。某些质量检验点对于这个承包人可能是“待检点”,而对另一承包人则可能是“见证点”。

(3)工序完成后的质量控制,承包人实行“三检制”,即每道工序完成后必须进行施工班组的施工质量初检,质检科专职质检员或施工队兼职质检员与施工技术人员的复检,以及承包人质检处或专职质检员的终检。监理工程师在对每道施工工序进行检查检测之后,进行工程质量认证或评定。

4)提高质量的过程控制与管理的方法

监理单位在施工过程中应督促和要求施工单位贯彻 PDCA(计划、实施、检查、行动)思想,不断改进质量的技术环节和管理活动。对质量检验中发现的质量缺陷和其他问题,必须及时研究提出处理方案,并提出改进或防范措施,以提高质量管理的效果。

过程控制与管理(PDCA)的方法有以下几点:

(1)规划,即策划阶段——建立工程的总体目标以及制定实现目标的具体措施。

(2)实施,即行动阶段——为实现工程目标而执行计划和采取措施。

(3)检查,即评估阶段——检查按规划而执行的有效性和效率,并将结果与原规划进行比较。

(4)评审和改进,即纠正措施阶段——改进识别出来的缺点和不足,修改规划使之适应变化的情况,必要时对程序予以加强或重新确定。

这是一个动态循环的管理过程框架,以持续改进的思想指导组织系统地实现目标。

五、工程质量事故的查处

(一)水利工程质量事故的概念、产生原因及分类

凡水利水电工程在建设中或竣工后,由于建设管理、监理、勘测、设计、咨询、施工、材料、设备等原因造成工程质量不符合规程、规范和合同规定的质量标准,影响工程使用寿命或正常运用,一般需作返工或采取补救措施的,统称为工程质量事故。由于施工原因造成的为施工质量事故。

引发质量事故的原因,常可分为直接原因和间接原因两类。直接原因主要有人的行为不规范和材料、机械的不符合规定状态。例如:设计不符合国家规范,施工人员违反作业规程等;水泥的一些指标不符合要求等。间接原因是指质量事故发生场所外的环境因素,如施工管理混乱,质量检查、监督工作失责,规章制度缺乏等。事故的间接原因将会导致直接原因的发生。质量事故一般原因有:违反基本建设程序、工程地质勘察失误或地基处理失误、设计方案和设计计算失误、建筑材料及制品不合格、施工与管理失控等。

水利工程质量事故按直接经济损失大小、处理事故对工期影响时间的长短以及对工程正常使用的影响,分为一般质量事故、较大质量事故、重大质量事故和特大质量事故,其标准如表 2-1 所示。

表 2-1　水利工程质量事故分类标准

损失情况		事故类别			
		特大质量事故	重大质量事故	较大质量事故	一般质量事故
事故处理所需的物质、器材和设备、人工等直接损失费用(万元)	大体积混凝土、金属结构制作和机电安装工程	>3 000	500~3 000	100~500	20~100
	土石方工程、混凝土薄壁工程	>1 000	100~1 000	30~100	10~30
事故处理所需合理工期(月)		>6	3~6	1~3	≤1
事故处理后对工程功能和寿命影响		影响工程正常使用,需限制条件运行	不影响正常使用,但对工程寿命有较大影响	不影响正常使用,但对工程寿命有一定影响	不影响正常使用和工程寿命

注:1. 直接经济损失费用为必需条件,其余两项主要适用于大中型工程。

2. 小于一般质量事故的质量问题称为质量缺陷。

3. 表中的数值范围内,上限值为应小于或等于的数值,下限值为应大于的数值。

(二)质量事故的分析处理

因质量事故造成人身伤亡的,还应遵从国家和水利部伤亡事故处理的有关规定。

发生质量事故,必须坚持"事故原因不查清楚不放过、主要事故责任者和职工未受到教育不放过、补救和防范措施不落实不放过"的原则,认真调查事故原因,研究处理措施,查明事故责任,做好事故处理工作。

由质量事故而造成的损失费用,坚持"谁该承担事故责任,由谁负责"的原则。

质量事故分析处理的一般步骤如下。

1. 下达工程施工暂停令

发现(发生)质量事故,监理机构首先应向承包人下达工程施工暂停令。承包人要严格保护现场,采取有效措施减少损失。事故单位要在 48 h 内向有关单位写出书面报告;突发性事故,要在 4 h 内电话向有关单位报告。按照质量事故的报告制度,发生质量事故后,项目法人必须将事故的简要情况向项目主管部门报告。项目主管部门接事故报告后,按照管理权限向上级水行政主管部门报告。一般质量事故向项目主管部门报告。较大质量事故逐级向省级水行政主管部门或流域机构报告。重大质量事故逐级向省级水行政主管部门或流域机构报告并抄报水利部。特大质量事故逐级向水利部和有关部门报告。

2. 事故调查

事故调查组织部门,一般事故由项目法人组织设计、施工、监理等单位进行调查,调查结果报项目主管部门核备。较大质量事故由项目主管部门组织调查组进行调查,调查结果报上级主管部门批准并报省级水行政主管部门核备。重大质量事故由省级以上水行政主管部门组织调查组进行调查,调查结果报水利部核备。特大质量事故由水利部组织调查。监理机构应积极配合事故调查组进行工程质量事故调查、事故原因分析,参与处理意见等工作，监理工程师在对质量事故作出处理决定时，应进行认真的调查和研究。特别是对一些复杂的工程质量事故，还应进行试验验证、定期观测或专门论证等工作。

3. 事故处理和检查验收

监理工程师对质量事故的处理，常用的方法有以下三种：

（1）不需进行处理。监理工程师一般在不影响结构安全、生产工艺和使用要求，或某些轻微的质量缺陷，通过后续工序可以弥补等情况下，常作出不需要进行处理的决定；或检验中的质量问题，经论证后可不作处理；或对出现的事故，经复核验算，仍能满足设计要求者，也可不作处理。

（2）修补处理。监理工程师对某些虽然未达到规范规定的标准，存在一定的缺陷，但经过修补后还可以达到规范要求的标准，同时又不影响使用功能和外观的质量问题，可以作出进行修补处理的决定。

（3）返工处理。凡是工程质量未达到合同规定的标准，有明显而又严重的质量问题，又无法通过修补来纠正所产生的缺陷，监理工程师应对其作出返工处理的决定。

由项目法人负责组织有关单位提出处理方案的，征求事故调查组意见后，报省级水行政主管部门或流域机构审定后实施，并报水利部备案。监理机构应指示承包人按照批准的工程质量事故处理方案和措施对事故进行处理。经监理机构检验合格后，承包人方可进入下一阶段施工。

4. 下达复工令

事故处理经过评定和验收后，总监理工程师下达复工通知。

六、质量控制的数理统计分析方法

工程质量检验是对工程实体的一个或多个特性进行的诸如测量、检查、试验或度量，并将结果与规定要求进行比较，以确定每项特性的合格情况而进行的活动。质量检验的目的：一是决定工程产品（或原材料）的质量特性是否符合规定的要求；二是判断工序是否正常。监理机构通常采用抽样检验方法对承包人的检验结果进行复核。抽样检验是收集质量数据的重要手段，在工程项目的施工过程中，数据是质量控制中最重要的信息，是质量控制的基础，通过质量数据的收集、整理和分析，可以找出质量的变化规律，发现存在的质量问题，及时采取预防和纠正措施，从而使产品的质量处于受控状态。在水利工程施工中，工程实体的一个或多个特性质量判断往往运用数理统计手段，从人、机械、材料、方法、环境等几个方面确定各工序影响工程质量的关键因素，进行控制，提高产品的合格率。该方法有很多种，常用质量分析工具有排列图、直方图、控制图、因果分析图、分层法、相关图法和调查表七种。

（一）排列图

排列图又称巴氏图，是用来分析各因素对质量的影响程度。其原理是按照出现各种质量问题的频数，按大小顺序排列，寻找到造成质量问题的主要因素和次要因素，以便抓住关键，采取措施，加以解决。

排列图由两条纵坐标、一条横坐标、若干矩形和一条曲线组成。左边纵坐标表示频数，即影响调查对象质量的因素重复发生或出现次数（件数、个数、点数）等；横坐标表示影响质量的各种因素，按其影响程度的大小，由左至右依次排列；右边纵坐标表示的是频率，即表示横坐标所示的各种质量影响因素在整个影响因素频数中所占的比率，巴雷特曲线则表示各种质量因素在整个影响因素中的累积频率，如图 2-3 所示。

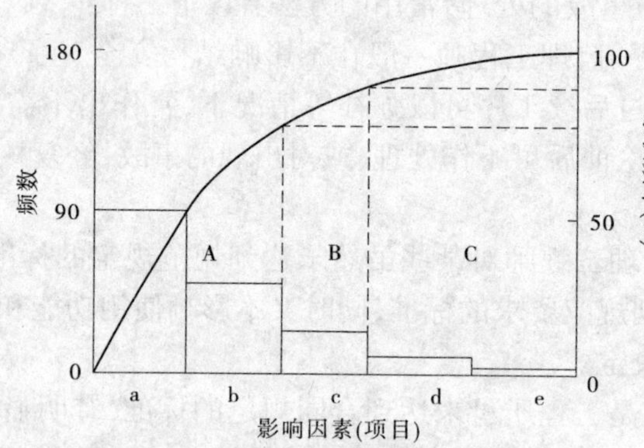

图 2-3　排列图

通常将巴氏曲线分成三个区：累积频率在 80% 以下的为 A 区，其所包含的因素是主要因素或关键项目，是应解决的重点；累积频率在 80% ~90% 区域的为 B 区，其所包含的因素为一般因素；累积频率在 90% ~100% 区域的为 C 区，为次要因素，一般不作为解决重点。

（二）直方图

直方图是通过频数分布来进一步分析、研究数据的集中程度和波动范围的一种数学方法，也是整理数据、判断和预测生产过程中质量管理的一种常用工具，主要用来分析质量的稳定程度。通过抽样检查，对一些计量型质量指标，如干密度、抗压强度等，作出频数分布直方图。横坐标为质量指标，纵坐标为频数或相对频数。

（三）控制图

为了控制生产的质量状态，必须在生产过程中及时了解质量随时间变化的状态，并使它处于稳定的状态，这就需要借助于控制图。控制图法也称为管理图法，它的使用有可能使质量控制从事后检查变为事先预防。借助于控制图提供的质量动态数据，人们可以了解工序质量状态，发现问题，查明原因，采取措施，使生产处于稳定状态。

控制图用以进行适时的生产控制，掌握生产过程的波动状况，以便采取对策，使生产处于稳定状态。控制图分为双侧控制图和单侧控制图两类。双侧控制图以横坐标为抽样时间或样本序号，纵坐标为质量指标，双侧控制图上主要有三条线：中心线（*CL*）反映代表质量的平均指标，控制上限（*UCL*），控制下限（*LCL*）。上下控制线是判别产品是否处于控制状态的界限。它们的作用是判别工序是否有异常。控制对象发出的反映质量动态的质量特性值用图中某一点来表示，将连续打出的点子顺序连接起来，形成表示质量波动的折线，即为双侧控制图，如图 2-4 所示。单侧控制图仅适用于上界限或下界限需要控制的质量特性，例如混凝土强度只需控制上限的质量特性等。

（四）因果分析图

因果分析图又称特性要因图，又叫鱼刺图，是用来表示因果关系的。根据排列图找出主要因素（主要问题），用因果分析图探寻问题产生的原因。寻找原因时，可从影响工序

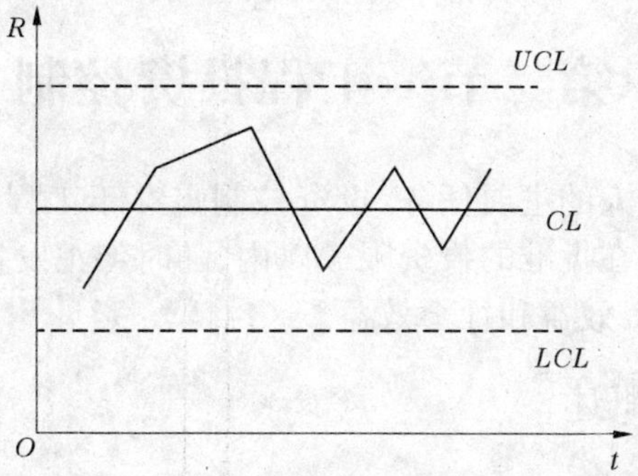

图 2-4　双侧控制图

（生产）的操作人员、机械设备性能、材料、工艺（或操作方法）和环境条件等五个方面考虑。对每个原因要逐层分析，从大到小，追究原因中的原因，即大原因、中原因、小原因等，直到能针对原因采取具体措施解决的程度为止。按大、小原因的顺序，用箭线逐层标记在图上，如图 2-5 所示。

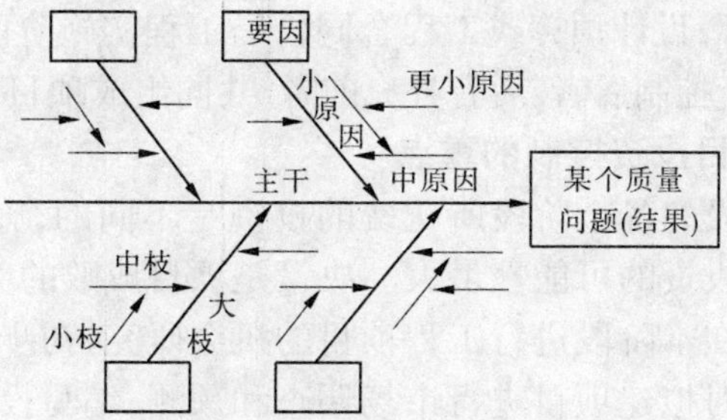

图 2-5　因果分析图

根据主要原因，制订出相应措施，措施落实后，再通过排列图等，检查其效果。

（五）分层法

分层法也称分组法，是将收集来的数据进行整理分析，然后按照不同的目的进行分类，将相同性质、相同施工条件下的数据归为一类，而后利用其他方法制成有关图表，可以得到如分层排列图、分层直方图等。一般来说，分层法不是单独使用的，它是与其他方法配合使用的。

（六）相关图法

相关图法又称散布法，它是一种分析、判断两种测定数据之间是否存在相关关系，以及其相关程度的方法，用来分析影响质量原因之间的相关关系。

纵坐标代表某项质量指标，横坐标代表影响质量的某种原因，图中点的集合反映两种数据的相关性及其程度。由于质量指标和原因之间不一定存在确定的关系，故散布中点子可能比较分散，但可以通过相关分析，确定指标与原因之间的相关程度。

（七）调查表

调查表是用图表或表格统计工程设计施工中发生的各种数据，并对统计的数据概略分析。比较常用的分析表有分部工程质量分析表、不合格内容分析表、不良因素分析表等。

第二节　工程投资控制

工程投资控制是监理人的主要任务，投资控制贯穿于工程建设的各个阶段。其实质就是使项目的总投资控制在批准的投资限额以内，随时纠正发生的纠偏，以保证投资目标的实现，并取得较好的投资效益和社会效益。

一、工程投资控制概述

（一）工程项目投资构成

水利工程项目投资是指水利工程达到设计效益时所需的全部建设资金。它包括规划、勘测、设计、科研等必要的前期费用，反映了工程规模的综合性指标。

（二）工程投资控制目标

建设项目投资控制的目标应分阶段进行设置。投资估算是进行初步设计的建设项目投资控制目标，它是建设项目投资的最高限额，不得随意突破；设计概算是技术设计和施工图设计的投资控制目标；设计预算或工程合同价是工程实施阶段投资控制的目标。它们相互制约、相互补充，前者控制后者，后者补充前者，共同组成项目投资控制的目标系统。

（三）建设前期是项目投资控制的重点

工程建设项目在建设的各个阶段所花费的投资是不同的，施工阶段消耗了大量的投资，然而，决策阶段节约投资的可能性最大。决策是项目成败的关键，如果决策失误，那么造成的损失是惊人的。在本阶段进行工程项目的机会研究、初步可行性研究、编写项目建议书、进行可行性研究，对拟建项目进行市场调查和预测，编写投资估算，进行环境影响评价、财务评价、国民经济评价和社会评价。

在项目作出投资决策后，控制项目投资的重点就在于设计阶段。据分析，设计费用一般只相当于建设工程全部费用的1%以下，但它却决定了几乎全部随后的费用，表2-2是建设各阶段节约投资的可能性。

表2-2　建设各阶段可能节约投资的比例

阶段	可行性研究	初步设计	技术设计	施工图设计	施工组织设计
可能节约投资的比例	95%～100%	75%～95%	35%～75%	10%～35%	10%

（四）投资控制措施

要有效控制项目投资，应从组织、技术、经济、合同与信息管理等方面采取措施。从组织上采取措施包括明确项目结构，明确项目投资控制者及其任务，以使项目投资控制有专人负责，明确组织职能分工；从技术上采取措施包括重视设计多方案选择，严格审查初步设计、技术设计、施工图设计、施工组织设计，深入技术领域研究节约投资的可能性；从经济上采取措施包括动态比较项目投资的实际值和计划值，严格审核各项费用支出，采取节约投资的奖励措施等。

二、施工阶段的投资控制

众所周知，建设工程的投资主要发生在施工阶段，在这一阶段需要投入大量的人力、物力、资金等,是工程项目建设费用消耗最多的时期,浪费投资的可能性比较大。因此,对施工阶段的投资控制应给予足够的重视。目前,我国监理机构主要在施工阶段进行投资控制,本节主要介绍监理机构在施工阶段的投资控制内容。

(一)影响投资控制的主要因素

施工阶段影响投资控制的主要因素有工程材料成本、人工成本、机械使用成本和施工管理费、总工期、施工索赔等。

总工期是指破土动工到竣工交付使用的全部日历天数。它直接影响工程总额、投资回收期和建设项目效益的发挥,无论是工期延长还是加速施工,都会带来投资的变化。工程建设项目周期长,还可能因物价上涨,导致工程投资增大。

(二)投资控制流程

投资控制按投资流程进行,如图2-6所示。

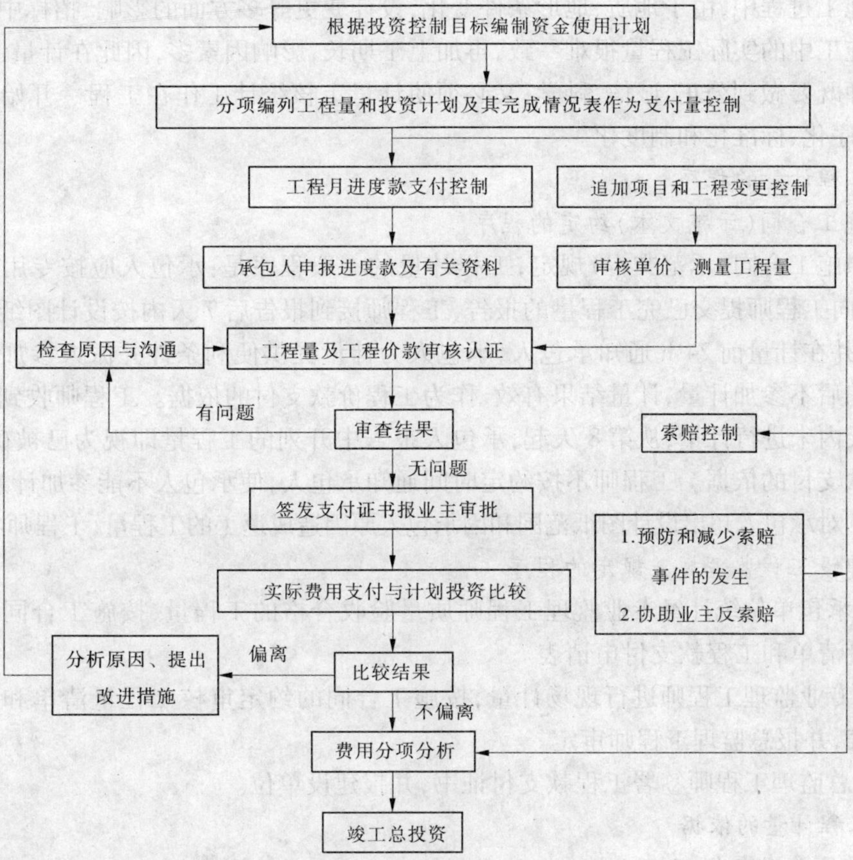

图2-6 投资控制流程

(三)资金投入计划和投资控制规划的编制

监理工程师在审批承包商呈报的现金流量估算计划的基础上,要编制工程项目建设资金的投入计划,为进行投资控制奠定基础。

资金投入计划的编制过程为:首先,在工程施工招标文件的工程量清单项目划分基础上，根据承包商的投标报价和物资采购合同的报价，综合考虑承包人的其他支出，进行资金分配；其次，按照施工进度计划的安排，统计各时段需要投入的资金，得到资金投入现金流过程；最后，在资金投入现金流过程的基础上，按时间对资金进行累积计算，即可得到资金投入计划。

（四）工程计量

工程测量和计算，简称工程计量。在水利工程施工中，对承包商的工程价款支付，大多数是按照实际完成的工程数量来进行计算的。工程量清单中开列的工程量是合同的估算工程量，不是承包人为履行合同应当完成的和用于结算的工程量。结算的工程量应是承包人实际完成的并按合同有关计量规定计量的工程量。因此，项目的计量支付，必须以监理工程师确认的中间计量作为支付的凭证，未经监理工程师计量确认的任何项目，一律不予支付。所以，计量是控制项目投资支出的关键环节。

在施工过程中，由于地质、地形条件变化，设计变更等多方面的影响，招标中的名义工程量和施工中的实际工程量很难一致，再加上工期长，影响因素多，因此在计量工作中，监理工程师既要做到公正、诚信、科学，又必须使计量审核统计工作在工程一开始就达到系统化、程序化、标准化和制度化。

1. 工程计量的程序

1）施工合同（示范文本）约定的程序

按照施工合同（示范文本）规定，工程计量的一般程序是：承包人应按专用条款约定的时间，向工程师提交已完工程量的报告，工程师接到报告后7天内按设计图纸核实已完工程量，并在计量前24 h通知承包人，承包人为计量提供便利条件并派人参加。承包人收到通知后不参加计量，计量结果有效，作为工程价款支付的依据。工程师收到承包人报告后7天内未进行计量，从第8天起，承包人报告中开列的工程量即视为已被确认，作为工程价款支付的依据。工程师不按约定时间通知承包人，使承包人不能参加计量，计量结果无效。对承包人超出设计图纸范围和因承包人原因造成返工的工程量，工程师不予计量。

2）建设工程监理规范规定的程序

（1）承包单位统计经专业监理工程师质量验收合格的工程量，按施工合同的约定填报工程量清单和工程款支付申请表。

（2）专业监理工程师进行现场计量，按施工合同的约定审核工程量清单和工程款支付申请表，并报总监理工程师审定。

（3）总监理工程师签署工程款支付证书，并报建设单位。

2. 工程计量的依据

1）质量合格证书

对于承包商已完的工程，并不是全部进行计量，而只是质量达到合同标准的已完工程才予以计量。所以，工程计量必须与质量监理紧密配合并经过专业工程师检验，工程质量达到合同规定的标准后，由专业工程师签署报验申请表（质量合格证书），只有质量合格的工程才予以计量。所以，质量监理是计量的基础，计量又是质量监理的保障，通过计量支付，强化承包商的质量意识。

2)工程量清单前言和技术规范

工程量清单前言和技术规范是确定计量方法的依据。因为工程量清单前言和技术规范的“计量支付”条款规定了清单中每一项工程的计量方法,同时还规定了按规定的计量方法确定的单价所包括的工作内容和范围。

3)设计图纸

单价合同以实际完成的工程量进行结算,但被工程师计量的工程数量并不一定是承包商实际施工的数量。计量的几何尺寸要以设计图纸为依据,工程师对承包商超出设计图纸要求增加的工程量和由自身原因造成返工的工程量,不予计量。例如,在京津塘高速公路施工监理中,灌注桩的计量支付条款中规定按照设计图纸以延米计量,其单价包括所有材料及施工的各项费用,根据这个规定,如果承包商做了35 m,而桩的设计长度为30 m,则只计量30 m,业主按30 m付款。承包商多做了5 m灌注桩所消耗的钢筋及混凝土材料,业主不予补偿。

3.计量的方法

工程计量的范围包括三个方面:一是工程量清单中的全部项目;二是合同文件中规定的项目;三是工程变更项目。一般情况下,工程计量有以下几种方法:

(1)现场测量。就是根据现场实际完成的工程情况,按规定的方法进行丈量、测算,最终确定支付工程量,在每月的计量工作中,对承包商递交的收方资料,除进行室内复核工作外,还应进行现场抽查,抽查数量一般控制在递交剖面的5% ~10%。对工程量和投资影响较大的收方资料,抽查量应适当增加;反之,可减少。

(2)按设计图纸测量。是指根据施工图对完成的工程进行计算,以确定支付的工程量。

(3)仪表测量。是指通过使用仪表对所完成的工程进行计量,如混凝土灌浆计量等。

(4)按单据计算。是指按工程实际发生的发票、收据等进行的计量。

(5)按监理工程师批准计量。是指在工程实施中,监理工程师批准确认的工程量直接作为支付工程量,承包商据此进行支付申请工作。

(6)合同中个别采用包干计价项目的计量。包干计价项目一般以总价控制、检查项目完成的形象面貌,逐月或逐季支付价款。但有的项目也可进行计量控制,其计量方式可按中间计量统计支付,同时也要严格按合同文件要求执行。

包干一般在总价确定以后。除非十分特殊的原因,总价不能变更,其每月支付的工程价款也与当日实际完成的数量有关系。一般来讲,该项工程在全部完成后,即应将规定的价款全部支付。

4.计量的方式

1)由监理工程师独立计量

计量工作由监理人员单独进行,只通知承包商为计量作好各种准备,而不要求承包商参加计量。

监理人员计量后,应将计量的结果和有关记录送达承包商。如果承包商对监理人员的计量有异议,可在规定时间内(如14天)以书面形式提出,再由监理工程师对承包商提出的质疑进行核实。

采用这种计量方式,监理工程师对计量的控制较好,但是程序复杂,并且占用监理工程师人员也比较多。

2）由承包商进行计量

计量工作完全由承包商进行，但监理工程师应对承包商的计量提出具体的要求，包括计量的格式、计量记录及有关资料的规定，承包商用于计量设备的精度、计量人员的素质等。

承包商计量完成后，需将计量的结果及有关记录和资料，报送监理工程师审核，以监理工程师审核确认的结果作为支付的凭据。

采用这种计量方式，唯一的优点是占用的监理人员较少。但是，由于计量工作全部由承包商进行，监理工程师只是通过抽测甚至免测加以确认，容易使计量失控。因此，采用这种方式的计量，监理工程师应加强对中间计量的管理，克服由于中间计量不严格对工程费用的影响。

3）监理工程师与承包商联合计量

由监理单位与承包商分别委派专人组成联合计量小组，共同负责计量工作。当需要对某项工程项目进行计量时，由这个小组商定计量的时间，并做好有关方面的准备工作，然后到现场共同进行计量，计量后双方签字认可，最后由监理工程师审批。

采用这种计量方式，由于双方在现场共同确认计量结果，与上述其他两种方式相比，减少了计量与计量结果确认的时间，同时也保证了计量的质量，是目前提倡的计量方式。

5. 特殊情况下的计量

1）按工程价值形成过程或因素计量

工程量的测量和计算，一般指工程量表中列明的永久工程实物量的计量。但费用控制实施过程中，有时需要对工程价值的形成过程或因素进行计量以决定支付，如承包商为应付意外事件所进行的工作，以及按监理工程师指令进行的计日工作等。

工程价值形成因素主要有人工消耗（工日数）、机械台（时）班消耗、材料消耗、时间消耗及其他有关消耗。

2）索赔计量

费用控制中遇到较多的赔偿计量是对承包商提出的索赔计量。

索赔计量中主要是价值因素的计量，包括有形资源（人工、机械、材料）损失计量和无形资源（时间、效率、空间）损失计量。

索赔计量中直接损失较易计算，而间接损失则需要协商达成一致。

项目法人认定承包商违约而要求索取赔偿的计量方法类同。

3）以区分责任为前提的计量

有些情况的计量是先区分责任，然后对非承包商原因造成的损失部分进行计量。

总之，特殊情况下的计量，与对永久工程的实物量计量不同，常常需要将某些难以量化的因素加以分析、论证，适当反映为某种可量化的计量结果（货币金额、工期日数），通过支付给予损失方某种补偿，充分协商是必要的。

6. 工程量计量方法

所有工程项目的计量方法均应符合技术条款的规定，使用的计量设备和用具均应符合国家度量衡标准的精度要求。

1)质量计量的计算

钢材的计量是以质量来计量的,钢材的计量应按施工图纸所示的净值计量。钢筋应按监理人批准的钢筋下料表,以直径和长度计算,不计入钢筋损耗和架设定位的附加钢筋量;预应力钢绞线、预应力钢筋和预应力钢丝的工程量,按锚固长度与工作长度之和计算质量;钢板和型钢钢材按制成件的成型净尺寸与使用钢材规格的标准单位质量计算其工程量,不计其下料损耗量和施工安装等所需的附加钢材用量。施工附加量均不单独计量,而应包括在有关钢筋、钢材和预应力钢材等各自的单价中。

2)面积计量的计算

结构面积的计算,应按施工图纸所示结构物尺寸线或监理人指示在现场实际测量的结构物净尺寸线进行计算。

3)体积计量的计算

结构物体积计量的计算,应按施工图纸所示轮廓线内的实际工程量或按监理人指示在现场量测的净尺寸线进行计算。经监理人批准,大体积混凝土中所设体积小于0.1 m^3的孔洞、排水管、预埋管和凹槽等工程量不予扣除,按施工图纸和指示要求对临时孔洞进行回填的工程量不重复计量。

混凝土工程量的计量,应按监理人签认的已完工程的净尺寸计算;土石方填筑工程量的计量,应按完工验收时实测的工程量进行最终计量。

4)长度计量的计算

所有以延米计量的结构物,除施工图纸另有规定外,应按平行于结构物位置的纵向轴线或基础方向的长度计算。

(五)工程款的支付

合同内支付指监理人在项目法人明确授权的合同价格范围内,以及可以直接援引合同规定通过计量和支付手段进行的费用控制活动。合同内支付的内容包括预付款的支付与扣还,工程进度付款,保留金的扣留与退还,完工支付与最终支付,工程变更支付,合同内支付的价格调整,索赔支付。

1.工程款的主要结算方式

(1)按月结算。即实行旬末或月中预支、月终结算、竣工后清算的办法。跨年度的工程,还需要进行年终结算。我国现行工程价款结算中,相当一部分实行按月结算方式。

(2)分段结算。即当年开工、当年不能竣工的单项工程或单位工程按照工程的形象进度,划分不同阶段进行结算。分段结算可以按月预支工程款。水利工程中总价承包的单位工程或单项工程,以及当年不能竣工的一些临时工程均采用此种方式进行结算。

(3)竣工后一次结算。建设项目或单项工程全部建筑安装工程在12个月以内时,可采用每月月中预支价款,竣工后一次结算的方式。

(4)其他结算方式。

2.预付款的支付与扣还

由于水利工程项目一般投资巨大,承包人往往难以承受,项目法人以无息贷款方式在中标后、工程正式开工前支付给承包人一部分资金,帮助承包人尽快开始正常施工。

根据《水利工程设计概(估)算编制规定》,预付款一般可分为工程预付款和工程材料预付款两部分。

1）工程预付款的支付

工程预付款可使承包人在合同签约后，尽快作好施工准备，并用于工程施工初期各项费用的支出。工程预付款的总金额应不低于合同价格的10%，分两次支付给承包人。第一次预付款的金额应不低于工程预付款总金额的40%，在协议书签订后21天内，由承包人向发包人提交了经发包人认可的工程预付款保函，并经监理人出具付款证书报送发包人批准后予以支付。第二次预付款需待承包人主要设备进入工地后，其估算价值已达到本次预付款金额时，由承包人提出书面申请，经监理人核实后出具付款证书报送发包人，发包人在收到监理人出具的付款证书后的14天内支付给承包人。工程预付款总金额的额度和分次付款比例在专用合同条款中规定。

2）工程预付款的扣还

工程预付款由发包人从月进度付款中扣回。在合同累计完成金额达到专用合同条款规定的数额时开始扣款，直至合同累积完成金额达到专用合同条款规定的数额时全部扣清。

在每次进度付款时，累积扣回的金额按下式计算

$$R = \frac{A}{(F_2 - F_1)S}(C - F_1 S) \tag{2-1}$$

式中 R——每次进度付款中累积扣回的金额；

A——工程预付款总金额；

S——合同价格；

C——合同累积完成金额；

F_1——按专用合同条款规定开始扣款时合同累积完成金额达到合同价格的比例；

F_2——按专用合同条款规定全部扣清时合同累积完成金额达到合同价格的比例。

上述合同累积完成金额均指价格调整前未扣保留金的金额。

3）工程材料预付款的支付与扣还

水利工程一般所需材料的种类和数量较多，提前备料所需资金较大，因此考虑承包商支付一定数量的材料预付款。材料预付款用于帮助承包商在施工初期购进成为永久工程组成部分的主要材料的款项。工程主要材料到达工地并满足以下条件后，承包人可向监理人提交材料预付款支付申请单：

（1）材料的质量和储存条件符合《技术条款》的要求。

（2）材料已到达工地，并经承包人和监理人共同验点入库。

（3）承包人应按监理人的要求提交材料的订货单、收据或价格证明文件。

预付款金额为经监理人审核后的实际材料价的90%，在月进度付款中支付。预付款从付款月后的6个月内在月进度付款中每月按该预付款金额的1/6平均扣还。

3. 工程进度付款

工程进度款的支付也称中间结算，在水利工程施工合同中，一般规定按月支付。每月结算是在上月结算的基础上进行的，这种支付方式公平合理，风险性小，便于控制。

1）月进度付款申请单

承包人应在每月末按监理人规定的格式提交月进度付款申请单（1式4份），并附上

完成工程量月报表。该申请单应包括以下内容：

(1)已完成的工程量清单中的工程项目及其他项目的应付金额。

(2)经监理人签认的当月计日工支付凭证标明的应付金额。

(3)按规定应付的工程材料预付款金额。

(4)价格调整金额。

(5)根据合同规定承包人应有权得到的其他金额。

(6)扣除工程预付款和工程材料预付款金额。

(7)扣除保留金金额。

(8)扣除按合同规定应由承包人付给发包人的其他金额。

2)月进度付款证书

监理人在收到月进度付款申请单后的14天内完成核查，并向发包人出具月进度付款证书，提出他认为应当到期支付给承包人的金额。

3)工程进度付款的修正和更改

监理人有权通过对以往历次已签证的月进度付款证书的汇总和复核中发现的错、漏或重复进行修正或更改；承包人亦有权提出此类修正或更改。经双方复核同意的此类修正或更改，应列入月进度付款证书中予以支付或扣除。

4)支付时间

发包人收到监理人签证的月进度付款证书并审批后支付给承包人，支付时间不应超过监理人收到月进度付款申请单后28天。若不按期支付，则应从逾期第一天起按专用合同条款中规定的逾期付款违约金加付给承包人。

4.保留金的扣留与退还

保留金是项目法人持有的一种保证，是为了促使承包商抓紧工程收尾工作，尽快完成合同任务，确保在工程竣工移交后，在缺陷责任期内承包商仍能履行修补缺陷的义务。合同一般规定，监理工程师应从第一个月开始，在给承包人的月进度付款中扣留按专用合同条款规定百分比的金额作为保留金(其计算额度不包括预付款和价格调整金额)，直至扣留的保留金总额达到专用合同条款规定的数额为止。

在签发本合同工程移交证书后14天内，由监理工程师出具保留金付款证书，项目法人将保留金总额的一半支付给承包人。在单位工程验收并签发移交证书后，将其相应的保留金总额的一半在月进度付款中支付给承包人。监理工程师在本合同全部工程的缺陷责任期满时，出具为支付剩余保留金的付款证书。项目法人应在收到上述付款证书后14天内将剩余的保留金支付给承包人。若保修期满时尚需承包人完成剩余工作，则监理工程师有权在付款证书中扣留与剩余工作所需金额相应的保留金余额。

5.最终支付(最终结算)

在缺陷责任期终止后，并且监理工程师颁发了缺陷责任证书，可进行工程的最终结算，程序如下。

1)保修责任终止证书

在整个工程保修期满后的28天内，由项目法人或授权监理工程师签署和颁发保修责任终止证书给承包人。若保修期满后还有缺陷未修补，则需待承包人按监理工程师的要求完成缺陷修复工作后，再发保修责任终止证书。尽管颁发了保修责任终止证书，项目法人和承包人均仍应对保修责任终止证书颁发前尚未履行的义务和责任负责。

2）承包商向项目法人提交书面清单

承包人在收到保修责任终止证书后的28天内，按监理工程师批准的格式向监理工程师提交一份最终付款申请单(1式4份)，该申请单应包括以下内容，并附有关的证明文件：

(1)按合同规定已经完成的全部工程价款金额。

(2)按合同规定应付给承包人的追加金额。

(3)承包人认为应付给他的其他金额。

若监理工程师对最终付款申请单中的某些内容有异议，有权要求承包人进行修改和提供补充资料，直至监理工程师同意后，由承包人再次提交经修改后的最终付款申请单。

承包人向监理工程师提交最终付款申请单的同时，应向项目法人提交一份结清单，并将结清单的副本提交监理工程师。该结清单应证实最终付款申请单的总金额是根据合同规定应付给承包人的全部款项的最终结算金额。但结清单只在承包人收到退还履约担保证件和项目法人已向承包人付清监理工程师出具的最终付款证书中应付的金额后才生效。

3）监理工程师签发最终支付证书

监理工程师收到经其同意的最终付款申请单和结清单副本后的14天内，向项目法人出具一份最终付款证书提交项目法人审批。最终付款证书应说明以下内容：

(1)按合同规定和其他情况应最终支付给承包人的合同总金额。

(2)项目法人已支付的所有金额以及项目法人有权得到的全部金额。

4）最终支付

项目法人审查监理工程师提交的最终付款证书后，若确认还应向承包人付款，则应在收到该证书后的42天内支付给承包人。若确认承包人应向项目法人付款，则项目法人应通知承包人，承包人应在收到通知后的42天内付还给项目法人。不论是项目法人还是承包人，若不按期支付，均应按专用合同条款规定的办法将逾期付款违约金加付给对方。

6. 备用金(暂定金额)

在工程招标投标期间，对于没有足够资料可以准确估价的项目和意外事件，可以采取备用金的形式在招标文件的工程量清单中列出。备用金又称暂定金额，指由项目法人在工程量清单中专项列出的用于签订协议书时尚未确定或不可预见项目的备用金额。该项金额应按监理工程师的指示，并经项目法人批准后才能动用。承包人仅有权得到由监理工程师决定列入备用金有关工作所需的费用和利润。监理工程师应与项目法人协商后，将决定通知承包人。除按合同文件中规定的单价或合价计算的项目外，承包人应提交监理工程师要求的属于备用金专项内开支的有关凭证。监理工程师可以指示承包人进行上述备用金项下的工作，并根据合同关于变更的规定办理。

7. 价格调整

价格调整是指以合同条款(如调价公式等)为依据，根据工程实施中实际发生的情况(如劳务、材料等价格的涨落)，通过计算所得的调整款额，由承包商报请监理工程师审批。

（六）工程变更控制

1. 工程变更的概念

工程变更是指因设计条件、施工现场条件、设计方案、施工方案发生变化，或项目法人与监理单位认为必要时，为实现合同目的对设计文件或施工状态所作出的改变与修改。

工程变更包括设计变更和施工变更。水利工程建设项目具有工期长、规模大、涉及面广，以及地质条件复杂、不可预见因素多等特点，这就决定了在工程建设过程中出现一定的工程变更是不可避免的。由于工程变更所引起的工程量的变化、承包商的索赔等，都可能使项目投资超出原来的预算投资，监理工程师必须严格予以控制，密切注意其对未完工程投资支出的影响和对工期的影响。

《合同条件》规定，监理人可根据工程的需要指示承包人进行以下各种类型的变更：

（1）增加或减少合同中任何一项工作内容。

（2）增加或减少合同中关键项目的工程量超过专用合同条款规定的百分比。

（3）取消合同中任何一项工作（但被取消的工作不能转由发包人或其他承包人实施）。

（4）改变合同中任何一项工作的标准或性质。

（5）改变工程建筑物的形式、基线、标高、位置或尺寸。

（6）改变合同中任何一项工程的完工日期或改变已批准的施工顺序。

（7）追加未完成工程所需的任何额外工作。

因此，承包人首先必须执行监理人发出的工程变更指令，然后只能通过在商定工程变更引起的工期调整和价格调整时，维护自身的权益或获取收益。

《合同条件》对承包人原因引起的变更也作出了规定，若承包人根据工程施工的需要，要求监理人对合同的任一项目和任一项工作作出变更，则应由承包人提交一份详细的变更申请报告报送监理人审批。未经监理人批准，承包人不得擅自变更。承包人要求的变更属合理化建议的性质时，若建议被采纳，需待监理人发出变更批示后方可实施，若由于采用承包人提出的合理化建议降低了合同价格，则发包人应酌情给予奖励。承包人违约或其他由于承包人原因引起的变更，其增加的费用和工期延误责任由承包人承担。

2. 工程变更的原因

引起工程变更的原因很多，一般情况下主要有下列几个方面的原因。

1）设计变更

设计变更可发生在设计阶段，可能是因为项目法人对项目的构想产生变化或其他方面的因素，而要求设计变更。在施工阶段也可能发生设计变更，可能是项目法人根据施工现场实际情况，或者政府部门对工程建设要求的改变，提出设计变更；可能是监理单位、设计单位对原设计中不合理之处提出设计变更；承包人也可能根据现场施工条件提出合理化建议，而请求设计变更。

2）进度协调引起进度计划改变

水利工程项目大多是平行发包，一般情况下，工程分标越多，在施工过程中的空间、时间上相互干扰也越大，如何组织好各标之间的衔接，使工程总体能有机地交叉并协调有序地进行，是监理人的一项重要任务。监理人在考虑承包人之间的进度协调或发包人工程设备供应、资金供应、图纸供应等要求，对某承包人的施工进度作出的进度协调，属于工程变更。

3）施工现场条件的变化

在水利工程施工中，施工现场条件变化是经常发生的，可能是因为勘测工作深度不够，现场实际情况与预计不同。例如，某隧洞开挖，原设计为Ⅲ类围岩，实际为Ⅳ、Ⅴ类围岩，且又夹有一斜向断层，渗水严重，开挖中多次局部塌方。若采用原设计方案喷混凝土，将会出现较大问题。针对现场实际情况，经研究后作了结构修改，保证了设计和施工质量。

4）工程范围发生变化

因工程范围发生变化，出现了合同范围以外的工作项目，称为新增项目，也叫合同外项目，这使工程项目的合同管理工作增加了新的内容。例如：合同规定要修建一座土坝，而承包人在签订承包协议书以后改为修建土石坝；或要求将合同规定的 8 层楼房加高到 10 层；或要求将合同规定的 100 km 道路延长到 120 km 等，都属于工程变更。

3. 工程变更的处理原则

（1）变更需要延长工期时，应按合同相关条款的规定办理；若变更使合同工作量减少，监理工程师认为应予提前变更项目的工期时，由监理工程师和承包人协商确定。

（2）变更需要调整合同价格时，按以下原则确定其单价或合价：

①工程量清单中有适用于变更工作的项目时，应采用该项目的单价。

②工程量清单中无适用于变更工作的项目时，则可在合理的范围内参考类似项目的单价或合价作为变更估价的基础，由监理工程师和承包人协商后确定变更后单价或合价。

③工程量清单中无类似项目单价或合价可供参考，则应由监理工程师与项目法人和承包人协商确定新的单价或合价。

任何一项变更引起本合同工程或部分工程的施工组织和进度计划发生实质性变动，以致影响本项目和其他项目的单价或合价时，项目法人和承包人均有权要求调整本项目和其他项目的单价或合价，监理工程师与项目法人和承包人协商确定。

例如，某工程混凝土项目的变更中，需要对水泥进行估价。承包人投标时水泥的报价为 484 元/t，这个价格比当前市场价格低。承包人要求以市场价 512 元/t 进行估价。虽然这个价格符合实际，但是按变更处理原则，工程量清单中有适用于变更工作的项目时，应采用该项目的单价，监理工程师坚持采用投标价格。

4. 工程变更的处理程序及费用确定

1）变更指示

监理人应在发包人授权范围内，及时向承包人发出变更指示。变更指示的内容应包括变更项目的详细变更内容、变更工程量、变更项目的施工技术要求和有关文件图纸，以及变更处理原则。

2）变更的报价

承包人收到监理人发出的变更指示后 28 天内，应向监理人提交一份变更报价书，其内容应包括承包人确认的变更处理原则和变更工程量及其变更项目的报价单。监理人认为必要时，可要求承包人提交重大变更项目的施工措施、进度计划和单价分析等。承包人对监理人提出的变更处理原则持有异议时，可在收到变更指示后 7 天内通知监理人，监理人则应在收到通知后 7 天内答复承包人。

3）变更决定

监理人在收到承包人变更报价书后28天内对变更报价书进行审核后作出变更决定，并通知承包人。发包人和承包人未能就监理人的决定取得一致意见，则监理人可暂定他认为合适的价格和需要调整的工期，并将其暂定的变更处理意见通知发包人和承包人，此时承包人应遵照执行。对已实施的变更，监理人可将其暂定的变更费用放入月进度付款中。

但发包人和承包人均有权在收到监理人变更决定后的28天内要求提请争议调解组解决，若在此期限内双方均未提出上述要求，则监理人的变更决定即为最终决定。

监理人在对变更项目进行费用分析时，应掌握现场记录，这对变更处理具有重要意义。例如，在对某工程的一项变更止水条材料进行估价时，承包人提出要在费用中包括10%的损耗率，承包人认为这一比率符合施工行业的惯例。但是监理人员调查了现场记录的该材料的出入库资料，发现实际的损耗率只有1%。承包人表示不满并提请争议调解组解决。争议调解组复审后认为该材料的损耗包括在其他成品中，无须再考虑。仅此一项，项目法人就挽回了十几万元的损失。

4）计日工

计日工亦称“点工”，是指监理人认为工程的某些变动有必要，或认为按计日工作制适宜于承包人开展工作，从而以工作天数为基础进行计量与支付，便于结算。当监理人通知承包人以计日工的方式，进行某项变更工作时，其金额应按承包人在投标文件中提出，并经发包人确认后按列入合同文件的计日工项目及其单价进行计算。

选用计日工作制的工程项目，常常是在合同规定项目之外的、随时可能发生的、不可预见的工作，并且大多属于工程中的辅助性工作，或者说是零星工作。例如，施工中发现了具有考古价值的文物、化石等需要开挖等。“计日工”所涉及的人工、材料、设备和工程量相对较小，且不易准确估算，所以应慎重使用。

（七）工程索赔控制

1. 索赔的概念

索赔是指在履行工程承包合同的过程中，合同一方的当事人根据索赔事件的事实和遭受损害的后果，按照合同条款规定和法律依据，向承担责任的另一方提出补偿或赔偿的要求，包括要求经济补偿和延长工期两种情况。

根据国际惯例，业主和承包商在法律上的合同当事人地位是完全平等的。双方当事人所享有的权利和义务，是受有关法律保护和约束的。他们都必须按照有关法律规定来履行合同，这样才能较好地按预期目的完成建设项目的施工。如果有一方没有按照合同的要求或法律规定履行合同，则他们的行为便构成了违反合同的违约行为。这种违约行为给对方造成了经济损失或其他损失时，违约一方则必须按照合同要求及法律规定给予另一方补偿或赔偿。所以，从理论上讲，索赔是双方面的，不仅承包商可以向业主索赔，业主也同样可以向承包商索赔，“索赔”这个词也就包括这两方面的含义。在工程施工承包中，习惯上将承包商向业主提出的赔偿或补偿要求叫做索赔，也称为施工索赔，而把业主向承包商提出的赔偿或补偿要求以及业主针对承包商施工索赔提出的对策叫做反索赔。

2. 引起索赔的原因

在施工承包合同履行过程中，由于现场条件复杂，影响因素多，以及原来的设计、合同文件又不可能完美无缺，因此引起索赔的原因很多，主要有以下几方面：

(1)业主违约。常常表现为业主或其代理人未能按合同规定为承包商提供得以顺利施工的条件，或未能在规定时间内付款。例如，业主没有按规定的时间向承包商提供场地使用权，监理工程师拖延发布各种证书（如进度付款证书、移交证书、缺陷责任合格证书等），业主委托的设计单位，没有按合同规定向承包商提供施工图纸，或者监理工程师没有在规定时间内发出有关图纸造成供图延误，业主提供材料等的延误或不符合合同标准，还有监理工程师的不适当决定及苛刻检查等。

(2)合同缺陷。常常表现为合同文件不严谨、相互矛盾、合同遗漏或错误等。这不仅包括商务条款中的缺陷，也包括技术规范和图纸中的缺陷。在这种情况下，监理工程师有权作出解释。但如果承包商执行监理工程师的解释后引起成本增加或工期延长，则承包商可以为此提出索赔，工程师应给予补偿。

(3)不利自然条件和客观障碍。是指一般有经验的承包商无法合理预料到的不利自然条件和客观障碍。而这些在合同文件内业主提供的资料中也未指出，承包商遇到了与原合同规定不同的，又无法合理预料到的不利自然条件，则承包商可以提出索赔要求。

(4)监理工程师指令。通常表现为监理工程师指令承包商加速施工、进行某项目工作、更换某些材料、采取某种措施或暂停施工等。监理工程师在工程施工中的作用是保证合同顺利实施，保证所有工作都按合同规范进行。为了保证合同工程达到既定的目标，监理工程师可以发布各种必要的现场指令。但承包商对因此而发生的额外费用和工期延误，可以提出索赔要求。

(5)国家政策及法律、法令变更。通常是指直接影响到工程造价的某些政策及法律、法令的变更，例如限制进口、外汇管制或财会、税收及其他收费标准的改变。众所周知，工程所在国的政策和法律、法令是承包商投标时编制报价的重要依据之一。通常合同都规定，从投标截止日期之前的第28天开始，如果工程所在国法律或政策的变更导致承包商施工费用增加，则业主应向承包商补偿该增加值；相反，如果导致费用减少，则也应由业主受益。

(6)其他承包商干扰引起的索赔。通常是指因其他承包商未能按时按序按质进行并完成某种工作，各承包商之间配合协调不好等而给某承包商的工作带来干扰，受损失的承包商向业主提出的索赔。

3. 索赔的提出

承包人有权根据合同任何条款及其他有关规定，向项目法人索取追加付款，但应在索赔事件发生后的28天内，将索赔意向书提交项目法人和监理工程师。在上述意向书发出后的28天内，再向监理工程师提交索赔申请报告，详细说明索赔理由和索赔费用的计算依据，并应附必要的当时记录和证明材料。如果索赔事件继续发展或继续产生影响，承包人应按监理工程师要求的合理时间间隔列出索赔累积金额和提出中期索赔申请报告，并在索赔事件影响结束后的28天内，向项目法人和监理工程师提交包括最终索赔金额、延续记录、证明材料在内的最终索赔申请报告。

4. 监理工程师对索赔的审查与合理处理

监理工程师对索赔要求的审查和合理处理，是施工阶段控制投资的一个重要方面，包括以下主要工作。

1)审定索赔权

工程施工索赔的法律依据,是该工程项目的合同文件,也要参照有关施工索赔的法规。监理工程师在评审承包商的索赔报告时,首先要审定承包商的索赔要求有没有合同、法律依据,即有没有该项索赔权。

根据施工索赔的实践经验,在以下情况时,业主可能否决承包商的索赔权:

(1)承包商没有在合同规定的期限内发出索赔通知书。每项工程的合同条款中一般都规定了提出索赔要求的期限,在规定的期限内不提出索赔通知书,其索赔要求可能会受到限制。监理工程师只同意承包商用同期记录可证实的索赔金额。

(2)承包商在索赔报告中引用的索赔理由不充分。承包商要以充分的事实和证据,并参照工程合同文件的具体条款,来论证自己的索赔权。如论证理由不充分,业主可能否决该项索赔要求。

(3)承包商在没有取得合法指令的情况下,完成了合同以外的工程。根据承包施工的合同规定,凡是实施合同工程范围以外的工作时,都应由业主正式授权的代表下达工程变更指令,或者有他正式确认的函件。否则,承包商可能失去完成这项额外工程的索赔权。

2)事态调查和索赔报告分析

索赔应基于事实基础之上,这个事实必须以实际现场情况和各种资料为证据。索赔报告中所描述的事实经过必须与所附证据相符合。

(1)分析索赔事项。对承包商索赔事项进行分析的目的,是从施工的实际情况出发,对发生的一系列变化对施工的影响,要根据承包商提出的索赔原因和论证资料,以及索赔事项发生时的政治、经济、社会和物价等情况,进行综合分析,计算出在正常、公正的条件下所引起的经济损失或工期延误。

(2)仔细分析索赔报告。监理工程师应对索赔报告仔细审核,包括合同根据、事实根据、证明材料、索赔计算、照片和图表等,在此基础上提出明确的意见或决定,正式通知承包商。

(3)协调讨论解决。监理工程师在上述工作基础上应通过不断地与业主和承包商的联系、协商、讨论,及早澄清一些误解和不全面的结论,因为双方都有可能存在不完全理解的观点和看法,这样可以避免和减少今后出现更多的误解或引起争议。

监理工程师通过与业主及承包商双方的积极联系和认真讨论,大多数情况下,可以将索赔处理得使每一方都比较满意,各方一般情况下都愿意尽可能早地解决索赔和争议,以免进行既耗时又耗费资金的仲裁和诉讼。

(八)投资控制偏差

1.投资偏差的概念

在投资控制中,投资的实际值与计划值的差异叫投资偏差,即

投资偏差 = 已完工程实际投资 - 已完工程计划投资

结果为正,表示投资超支;结果为负,表示投资节约。

以时间表示的进度偏差为

进度偏差 = 已完工程实际时间 - 已完工程计划时间

为了与投资偏差联系起来，进度偏差也可表示为

$$进度偏差=拟完工程计划投资-已完工程计划投资$$

所谓拟完工程计划投资，是指根据进度计划安排在某一确定时间内所应完成的工程内容的计划投资，即

$$拟完工程计划投资=拟完工程量(计划工程量)\times 计划单价$$

在工程建设中为了对投资进行控制，常运用以下投资偏差的概念。

1）局部偏差和累积偏差

所谓局部偏差，有两层含义：一是对于整个项目而言，指各单项工程、单位工程及分部分项工程的投资偏差；二是对于整个项目已经实施的时间而言，是指每一控制周期所发生的投资偏差。累积偏差是一个动态的概念，其数值总是与具体的时间联系在一起的，第一个累积偏差在数值上等于局部偏差，最终的累积偏差就是整个项目的投资偏差。

局部偏差的引入，可使项目投资管理人员清楚地了解偏差发生的时间、所在的单项工程，这有利于分析其发生的原因。而累积偏差所涉及的工程内容较多、范围较大，且原因也较复杂，因而累积偏差分析必须以局部偏差为基础。从另一方面来看，因为累积偏差分析是建立在对局部偏差进行综合分析的基础上，所以其结果具有代表性和规律性，对投资控制工作在较大范围内具有指导作用。

2）绝对偏差和相对偏差

绝对偏差是指投资实际值与计划值比较所得到的差额。绝对偏差的结果很直观，有助于投资管理人员了解项目投资出现偏差的绝对数额，并以此采取一定措施，制订或调整投资支付计划和资金筹措计划。但是，绝对偏差有其不容忽视的局限性。例如，同样是1万元的投资偏差，对于总投资1 000万元的项目和总投资10万元的项目而言，其严重性显然是不同的，因此又引入相对偏差这一参数，其表达式为

$$相对偏差=\frac{绝对偏差}{投资计划值}=\frac{投资实际值-投资计划值}{投资计划值}$$

与绝对偏差一样，相对偏差可正可负，且二者同号。正值表示投资超支，负值表示投资节约。二者都只涉及投资的计划值和实际值，既不受项目层次的限制，也不受项目实施时间的限制，因而在各种投资比较中均可采用。

3）偏差程度

偏差程度是指投资实际值对计划值的偏离程度。其表达式为

$$投资偏差程度=\frac{投资实际值}{投资计划值}$$

偏差程度可参照局部偏差和累积偏差分为局部偏差程度和累积偏差程度。应注意的是，累积偏差程度并不等于局部偏差程度的简单相加。以月为一控制周期时，则

$$投资局部偏差程度=\frac{当月投资实际值}{当月投资计划值}$$

$$投资累积偏差程度=\frac{累积投资实际值}{累积投资计划值}$$

将偏差程度与进度结合起来，引入进度偏差程度的概念，则

$$进度偏差程度 = \frac{已完工程实际时间}{已完工程计划时间}$$

或

$$进度偏差程度 = \frac{拟完工程计划投资}{已完工程计划投资}$$

2. 偏差分析的方法

偏差分析可采用不同的方法，常用的有横道图法、表格法和曲线法。

1）横道图法

用横道图法进行投资偏差分析，是用不同的横道标识已完工程计划投资、拟完工程计划投资和已完工程实际投资，横道的长度与其金额成正比。横道图法具有形象、直观、一目了然等优点，它能够准确表达出投资的绝对偏差，而且能一眼感受到偏差的严重性。但是，这种方法反映的信息量少，一般在项目的较高管理层应用。

2）表格法

表格法是进行偏差分析最常用的一种方法。它将项目编号、名称、各投资参数以及投资偏差数综合归纳入一张表格中，并且直接在表格中进行比较。由于各偏差参数都在表中列出，使得投资管理者能够综合地了解并处理这些数据。用表格法进行偏差分析具有如下优点：灵活、适用性强，可根据实际需要设计表格，进行项目增减项；信息量大，可以反映偏差分析所需的资料，从而有利于投资控制人员及时采取针对性措施，加强控制；表格处理可借助于计算机，从而节约大量数据处理所需的人力，并大大提高速度。

3）曲线法

曲线法是用投资累积曲线（S 形曲线）来进行投资偏差分析的一种方法，如图 2-7 所示。在用曲线法进行投资偏差分析时，首先要确定投资计划值曲线。投资计划值曲线是与工程进度计划联系在一起的。同时，也应考虑实际进度的影响，引入三条投资参数曲线，即已完工程实际投资曲线 a、已完工程计划投资曲线 b 和拟完工程计划投资曲线 p，如图 2-8所示。图中曲线 a 与曲线 b 的竖向距离表示投资偏差，曲线 b 与曲线 p 的水平距离表示进度偏差。

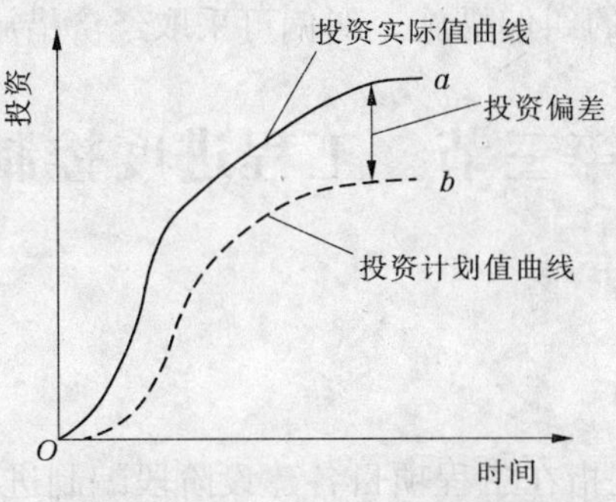

图 2-7　投资计划值与实际值曲线

图 2-8 反映的偏差为累积偏差。用曲线法进行偏差分析同样具有形象、直观的特点，但这种方法很难直接用于定量分析，只能对定量分析起一定的指导作用。

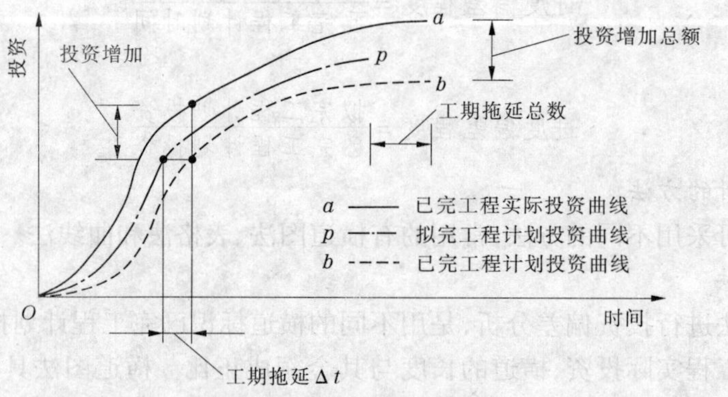

图 2-8 三条投资参数曲线

3. 偏差原因分析

偏差分析的一个重要目的就是要找出引起偏差的原因,从而有可能采取有针对性的措施,减少或避免相同原因的再次发生。在进行偏差原因分析时,首先应将已经导致和可能导致偏差的原因逐一列举出来。导致不同工程项目产生偏差的原因有一定共性,因而可以通过对已建项目的投资偏差原因进行归纳、总结,为该项目采取预防措施提供依据。

一般来说,产生投资偏差的原因主要包括物价上涨原因、设计原因、业主原因、施工原因及其他客观原因(如自然因素、社会法律法规变化等)。

4. 纠偏

对偏差原因进行分析的目的是有针对性地采取纠偏措施,从而实现投资的动态控制和主动控制。

纠偏首先要确定纠偏的对象,如上面介绍的偏差原因,有些是无法避免和控制的,如客观原因。充其量只能对其中少数原因做到防患于未然,力求减少该原因所产生的经济损失。对于施工原因所导致的经济损失通常是由承包商自己承担的,从投资控制的角度只能加强合同的管理,避免被承包商索赔。所以,这些偏差原因都不是纠偏的主要对象。纠偏的主要对象是项目法人原因和设计原因造成的投资偏差。在确定了纠偏的主要对象之后,就需要采取有针对性的纠偏措施。纠偏可采取经济措施、技术措施和合同措施等。

第三节 工程进度控制

一、进度控制概述

(一)基本概念

工程建设的进度控制是指在工程项目各建设阶段编制进度计划,将该计划付诸实施,在实施的过程中经常检查实际进度是否按计划要求进行,如有偏差则分析产生偏差的原因,采取补救措施或调整、修改原计划,直至工程竣工,交付使用。

进度控制、质量控制、投资控制是工程项目建设监理“三大控制”目标。它们之间有着相互依赖、相互制约的关系。进度控制是实现工程工期目标的基本保证。工程进度的失控，必然导致人力、物力的浪费，甚至可能影响工程质量和安全。拖延工期后赶进度，不仅使工程的直接建设费用增加，工程质量也易出现问题。在关键时刻(如截流、下闸蓄水)赶不上工期，错过有利的施工时机，将会带来重大的损失。

工程项目的进度，受许多因素的影响，建设者需事先对影响进度的各种因素进行调查，预测它们对进度可能产生的影响，编制科学合理的进度计划，指导建设工作按计划进行。然后根据动态控制原理，不断进行检查，将实际情况与计划安排进行对比，找出偏离计划的原因，特别是找出主要原因，采取相应的措施，对进度进行调整或修正，再按新的计划实施，这样不断地计划、执行、检查、分析、调整计划的动态循环过程，就是进度控制。

建设工程进度控制的最终目的是确保建设项目按预定的时间动用或提前交付使用，建设工程进度控制的总目标是建设工期。

(二)影响进度的因素

由于建设项目具有庞大、复杂、周期长、相关单位多等特点，因而影响进度的因素也很多。从产生的根源看，有来源于建设单位及上级机构的，有来源于设计、施工及供货单位的，有来源于政府、建设部门、有关协作单位和社会的，也有来源于监理单位本身的。归纳起来，这些因素包括以下几方面：

(1)人的干扰因素。如建设单位因使用要求改变而提出的设计变更；建设单位应提供的场地条件不及时或不能满足工程需要；勘察资料不准确，特别是地质资料错误或遗漏而引起的不能预料的技术障碍；设计、施工中采用不成熟的工艺或技术方案失当；图纸供应不及时、不配套或出现差错；计划不周，导致停工待料和相关作业脱节，工程无法正常进行；建设单位越过监理职权进行干涉，造成指挥混乱等。

(2)材料、机具、设备干扰因素。如材料、构配件、机具、设备供应环节的差错，品种、规格、数量、时间不能满足工程的需要等。

(3)地基干扰因素。如受地下埋藏文物的保护、处理的影响。

(4)资金干扰因素。如建设单位资金方面的问题，未及时向承包单位或供应商拨款等。

(5)环境干扰因素。如交通运输受阻，水、电供应不具备，外单位临近工程施工干扰，节假日交通、市容整顿的限制；向有关部门提出各种申请审批手续的延误；安全、质量事故的调查、分析、处理及争端的调解、仲裁；恶劣天气、地震、临时停水停电、交通中断、社会动乱等。

受以上因素影响，工程会产生延误。工程延误归纳为两大类：一类是指由于承包单位自身的原因造成的工期延长，其一切损失由承包单位自己承担，同时建设单位还有权对承包单位施行违约误期罚款；另一类是指由于承包单位以外的原因造成的工期延长，经监理工程师批准的工程延误，所延长的时间属于合同工期的一部分，承包单位不仅有权要求延长工期，而且还有向建设单位提出赔偿的要求以弥补由此造成的额外损失。

监理工程师应对上述各种因素进行全面的预测和分析，公正地区分工程延误的两大类原因，合理地批准工程延长的时间，以便有效地进行进度控制。

(三)工程项目进度控制任务

进度控制是一项系统工作，是按照计划目标和组织系统，对项目各个部分的行为进行检查，以保证协调地完成总体目标。进度控制的主要任务如下：

(1)编制工程项目建设监理工作进度控制计划。

(2)审查承包单位提交的进度计划。

(3)检查并掌握工程实际进度情况。

(4)把工程项目的实际进度与计划目标进行比较,分析计划提前或拖后的主要原因。

(5)决定应该采取的相应措施和补救方法。

(6)及时调整计划,使总目标得以实现。

(四)进度控制方法

工程项目进度控制方法主要是规划、控制和协调。规划就是指确定施工项目总进度控制目标及单项工程或单位工程进度控制目标。控制是指在项目实施的全过程中,分阶段对实际进度与计划进度进行比较,出现偏差及时采取措施调整。协调是指协调与项目进度有关的单位、部门和工作队(组)之间的工作节奏与进度关系。

(五)进度控制措施

施工项目进度控制采取的主要措施有组织措施、经济措施、技术措施、合同措施和信息管理措施等。

1. 组织措施

组织措施包括以下内容:

(1)建立项目的进度控制目标体系。

(2)健全项目管理的组织体系,在项目组织结构中应有专门的工作部门和符合进度控制岗位资格的专人负责进度控制工作。进度控制的主要工作环节包括进度目标的分析和论证、编制进度计划、定期跟踪进度计划的执行情况、采取纠偏措施以及调整进度计划,这些工作任务和相应的管理职能应在项目管理组织设计的任务分工表和管理职能分工表中标示并落实。

(3)建立进度报告、进度信息沟通网络、进度计划审核、进度计划实施中的检查分析、图纸审查、工程变更和设计变更管理等制度。

(4)编制项目进度控制的工作流程,如确定项目进度计划系统的组成,确定各类进度计划的编制程序、审批程序和计划调整程序等。

(5)建立进度协调会议制度,进行有关进度控制会议的组织设计,明确会议的类型、各类会议的主持人及参加单位和人员、各类会议的召开时间和地点、各类会议文件的整理及分发和确认等。

2. 经济措施

经济措施是指实现进度计划的资金保证措施以及可能的奖罚。常见的经济措施包括以下内容:

(1)编制资源需求计划(资源进度计划),包括资金需求计划和其他资源(人力资源和物力资源)需求计划,以反映工程实际各时段所需要的资源。通过资源需求的分析,从而可发现所编制的进度计划实现的可能性,若资源条件不具备,则应调整进度计划,同时考虑可能的资金总供应量、资金来源(自有资金和外来资金)以及资金供应的时间。

(2)及时办理工程预付款及工程进度款支付手续。

(3)在工程预算中应考虑加快工程进度所需要的资金,其中包括为实现进度目标将要采取的经济激励措施所需要的费用,如对应急赶工给予优厚的赶工费用及对工期提前给予奖励等。

(4)对工程延误收取误期损失赔偿金。

3. 技术措施

技术措施主要是指切实可行的施工部署、施工方案及加快施工进度的技术方法。主要体现于规划、控制和协调。规划就是确定项目的总进度目标和分进度目标;控制就是在项目进展的全过程中,进行计划进度与实际进度的比较,发现偏离就及时采取措施进行纠正;协调就是协调参加单位之间的进度关系。

4. 合同措施

合同措施是指对分包单位签订分包合同或施工项目内部工作协议与施工项目进度目标应相互协调、吻合。分包合同的开始和竣工时间及持续时间应与施工项目进度计划相符。其主要包括以下内容:

(1)选择合理的承发包合同结构,以避免过多的合同交界面而影响工程的进展。

(2)加强合同管理和索赔管理,协调合同工期与进度计划的关系,保证合同中进度目标的实现;同时严格控制合同变更,尽量减少由于合同变更引起的工程拖延。

(3)分析影响工程进度的风险,并提出采取风险管理措施,以减少进度失控的风险量。

5. 信息管理措施

信息管理措施是指不断收集工程实施实际进度的有关信息并进行整理统计后与计划进度比较,定期向施工项目经理部、施工企业、业主方提供进度报告。

二、工程进度计划实施中的监测

工程项目实施过程中,影响进度的因素很多,因此在项目进度计划的执行过程中,必须采取系统的进度控制措施。为了进行进度控制,施工项目经理部计划职能管理人员应经常地、定期地跟踪检查施工实际进度,主要是收集施工项目进度信息,在一个确定的检查期末进行统计,以确定施工项目当期实际进度状况,将实际进度与计划进行对比分析。进度监测系统过程主要包括以下工作。

(一)进度计划执行中的跟踪检查

跟踪检查项目实际进度是项目进度控制的关键工作,其目的是收集实际进度信息。跟踪检查的时间和收集信息的质量,直接影响施工项目进度控制的质量和效果。监理工程师必须认真做好以下三方面的工作:

(1)及时收集进度报表资料。进度报表是反映实际进度的主要方式之一,承包单位要按照监理制度规定的时间、格式和报表内容填写进度报表。监理工程师根据进度报表数据了解工程实际进度。

(2)派监理人员常驻现场,检查进度计划的实际情况。监理人员常驻现场,可以加强进度监测工作,掌握实际进度的第一手资料,使其数据更准确。

(3)定期召开现场会议。定期召开现场会议,便于监理工程师与执行单位有关人员面对面了解实际进度情况,同时也可以协调有关方面的进度。

进度检查的时间间隔与工程项目的类型、规模、监理的对象和有关条件等多方面因素有关。可视具体情况,每半月或每周进行一次。

(二)整理、统计和分析收集的数据

对施工项目跟踪检查获得的施工项目实际进度信息,要进行必要的整理,以施工项目结构分析较低层次的项目单元以及工作包、施工进度计划中的各项工作为控制对象进行统计,形成与计划进度具有可比性的数据、相同的量纲和形象进度。一般可以按实物工程量、工作量、劳动消耗量、施工成本以及累积百分比整理和统计实际检查数据,以便与相应的计划完成量相对比。

(三)实际进度与计划进度的对比

将定期检查并整理的实际进度信息与项目计划进度信息进行比较,得出实际进度比计划进度拖后、超前还是一致的结论。常用的比较方法有横道图比较法、S 曲线比较法、香蕉曲线比较法、前锋线比较法和列表比较法等。通过比较得出实际进度与计划进度的对比结果。对比结果有三种情况:相一致、超前、拖后。

1. 横道图比较法

横道图比较法是指将在项目实施中检查实际进度收集的信息,经整理后直接用横道线并列标于原计划的横道线处,进行直观比较的方法,如图 2-9 所示。

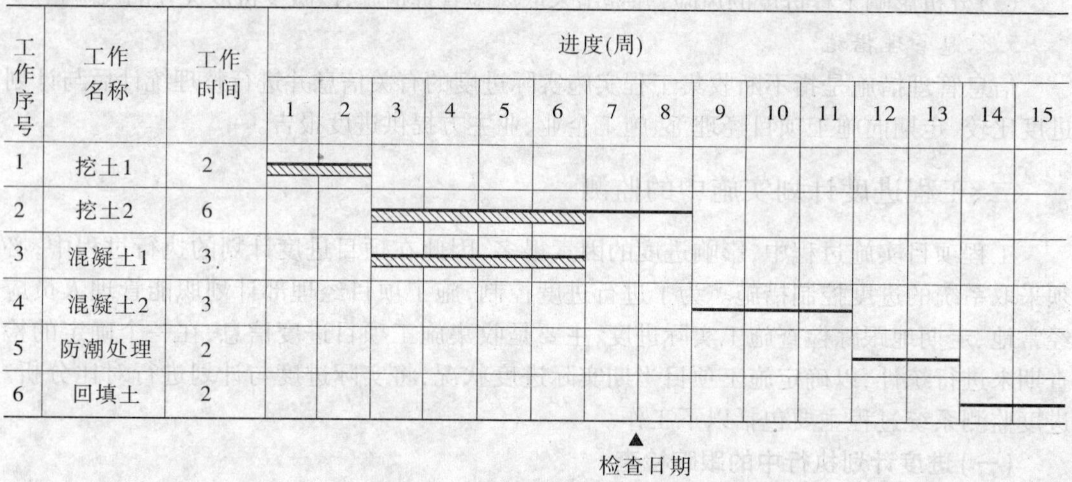

图 2-9　某基础工程实际进度与计划进度比较图

(粗实线表示计划进度,阴影部分表示工程施工的实际进度)

该方法只适用于工作从开始到完成的整个过程中其进展速度是不变的,累积完成的任务量与时间成正比。该方法具有如下特点:

(1)优点。①能明确地表示出各项工作的开始时间、结束时间和持续时间。②一目了然,易于理解,能够被各层次的人员(上至决策指挥者,下至基层操作人员)所掌握和运用。

(2)缺点。①不能明确地反映出各项工作之间的相互关系,在计划执行过程中,某些工作的进度提前或拖延时,不便于分析其对其他工作及总工期的影响程度。②不能明确地反映出影响工期的关键工作和关键线路,不便于进度控制人员抓住主要矛盾。③不能反映出各项工作所具有的机动时间,因而不便于施工进度管理和资源调配。

2. S 曲线比较法

S 曲线比较法是以横坐标表示时间,纵坐标表示累积完成任务量,绘制一条按计划时

间累积完成任务量的 S 曲线，然后将工程项目实施过程中各检查时间实际累积完成任务量的 S 曲线也绘制在同一坐标系中，进行实际进度与计划进度比较的一种方法。

S 曲线比较法也是在图上进行工程项目实际进度与计划进度的直观比较。在工程项目实施过程中，按照规定时间将收集到的实际累积完成量绘制在原计划 S 曲线图上，即可得到实际进度 S 曲线，如图 2-10 所示。

通过比较实际进度 S 曲线和计划进度 S 曲线，可以获得如下信息：

(1)工程项目整体实际进展状况。如果工程实际进展点落在计划 S 曲线左侧，表明此时实际进度比计划进度超前，如图 2-10 中的 a 点；如果工程实际进展点落在 S 曲线右侧，表明此时实际进度拖后，如图 2-10 中的 b 点；如果工程实际进展点正好落在 S 曲线上，则表示此时实际进度与计划进度一致。

(2)工程项目实际进度超前或拖后的时间。在 S 曲线比较图中可以直接读出实际进度比计划进度超前或拖后的时间。如图 2-10 所示，ΔT_a 表示 T_a 时刻实际进度超前的时间，ΔT_b 表示 T_b 时刻实际进度拖后的时间。

(3)工程实际超额或拖欠的任务量。在 S 曲线比较图中也可以直接读出实际进度比计划进度超额或拖欠的任务量。如图 2-10 所示，ΔQ_a 表示 T_a 时刻超额完成的任务量，ΔQ_b 表示 T_b 时刻拖欠的任务量。

(4)后期工程进度预测。如果后期工程按原计划速度进行，则可作出后期工程计划 S 曲线，如图 2-10 中 b 点后的虚曲线所示，从而可以确定工期拖延预侧值 ΔT。

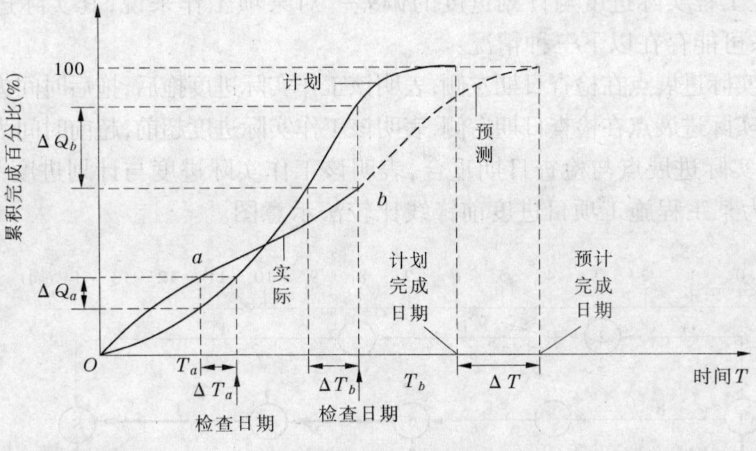

图 2-10　S 曲线比较法

3. 香蕉曲线比较法

香蕉曲线是由两条 S 曲线组合而成的闭合曲线。由 S 曲线比较法可知，工程累积完成的任务量与计划时间的关系，可以用一条 S 曲线表示。而对于一个工程项目的网络计划来说，如果以其中各项工作的最早开始时间安排进度而绘制 S 曲线，称为 ES 曲线；如果以其中各项工作的最迟开始时间安排进度而绘制 S 曲线，称为 LS 曲线。两条 S 曲线具有相同的起点和终点，因此两条曲线是闭合的。在一般情况下，ES 曲线上的其余各点均落在 LS 曲线相应点的左侧。由于该闭合曲线形似“香蕉”，故称为香蕉曲线，如图 2-11 所示。

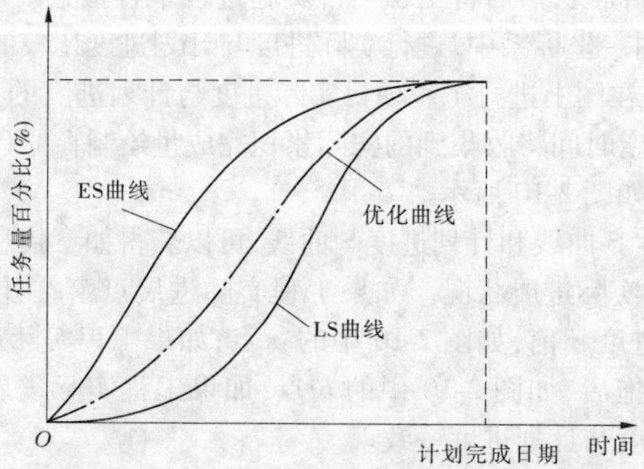

图 2-11　施工项目进度香蕉曲线比较法示意图

香蕉曲线比较法能直观地反映工程项目的实际进展情况,并可以获得比 S 曲线更多的信息。其主要作用有:合理安排施工项目进度计划,定期比较施工项目的实际进度与计划进度,预测后期工程进展趋势。在项目的实施中进度控制的理想状况是任一时刻按实际进度描出的点,应落在该香蕉曲线的区域内。

4. 前锋线比较法

前锋线比较法主要适用于时标网络计划。从检查时刻的时标点出发,将检查时刻正在进行工作的点都依次连接起来,组成一条一般为折线的前锋线。根据前锋线与箭线交点的位置判定工程实际进度与计划进度的偏差。对某项工作来说,其实际进度与计划进度之间的关系可能存在以下三种情况:

(1)工作实际进展点在检查日期左侧,表明该工作实际进度拖后,拖后时间为二者之差。

(2)工作实际进展点在检查日期右侧,表明该工作实际进度超前,超前时间为二者之差。

(3)工作实际进展点与检查日期重合,表明该工作实际进度与计划进度一致。

图 2-12 为某工程施工项目进度前锋线比较法示意图。

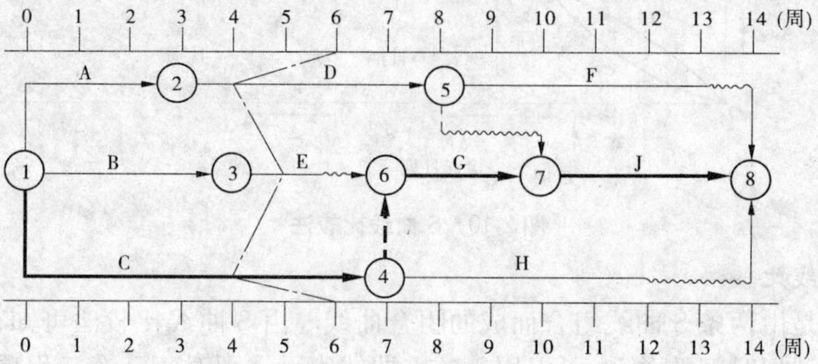

图 2-12　某工程施工项目进度前锋线比较法示意图

由图 2-12 可见,该计划执行到第 6 周末检查实际进度时,发现工作 A 和 B 已经全部完成,工作 D、E 分别完成计划任务量的 20% 和 50%,工作 C 尚需 3 周完成。图中点划线表示第 6 周末实际进度检查结果。

5. 列表比较法

该方法是记录检查时正在进行的工作名称和已进行的天数，然后列表计算有关时间参数，根据原有总时差和剩余总时差判断实际进度与计划进度的比较方法。

三、工程建设施工阶段进度控制

施工阶段是工程项目得以实施并形成建设产品的重要阶段。在此阶段，需要消耗大量的人力、财力和物力，加之水利工程建设本身的特点，如周期长，投资大，技术综合性强，受地形、地质、水文、气象和交通运输、社会经济等因素影响大等，加强计划管理更显得十分重要。在施工阶段，施工进度一旦拖延，要保证计划工期，后继工作就得赶工作业，这就意味着建设直接费用可能增加。进度拖延幅度越大，需要增加的费用将会越多。如果进度拖延导致工程工期拖延，不仅工程建设的直接费用增加，而且更为严重的是工程不能按期投产，将会给国民经济造成巨大损失。因此，施工阶段的进度控制是监理单位的重点工作之一。监理单位应以合同管理为中心，建立健全进度控制管理体系和规章制度，确定进度控制目标系统，严格审核承包人递交的进度计划。协调好建设有关各方的关系，监督资源按计划供应，加强信息管理，随时对进度计划的执行进行跟踪检查、分析和调整。处理好工程变更、工期索赔、施工暂停及工程验收等影响施工进度的重大合同问题，监督承包人按期或提前实现合同工期目标。

（一）监理人员施工进度控制的内容与权限

1. 监理人员施工进度控制的内容

监理人进度控制工作可分为事前控制、事中控制和事后控制等环节。

1）事前控制

事前控制是指合同项目正式施工前所进行的进度控制，其具体内容如下。

（1）编制施工进度控制监理实施细则。

施工阶段进度控制监理实施细则，是监理机构在施工阶段对项目实施进度控制的一个具有可操作性的文件。其内容应主要包括：

①建立施工进度目标系统。

②施工进度控制的主要任务和管理部门机构设置与部门、人员职责分工。

③与进度控制有关的各项相关工作的时间安排，项目总的工作流程。

④施工阶段进度控制所采取的具体措施（包括进度检查日期、信息采集方式、进度报告形式、统计分析方法和信息流程等）。

⑤进度目标实现的风险分析。

（2）编制或审批施工总进度计划。

当采用多标发包形式施工时，为了项目总体施工进度的控制与工作协调，监理人可能需要编制施工总体进度计划，以便对各施工任务作出统一时间安排，使标与标之间的施工进度保持衔接关系，据此审批各承包人提交的施工进度计划。《水利工程建设项目施工监理规范》（SL 288—2003）规定："监理机构应在工程项目开工前依据施工合同约定的工期总目标、阶段性目标等，协助发包人编制控制性总进度计划"；"随着工程进展和施工条件的变化，监理机构应及时提请发包人对控制性总进度计划进行必要的调整"。

按照合同审批各承包人提交的施工进度计划是监理机构进度控制的基本工作之一,经监理机构批准的进度计划称为合同性进度计划,是监理机构进度控制的重要依据。

(3)审批单位工程施工进度计划。

依据经批准的承包人总进度计划和工程进展情况,在单位工程开工前,监理人应审批承包人提交的单位工程进度计划,作为单位工程进度控制的基本依据。

(4)审批承包人提交的施工组织设计。

施工组织设计系统反映了承包人为履行合同所采取的施工方案、作业程序、组织机构与管理措施、资源投入、作业条件、质量与安全控制措施等,因此监理人应认真审核承包人的施工组织设计,以满足施工进度计划的要求。

(5)检查开工准备工作。

开工条件检查是监理人进度控制的基本环节之一。既包括检查发包人的施工准备,如施工图纸,应由发包人提供的场地、道路、水、电、通信以及土料场等,又包括检查承包人的人员与组织机构、进场资源(尤其是施工设备)与资源计划以及现场准备工作等。

2)事中控制

事中控制是指项目施工过程中进行的进度控制,这是施工进度计划能否付诸实现的关键环节。一旦发现实际进度与目标偏离,必须及时采取措施以纠正这种偏差。事中控制具体包括以下内容:

(1)跟踪监督检查现场施工情况,包括承包人的资源投入、资源状况、施工条件、施工方案、现场管理和施工进度等。

(2)监督检查工程设备和材料的供应。

(3)做好监理日志,收集、记录、统计分析现场进度信息资料,并将实际进度与计划进度进行比较。分析进度偏差将会带来的影响并进行工程进度预测,审批或研究进度改进措施。

(4)协调施工干扰与冲突,随时注意施工进度计划的关键控制节点的动态。

(5)审核承包人提交的进度统计分析资料和进度报告。

(6)定期向发包人汇报工程实际进展状况,按期提供必要的进度报告。

(7)组织定期和不定期的现场会议,及时分析、通报工程施工进度状况,并协调各承包人之间的生产活动。

(8)检查、核实组织向承包人提供按合同规定应由发包人提供的施工条件。

(9)处理好施工暂停、施工索赔等问题。

(10)预测、分析和防范重大事件对施工进度的影响。

3)事后控制

(1)及时组织验收工作。

(2)整理工程进度资料。施工过程中的工程进度资料一方面为发包人提供有用信息,另一方面也是处理施工索赔必不可少的资料,必须认真整理,妥善保存。

(3)工程进度资料的归类、编目和建档。施工任务完成后,这些工程进度资料将作为今后类似工程项目上施工阶段进度控制的重要参考资料,应将其编目和建档。

2. 监理人施工进度控制的合同权限

在发包人与监理人签订的监理委托合同中,明确规定了发包人授予监理人进行施工合同管理的权限,并在发包人与承包人签订的施工合同中予以明确,作为监理人进行施工合同管理的依据。根据《合同条件》的有关规定,监理人施工进度控制的权限如下。

1)签发开工通知(或称进场通知)

《合同条件》第18.1款规定:“监理人应在专用合同条款规定的期限内,向承包人发出开工通知。承包人应在接到开工通知后及时调遣人员和调配施工设备、材料进入工地”。在《水利工程建设项目施工监理规范》(SL 288—2003)中称为“进场通知”。

开工通知具有十分重要的合同效力,对合同项目开工日期的确定、开始施工具有重要作用。《水利工程建设项目施工监理规范》(SL 288—2003)规定如下:

(1)监理机构应在施工合同约定的期限内,经发包人同意后向承包人发出进场通知,要求承包人按约定及时调遣人员和施工设备、材料进场进行施工准备。进场通知中应明确合同工期起算日期。

(2)监理机构应协助发包人向承包人移交施工合同,约定应由发包人提供的施工用地、道路、测量基准点以及供水、供电、通信设施等开工的必要条件。

(3)承包人完成开工准备后,应向监理机构提交开工申请。监理机构在检查发包人和承包人的施工准备满足开工条件后,签发开工令。

(4)由于承包人原因使工程未能按施工合同约定时间开工,监理机构应通知承包人在约定时间内提交赶工措施报告并说明延误开工原因,由此增加的费用和工期延误造成的损失由承包人承担。

(5)由于发包人原因使工程未能按施工合同约定时间开工,监理机构在收到承包人提出顺延工期的要求后,应立即与发包人和承包人共同协商补救办法。由此增加的费用和工期延误造成的损失由发包人承担。

监理机构应审批承包人报送的每一分部工程开工申请,审核承包人递交的施工措施计划,检查该分部工程的开工条件,确认后签发分部工程开工通知。

2)审批施工进度计划

《合同条件》第17条规定:“承包人应按《技术条款》规定的内容和期限以及监理人的指示,编制施工总进度计划报送监理人审批。监理人应在《技术条款》规定的期限内批复承包人。经监理人批准的施工总进度计划(称合同进度计划),作为控制本合同工程进度的依据,并据此编制年、季和月进度计划报送监理人审批。”“监理人认为有必要时,承包人应按监理人指示的内容和期限,并根据合同进度计划的进度控制要求,编制单位工程进度计划报送监理人审批。”

3)审批施工组织设计和施工措施计划

《合同条件》第5.5款规定:“承包人应按合同规定的内容和时间要求,编制施工组织设计、施工措施计划和由承包人负责的施工图纸,报送监理人审批,并对现场作业和施工方法的完备与可靠负全部责任。”

4)劳动力、材料、设备使用监督权和分包单位审核权

监理人有权深入施工现场监督检查承包人的劳动力、施工机械及材料等使用情况,并要求承包人做好施工日志,并在进度报告中反映劳动力、施工机械及材料等使用情况。

对承包人提出的分包项目和分包人,监理人应严格审核,提出建议,报发包人批准。

5）施工进度的监督权

《合同条件》第 17.2 款规定："（1）不论何种原因发生工程的实际进度与第 17.1 款所述的合同进度计划不符时，承包人应按监理的指示在 28 天内提交一份修订进度计划报送监理人审批，监理人应在收到该进度计划后的 28 天内批复承包人。批准后的修订进度计划作为合同进度计划的补充文件。""（2）不论何种原因造成施工进度计划拖后，承包人均应按监理人的指示，采取有效措施赶上进度。承包人应在向监理人报送修订进度计划的同时，编制一份赶工措施报告报送监理人审批，赶工措施应以保证工程按期完工为前提调整和修改进度计划。由于发包人原因造成施工进度拖后，应按第 20.2 款的规定办理；由于承包人原因造成施工进度拖后，应按第 20.3 款的规定办理。"

6）下达施工暂停指示或复工通知

监理人下达施工暂停指示或复工通知，应事先征得发包人同意。根据《合同条件》第 19 款规定：监理人向承包人发布暂停工程或部分工程施工的指示，承包人应按指示的要求立即暂停施工。不论由于何种原因引起的暂停施工，承包人应在暂停施工期间负责妥善保护工程和提供安全保障。工程暂停施工后，监理人应与发包人和承包人协商采取有效措施积极消除停工因素的影响。当工程具备复工条件时，监理人应立即向承包人发出复工通知，承包人收到复工通知后，应在监理人指定的期限内复工。

7）施工进度协调权

监理人在认为必要时，有权发出命令协调施工进度，这些情况一般包括：各承包人之间的作业干扰，场地与设施交叉，资源供给与现场施工进度不一致，进度拖延等。但是，这种进度的协调在影响工期改变的情况下，应事先得到发包人同意。

8）工期索赔的核定权

对于承包人提出的工期索赔，监理人有权组织核定，如核实索赔事件、审定索赔依据、审查索赔计算与证据材料等。监理人在从事上述工作时，作为公正的、独立的第三方开展工作，而不是仲裁人。

9）建议撤换承包人工作人员或更换施工设备

《合同条件》第 13.4 款规定："承包人应对其在工地的人员进行有效的管理，使其能做到尽职尽责。监理人有权要求撤换那些不能胜任本职工作或行为不端或玩忽职守的任何人员，承包人应及时予以撤换。"

《合同条件》第 15.5 款规定："监理人一旦发现承包人使用的施工设备影响工程进度或质量时，有权要求承包人增加或更换施工设备，承包人应予及时增加或更换，由此增加的费用和工期延误责任由承包人承担。"

10）完工日期确定

《合同条件》第 52.3 款规定，监理人收到承包人提交的完工验收申请报告后，应审核其报告的各项内容，并按以下不同情况进行处理：

（1）监理人审核后发现工程尚有重大缺陷时，可拒绝或推迟进行完工验收，但监理人应在收到完工验收申请报告后的 28 天内通知承包人，指出完工验收前应完成的工程缺陷修复和其他的工作内容与要求，并将完工验收申请报告同时退还给承包人。承包人应在具备完工验收条件后重新申报。

(2)监理人审核后对上述报告及报告中所列的工作项目和工作内容持有异议时,应在收到报告后的28天内将意见通知承包人,承包人应在收到上述通知后的28天内重新提交修改后的完工验收申请报告,直至监理人同意为止。

(3)监理人审核后认为工程已具备完工验收条件,应在收到完工验收申请报告后的28天内提请发包人进行工程验收。发包人应在收到完工验收申请报告后的56天内签署工程移交证书,颁发给承包人。

(4)在签署移交证书前,应由监理人与发包人和承包人协商核定工程的实际完工日期,并在移交证书中写明。

(二)施工进度控制的措施

监理人监督现场施工进度,是一项经常性的工作。《合同条件》第17.2款规定:

(1)不论何种原因发生工程的实际进度与合同进度计划不符时,承包人应按监理人的指示在28天内提交一份修订的进度计划报送监理人审批,监理人应在收到该进度计划后的28天内批复承包人。批准后的修订进度计划作为合同进度计划的补充文件。

(2)不论何种原因造成施工进度计划拖后,承包人均应按监理人的指示,采取有效措施赶上进度。承包人应在向监理人报送修订进度计划的同时,编制一份赶工措施报告报送监理人审批,赶工措施应以保证工程按期完工为前提调整和修改进度计划。

在施工进度检查、监督中,监理人如果发现实际进度较计划进度拖延,一方面应分析这种偏差对工程后续进度及工程工期的影响,另一方面应分析造成进度拖延的原因。若工期拖延属于发包人责任或风险,则应在保留承包人工期索赔权力的情况下,经发包人同意,作出正确处理:批准工程延期或发出加速施工指令,同时商定由此给承包人造成的费用补偿。若工期拖延属于承包人自己的责任或风险造成的进度拖延,则监理人可视拖延程度及其影响,发出相应的赶工指令,要求承包人加快施工进度,必要时应调整其施工进度计划,直到监理人满意为止。一般来说,在进度拖延责任属于承包人的情况下,如果承包人在合同规定的时间内,施工进度仍未有明显改观,则可以认为承包人违约,由此引起的工期延误和费用损失由承包人承担。需要强调的是,当进度拖延时,监理人切记不能不区分责任,一味指责承包人施工进度太慢,要求加快进度。这样处理问题极易中伤承包人的积极性和合作精神,对工程进展是无益处的。事实上,若进度拖延是属于发包人责任或发包人风险造成的,即使监理人没有主动明确这一点,承包人仍有权通过索赔得到利益补偿。

1.施工进度的监督、检查、记录

进度控制是一个动态过程,在施工过程中影响进度的因素很多。因此,监理人应对施工进度实施全过程的跟踪监督、检查。

1)施工进度监督、检查的日常监理工作

(1)现场监理人员每天应对承包人的施工活动安排、人员、材料、施工设备等进行监督、检查,促使承包人按照批准的施工方案、作业安排组织施工,检查实际完成进度情况,并填写施工进度现场记录。

(2)对比分析实际进度与计划进度的偏差,分析工作效率现状及其潜力,预测后期施工进展。特别是对关键线路,应重点作好进度的监督、检查、分析和预控。

(3)要求承包人作好现场施工记录,并按周、月提交相应的进度报告,特别是对于工期延误或可能的工期延误，应分析原因，提出解决对策。

(4)督促承包人按照合同规定的总工期目标和进度计划，合理安排施工强度，加强施工资源供应管理，做到按章作业、均衡施工、文明施工，尽量避免出现突击抢工、赶工局面。

(5)督促承包人建立施工进度管理体系，做好生产调度、施工进度安排与调整等各项工作，并加强质量、安全管理，切实做到"以质量促进度、以安全促进度"。

(6)通过对施工进度的跟踪检查，及早预见、发现并协调解决影响施工进度的干扰因素，尽量避免因承包人之间作业干扰，图纸供应延误、施工场地提供延误、设备供应延误等对施工进度的干扰与影响。

2)施工进度的例会监督检查

结合现场监理例会(如周例会、月例会)，要求承包人对上次例会以来的施工进度计划完成情况进行汇报，对进度延误说明原因；依据承包人的汇报和监理人掌握的现场情况，对存在的问题进行分析，并要求承包人提出合理、可行的赶工措施方案，经监理人同意后落实到后续阶段的进度计划中。

2. 关键线路的控制

在进度计划实施过程中，控制关键线路的进度，是保证工程按期完成的关键。因此，监理人应从施工方案、作业程序、资源投入、外部条件、工作效率等全方位，督促承包人加强关键线路的进度控制。

(1)加强监督、检查、预控管理。对每一标段的关键线路作业，监理人应逐日、逐周、逐月检查施工准备、施工条件和工程进度计划的实施情况，及时发现问题，研究赶工措施，抓住有利赶工时机，及时纠正进度偏差。例如，在某工程隧洞施工中，施工支洞至出口段为本标段的关键线路，按照当时的进展情况，工期延误可能性较大。监理人根据现场情况和经验，认为先浇筑隧洞底板，改善洞内交通条件，有利于加快进度。承包人依据监理人的建议及时调整了作业计划，使工程按期完工。又如，在某工程隧洞衬砌施工中，经过监理人的测算，认为承包人投入的模板数量不足，采用的散模作业时间较长，不能满足工期要求。监理人及时提出建议，承包人采取了增加模板数量以增加工作面，使用混凝土外加剂缩短工艺间歇时间，散模改为整体钢模台车等措施，保证了工程按期完工。

(2)研究、建议采用新技术。当工程工期延误较严重时，采用新技术、新工艺，是加快施工进度的有效措施。对这一问题，监理人应抓住时机，深入开展调查研究，仔细分析问题的严重性与对策。对于承包人原因造成的延误，应督促承包人及时提出相应措施方案；对于发包人原因造成的进度延误，监理人应协助发包人研究，比较相应的措施方案，对由于采用新技术引起的承包人的成本增加，应尽快与发包人、承包人协商解决，避免这一问题长期悬而未决，影响承包人的工作积极性，造成工程进度的进一步延误。

3. 逐月、逐季施工进度计划的审批及其资源核查

根据合同规定，承包人应按照监理人要求的格式、详细程度、方式、时间，向监理人逐月、逐季递交施工进度计划，以得到监理人的同意。监理人审批月、季施工进度计划的目的，是看其是否满足合同工期和总进度计划的要求。如果承包人计划完成的工程量或工程面貌满足不了合同工期和总进度计划的要求(包括防洪度汛、向后续承包人移交工作面、河床截流、下闸蓄水、工程竣工、机组试运行等)，则应要求承包人采取措施，如增加计

划完成工程量，加大施工强度，加强管理，改变施工工艺，增加设备等。同时，监理人还应审批施工进度计划对施工质量和施工安全的保证程度。

一般来说，监理人在审批月、季进度计划中应注意以下几点：

(1)首先应了解承包人上个计划期完成的工程量和形象面貌情况。

(2)分析承包人所提供的施工进度计划(包括季、月)是否能满足合同工期和施工总进度计划的要求。

(3)为完成计划所采取的措施是否得当，施工设备、人力能否满足要求，施工管理上有无问题。

(4)核实承包人的材料供应计划与库存材料数量，分析是否满足施工进度计划的要求。

(5)施工进度计划中所需的施工场地、通道是否能够保证。

(6)施工图供应计划是否与进度计划协调。

(7)工程设备供应计划是否与进度计划协调。

(8)该承包人的施工进度计划与其他承包人的施工进度计划有无相互干扰。

(9)为完成施工进度计划所采取的方案对施工质量、施工安全和环保有无影响。

(10)计划内容、计划中采用的数据有无错漏之处。

4. 防范重大自然灾害对工期的影响

在水利工程施工中，经常遇到超标准洪水、异常暴雨、台风等恶劣自然灾害的影响。因此，监理人应根据当地的自然灾害情况，指示承包人提前作好防范预案，尽量做到早预测、早准备、有措施。一方面，应抓住有利时机加快施工进度；另一方面，为防范和规避自然灾害可能对工期的重大影响作好充分准备。

小　结

本章内容重点阐述了以下三个方面内容：

(1)质量控制。概念、监理单位质量责任。质量控制的依据及控制的主要因素，施工阶段质量控制的内容。程序及监理工作制度，质量控制方法及施工过程的质量控制，工程质量事故的查处，质量控制的数理统计分析方法。

(2)投资控制。投资控制流程、工程计量、工程变更价款的管理和确定方法，常见的索赔内容及计算方法，投资偏差分析方法等。

(3)进度控制。概念、影响因素、任务、方法及措施，工程进度计划实施中的监测，施工阶段进度控制等。

复习思考题

1. 简述质量、投资、进度控制三者之间的关系。

2. 质量控制的主要因素有哪些？

3. 质量控制的方法有哪些？

4. 水利工程质量事故按照直接经济损失划分有哪些事故类别？处理工程质量事故的

原则是什么?

5. 常用的质量控制分析工具有哪几种?

6. 施工阶段影响投资控制的主要因素有哪几种?

7. 工程计量方法有哪几种?

8. 工程变更的原因和处理原则是什么?

9. 试述监理人进度控制的主要合同权限。

10. 建设工程施工阶段目标控制的主要任务是什么?

11. 简述施工进度控制的措施。

12. 监理工程师审批工程延期时应遵循什么原则?

13. 施工进度检查的主要方式有哪些?

14. 简述进度计划检查的内容。

15. 背景材料:某土方工程项目,项目业主与某施工单位签订了工程承包合同,估算工程量子项甲为5 300 m^3,合同工期6个月。合同单价甲项为180元/m^3,建设工程施工合同有以下规定:

(1)开工前业主应向施工单位支付合同价20%的预付款;

(2)业主自第1个月起,从施工单位的工程款中按5%的比例扣留保留金;

(3)当累积实际完成的工程量超过(或低于)估算工程量的10%时,可进行调价,调整系数为0.9(或1.1);

(4)监理工程师签发月度付款最低金额为15万元人民币;

(5)预付款从乙方获得累积工程款在超过估算合同价的30%以后的下一月起,至第5个月均匀扣除。

承包商每月完成并经签证确认的工程量见表2-3。

表2-3 每月实际完成工程量

月份	1	2	3	4	5	6
完成工程量(m^3)	800	1 000	1 200	1 200	1 200	500
累积完成工程量(m^3)	800	1 800	3 000	4 200	5 400	5 900

问题:

(1)估算合同价是多少?

(2)工程预付款是多少?

(3)请计算每月工程量价款为多少?监理工程师应签证的工程款是多少?实际签发的付款凭证金额是多少?

第三章 合同管理、信息管理与安全管理

第一节 工程建设项目合同管理

一、合同基本知识

（一）合同的概念

1999 年 3 月 15 日第九届全国人民代表大会第二次会议通过的《中华人民共和国合同法》（简称《合同法》）对合同作了如下定义：合同是平等主体的自然人、法人、其他组织之间设立、变更、终止民事权利义务关系的协议。合同的主体可以是自然人、法人、其他组织，可以是中国的，也可以是外国的。合同在内容上应是关于财产关系即民事债权和债务关系的协议。

（二）合同的形式

合同形式是当事人意思表示一致的外在表现形式。一般认为，合同形式可分为书面形式、口头形式和其他形式。口头形式是以口头语言形式表现合同内容的合同。书面形式是指合同书、信件和数据电文（包括电报、电传、传真、电子数据交换和电子邮件）等可以有形地表现所载内容的形式。其他内容有公证、审批、登记等形式。法律、行政法规规定应当采用书面形式或者当事人约定采用书面形式的，应当采用书面形式。

（三）合同的基本内容

《合同法》规定：合同的内容由当事人约定，一般应包括以下条款：当事人的名称或者姓名和住所、标的、数量、质量、价款或者报酬、履行期限、地点和方式、违约责任、解决争议的方法。

1. 当事人的名称或者姓名和住所

合同主体可以是自然人、法人、其他组织。明确合同主体，对了解合同当事人的基本情况、合同履行和确定诉讼管辖具有重要意义。自然人的姓名是指经户籍登记管理机关登记的正式用名。法人，是指具有民事权利能力和民事行为能力，并依法享有民事权利和承担民事义务的组织。企业、机关、事业单位、社会团体等组织，只要符合法定条件都可成为法人。

法人的本质是法律对一个社会组织的人格化，它是相对于自然人而言的。法人成立的必备条件有四个：依法成立，有独立支配的财产和经费，有自己的名称、组织机构和场所，能够独立承担民事责任。

2. 标的

标的是合同当事人双方权利和义务的共同指向的对象。标的的表现形式为物、劳务、行为、智力成果、工程项目等。没有标的的合同是空的，标的不明确的合同无法履行，合同

也不成立。

3. 数量

数量是衡量合同标的多少的尺度，以数字和计量单位来表示。

4. 质量

质量是标的的内在品质和外观形态的综合指标。签订合同时必须明确质量标准。对于强制性标准，当事人必须执行，合同约定标准不得低于相关强制性标准。

5. 价款或者报酬

价款或者报酬是当事人一方向交付标的的另一方支付的货币。合同条款中应写明有关银行结算和支付方法。

6. 履行期限、地点和方式

履行期限是当事人各方按照合同规定全面完成各自义务的时间。履行地点是当事人交付标的和支付价款或酬金的地点。

7. 违约责任

违约责任是任何一方当事人不履行或者不适当履行合同规定的义务而应当承担的法律责任。可以约定一方违约向另一方支付违约金的数额，或者违约金的计算方法。

8. 解决争议的方法

在合同履行过程中难免出现争议，应在合同中约定解决争议的办法；如果当事人希望通过仲裁作为解决争议的最终方式，必须在合同中约定仲裁条款。

（四）合同订立

1. 合同订立的基本原则

当事人之间订立合同是产生一定社会后果的法律行为，为保证合同的有效性，在合同的订立过程中应遵守以下基本原则。

1）合法原则

合法原则即订立合同时，必须遵守法律和行政法规，服从法律、法规的规定和要求。合法原则的内容如下：

（1）合同当事人的主体资格要合法；

（2）合同的内容必须合法、真实；

（3）代理要合法；

（4）程序和形式要合法。

2）平等、自愿原则

平等、自愿原则是《合同法》很重要的原则，合同当事人通过协商，自愿确立和调整相互间的权利关系。

3）公平、诚实信用原则

在订立合同过程中，应遵循平等互利、协商一致的原则，满足地位平等、权利平等、意志平等的要求。当事人有订立或不订立合同的自由。诚信原则是指合同双方当事人在签订合同过程中是诚实可靠、恪守信用的。

2. 合同的订立过程

在法律程序上，把订立合同的全过程划分为要约与承诺两个阶段。要约与承诺属于法律行为，当事人双方一旦做出相应的意思表示，就要受到法律的约束，否则必须承担法律责任。

1）要约

要约是指合同当事人一方向另一方提出订立合同的要求，提出要约方叫要约人，接受方称被要约人。要约是希望和他人订立合同的意思表示，该意思表示应当符合下列规定：

（1）表明经受要约人承诺，要约人即受该意思表示约束。

（2）内容具体确定，且限定在一定的期限内作出承诺的意思表示。

（3）要约是一种法律行为。它表现在要约规定的有效期限内，要约人要受到要约的约束。

2）承诺

承诺是指合同当事人一方对另一方发来的要约，在要约有效期限内，作出完全同意要约条款的意思表示。

承诺也是一种法律行为。承诺必须是要约的相对人在要约有效期限内以明示的方法作出，并送达要约人；承诺必须是承诺人作出完全同意要约的条款，方为有效。

（五）合同的有效性和合同的撤销

1. 合同生效

合同生效是指合同对双方当事人的法律约束力的开始。合同生效的条件如下：

（1）当事人具有相应的民事权利能力和民事行为能力；

（2）意思表示真实；

（3）不违反法律和社会公共利益。

2. 无效合同

《合同法》规定，有下列情形之一的，合同无效：

（1）一方以欺诈、胁迫的手段订立合同，损害国家利益；

（2）恶意串通，损害国家、集体或者第三者利益；

（3）以合法形式掩盖非法目的；

（4）损害社会公共利益；

（5）违反法律、行政法规的强制性规定。

合同无效确认权归人民法院或者仲裁机构，合同当事人或其他任何机构均无权认定合同无效。

3. 可以变更或撤销的合同条件

《合同法》规定，有下列条件的合同，当事人一方有权请求人民法院或者仲裁机构变更或者撤销：

（1）因重大误解订立的合同；

（2）在订立合同时显失公平的。

一方以欺诈、胁迫的手段或者乘人之危，使对方在违背真实意思的情况下订立的合同，受损害方有权请求人民法院或者仲裁机构变更或者撤销。当事人请求变更的，人民法院或者仲裁机构不得撤销。

(六)合同范本

为了避免合同责任约定不明确、风险责任划分不合理或遗漏,使合同履行过程中可能遇到存在问题的责任约定,我国的建设行政主管部门和国际权威机构,针对项目建设的不同类型合同,颁布了许多合同范本,以供当事人订立合同时参考使用。

我国建设行政主管部门颁布的合同范本有《建设工程勘察合同》、《建设工程设计合同》、《建设工程施工合同》、《建设工程委托监理合同》、《建设工程施工专业分包合同》、《建设工程施工劳务分包合同》、水利部和国家电力公司等编制的《水利工程施工监理合同示范文本》、《水利水电土建工程施工合同条件》等。国际咨询工程师联合会编制的《业主/咨询工程师标准服务协议书条件》(白皮书)、《土木工程施工合同条件》(红皮书)、《电气与机械工程合同条件》(黄皮书)、《工程总承包合同条件》(桔黄皮书)。这些范本被世界银行、亚洲开发银行等国际和区域发展援助金融机构作为实施项目的合同协议范本。

1. 合同范本的特点

1)普遍性

某一合同标准范本的通用条款,涵盖了该类合同履行过程中可能遇到的各种可能发生情况,它既包括了合同正常履行涉及的各种情况的责任和履行管理程序,也规定了非正常情况发生后当事人双方的权利和义务。

2)确定性

通用条款涉及面广,对当事人之间权利、义务约定明确,可以作为当事人履行合同的行为准则。

3)合理性

通用条款围绕实现合同标的的预期目的,合理划分各种情况下当事人之间的权利与义务,体现了公平、公正和诚实信用原则。

4)适用性

各类合同的标准化范本是在总结我国近几十年及国际上近百年的工程项目承包活动经验基础上编制的,而且这些范本每经过10年左右均要进行修订和补充,因此通用性和实用性较强。

2. 合同范本的内容

所有合同范本均采用协议书、通用条件(标准条件)、专用条件的格式编制,三部分内容共同构成对当事人权利和义务的约定。

1)协议书

协议书是一个内容简单的格式文件,包含工程概况、承包工作范围、合同工期和合同价款。协议书的作用表现为:一是确认双方达成一致意见的合同主要内容;二是确认合同文件的组成部分;三是确认合同主体双方,并签字盖章,约定合同生效;四是合同双方郑重承诺履行自己义务。

2)通用条件

通用条件是标准化范本的主要内容,分别针对合同履行可能涉及的各方面情况,详细地分条、款、目写明具体内容。其特点表现为:通用性强、覆盖面广。

3)专用条件

通用条款虽具有通用性,但不同地区、不同行业、不同工程有不同的特点,因此需对通用条件中有些条款予以必要变动,即合同范本中的专用条件部分。一般专用条件含有以下内容:通用条款中说明在专用条件内补充细化的内容,删除通用条件内不适合本工程项目的条款,增加通用条件中未包括的条款。

专用条件针对通用条件的不同条款进行选择、补充或修正,以使这部分内容更为完备,专用条件中的条款序号应与通用条件中需说明的条款序号相同。当合同中出现专用条款与通用条款有矛盾、歧义时,以专用条件的条款为准。

当事人可以参照各类合同的示范文本订立合同。对于水利工程监理合同,参照《水利工程施工监理合同示范文本》(GF—2007—0211)签订。监理合同的标的即"监理单位的监理服务"。

合同范本属于推荐性质,不具有强制性法律效力,其目的主要是避免当事人订立的合同条款不完备、责任划分不公平、管理程序不严谨,造成履行中的各种不便、理解歧义、产生合同争议等问题。

(七)合同担保

合同当事人为了使合同能够得到全面按约履行,根据《中华人民共和国担保法》和相关行政法规的规定,经协商一致而采取的一种具有法律效力的保护措施。担保的方式有保证、抵押、质押、留置或定金。施工合同、监理合同通常采用保证的担保形式,设计合同采用定金担保形式,贷款合同采用抵押或质押担保形式,运输合同、加工承揽合同采用留置担保形式。保证担保形式是指保证人和债权人约定,当被保证人不履行义务时,保证人按约定代其履行义务或承担赔偿责任的担保行为。保证的形式有企业法人出具的担保"保证书"或银行出具的担保"保函"。

二、委托监理合同的管理

监理合同的标的是"监理服务",因此招标人选择中标人的基本原则是"基于能力的原则"。监理服务是监理单位的高智能投入,服务工作完成的好坏不仅依赖于执行监理业务是否遵循了规范化管理程序,更多取决于参与监理工作人员的业务专长、经验、判断能力和创新想象能力,因此招标选择监理单位,鼓励能力竞争,而不是价格竞争。

委托监理业务的范围,可以是项目前期立项咨询、设计阶段、实施阶段、保修阶段的全部监理工作或某一阶段的监理工作。目前,我国实施施工阶段监理较普遍,正在向全面实施监理发展。施工阶段监理工作可包括:协助委托人选择承包人,组织设计、施工、设备采购招标;技术监督和检查;施工管理等。

委托监理合同是工程发包人(委托人)将项目建设过程中与第三方所签订的合同中履行的管理任务,以合同形式委托监理人负责监督、协调、管理的合同。监理合同属《合同法》规定的委托合同范畴。监理人接受委托在合同授权范围内代表委托人,对委托人与第三方所签订合同履行过程中的工程质量、工期和进度、建设资金使用等方面执行监理工作。

监理单位获得监理业务的方式有通过竞争(公开招标或邀请招标)、发包人的直接委托两种方式。

(一)监理合同的特点

1. 服务型合同

监理人受聘于委托人,为其与其他人签订的工程合同履行负责监督、管理、协调和服务。监理人凭借自己的知识、经验和技能在项目实施过程中为委托人服务,但监理人不是建筑产品的直接生产者。

2. 非承包性合同

首先,监理人不向委托人承包工程造价;其次,监理合同履行期限与其他合同履行直接相关,如非监理人的责任工程延期或延误,监理合同的期限也将顺延,在合同约定的有效期内,如果所监理工程因非监理人原因不能顺利完成,监理人不仅不对委托人承担赔偿工程延误损失责任,而且有权要求委托人对相应展延合同期内的服务工作给予额外的酬金补偿;再次,对工程质量缺陷,监理人不负直接责任,监理人仅负责质量的控制和检验,保质保量按期完成工程是其他合同承包实施者的义务。

3. 非经营性合同

工程建设涉及的合同大部分都是经营性合同。即承包者履行合同以赢利为目的,一方面合同承包价格内含有合理的预期利润,另一方面实施过程中通过加强管理、采用先进技术尽可能降低成本,以获取更大利润。而监理人接受委托,不是以经营性赢利为目的,而是以提供服务获得酬金,预期利润包括在签订的酬金内。

4. 合同内包括有授权内容

监理合同中有明确的授权范围。

水利部和国家工商行政管理总局颁布的《水利工程施工监理合同示范文本》(GF—2007—0211)是目前我国水利行业使用的监理合同示范文本。其内容包含:水利工程施工监理合同书、通用合同条款、专用合同条款、附件四个部分。

(二)监理合同的履行管理

1. 监理的三种工作

按委托工程的范围划分,监理的任务可以分为正常监理工作、附加监理工作和额外监理工作三大类。

1)正常监理工作

监理合同专用条件内注明的委托监理工作范围和内容,是订立合同时可以合理预见的工作,据此约定了监理工作时间和监理合同的酬金,这部分工作属于监理的正常工作。

2)附加监理工作

附加监理工作是指与完成正常工作相关,但在委托正常监理工作以外监理人应完成的工作。其一指:增加监理工作量或工作时间(由于委托人原因导致施工工程竣工时间拖延、工程变更,由于施工承包人原因致使施工进度滞后与计划进度、施工合同承包人的索赔,由于外界的人为或环境条件变化等原因,影响工程施工按计划完成)。其二指:增加监理工作的范围和内容(合同约定正常监理工作范围之外,增加新的工作内容)。

3)额外监理工作

额外监理工作是指服务内容和附加工作以外的工作,即非监理人的原因而暂停或终止监理业务,其善后工作及恢复监理业务前的准备工作。

由于附加工作和额外工作是委托正常工作之外要求监理人必须履行的义务,因此委托人在监理人完成工作后应另行支付附加监理工作酬金和额外监理工作酬金。

2. 委托人的权利和义务

1)委托人的权利

(1)授予监理人权限的权利。监理合同是要求监理人执行委托人与第三方签订的各种承包合同在履行过程中的监理,监理人需在委托人授权范围内对其他合同进行监督管理。监理人在授权范围内可对所监理的合同自主地采取各种措施进行监督、管理和协调,如果需处理超出委托权限范围的情况,须征得委托人同意。

(2)对其他合同承包人的选定权。委托人是建设资金的持有者和建筑产品的所有人,因此对工程建设的其他合同的承包人有选定权,监理人在选定其他合同承包人时只有建议权而无决定权。

(3)委托监理工程重大事项的决定权。委托人对工程规模、规划设计、生产工艺、设计标准和使用功能等要求的决定权,工程设计变更的决定权。

(4)对监理履行合同义务的监督权。对监理合同转让和分包的监督,对监理人员的控制和监督,对合同履行的监督权。

2)委托人的义务

(1)外部协调。

(2)与监理人做好配合工作。授权一位熟悉建设工程情况,并能迅速作出决定的常驻代表,对监理人提出书面要求作出决定的事宜作出书面决定。

(3)为监理人顺利履行合同义务做好协助工作。

3. 监理人的权利和义务

1)监理人的权利

(1)监理人有完成监理业务后获得酬金的权利、获得奖励的权利、终止合同的权利。

(2)监理人执行监理业务时可以行使以下权利:

①工程建设有关事项和工程设计的建议权;

②对实施项目的质量、工期和费用的监督控制权;

③工程建设有关协作单位组织协调的主持权;

④紧急情况下,为了工程和人身安全,尽管指令已超出委托人的授权范围且不能得到事先批准,也有权发布相关措施指示,随后尽快通知委托人;

⑤审核承包人索赔的权利。

2)监理人的义务

(1)尽职尽责履行监理义务。

(2)遵守保密义务。

(3)维护委托人的合法权益。

(4)公平地处理项目实施过程中发生的有关问题。虽然监理人不是被监理合同的当事人，但在相应的被监理合同中均有条款规定了监理人在该合同履行中的管理地位。标准条件规定：在委托工程范围内，委托人或承包人对对方的任何意见和要求，均必须首先向监理机构提出，由监理机构研究处置意见，再同双方协商确定。

4. 违约责任

在合同责任期内，如果监理人未按合同要求的职责勤恳认真服务，或者委托人违背了他对监理人的责任时，均应向对方承担赔偿责任。委托人违约应承担因违约对监理人造成的经济损失；因监理人过失造成经济损失，应向委托人进行赔偿，累积赔偿额不应超出监理酬金总额（除去税金）。

监理人的责任限度，在责任期内，如果因监理人过失造成经济损失，要负监理失职责任，监理人不对责任期以外发生的任何事情所引起的损失和损害负责，也不对第三方违反合同规定的质量要求和完工时限承担责任。

三、工程施工合同

（一）合同管理涉及的有关方

1. 发包人

通用条款规定，发包人指在协议书中约定，具有工程发包主体资格和支付工程价款能力的当事人以及取得该当事人资格的合法继承人。

2. 承包人

通用条款规定，承包人指在协议书中约定，被发包人接受具有工程施工承包主体资格的当事人以及取得该当事人资格的合法继承人。

3. 工程师

实行监理的工程项目，监理单位委派的总监理工程师在施工合同中称为“工程师”。总监理工程师是经监理单位法定代表人授权，派驻施工现场监理机构的总负责人，行使监理合同赋予监理单位的权利和义务，全面负责委托工程的监理工作。

（二）施工合同的分类（按计价方式划分）和组成以及 FIDIC 合同条件

1. 以计价方式进行分类

1）总价合同

总价合同是指在合同中确定一个完成项目的总价，承包单位据此完成项目全部内容的合同。

这类合同仅适用于工程量不太大且能精确计算、工期较短、技术不太复杂、风险不大的项目。采用这种合同类型要求建设单位必须准备详细而全面的设计图纸（一般要求施工详图）和各项说明，使承包单位能准确计算工程量。

2）单价合同

单价合同是承包单位在投标时，按招标文件列出的工程量清单确定工程费用的合同类型。

这类合同的适用范围比较广，其风险可以得到合理的分担，并且能鼓励承包单位通过提高工效等手段从成本节约中提高利润。这类合同能够成立的关键在于双方对单价和工程量计算方法的确认。在合同履行中需要注意的问题则是双方对实际工程量计量的确认。

3)成本加酬金合同

成本加酬金合同,是由业主向承包单位支付工程项目的实际成本,并按事先约定的某一种方式支付酬金的合同类型。

在这类合同中,业主需承担项目实际发生的一切费用,因此也就承担了项目的全部风险。而承包单位由于无风险,其报酬往往也较低。

这类合同的缺点是业主对工程总造价不易控制,承包商也往往不注意降低项目成本。这类合同主要适用于以下项目:

(1)需要立即开展工作的项目,如震后的救灾工作;

(2)新型的工程项目,或对项目工程内容及技术经济指标未确定;

(3)风险很大的项目。

2.施工合同文件的组成及解释顺序

施工合同文件的内容组成及解释顺序如下,排列于前的,解释顺序优先:

(1)施工合同协议书;

(2)中标通知书;

(3)投标书及其附件;

(4)施工合同专用条款;

(5)施工合同通用条款;

(6)标准、规范及有关技术文件;

(7)图纸;

(8)工程量清单;

(9)工程报价单或预算书。

双方有关工程的洽商、变更等书面协议或文件视为协议书的组成部分。

3. FIDIC 合同条件

“FIDIC”是国际咨询工程师联合会法语名称(Fédération Internationale Des Ingénieurs Conseils)的字头缩写,FIDIC 的本义是指国际咨询工程师联合会这一独立的国际组织。习惯上有时也指 FIDIC 条款或 FIDIC 方法。FIDIC(国际咨询工程师联合会)于 1913 年由欧洲五国独立的咨询工程师协会在比利时根特成立,现在瑞士洛桑。FIDIC 成立 90 多年来,对国际实施的工程建设项目起到了重要作用。该会编制的《业主/咨询工程师标准服务协议书条件》(白皮书)、《土木工程施工合同条件》(红皮书)、《电气与机械工程合同条件》(黄皮书)、《工程总承包合同条件》(桔黄皮书)被世界银行、亚洲开发银行等国际和区域发展援助金融机构作为实施项目的合同协议范本。

(三)施工准备阶段的合同管理

1.施工图纸

在工程准备阶段,发包人应完成施工图设计文件的审查。施工图纸经过工程师的审核签认后,在合同约定的日期前发放给承包人,以保证承包人及时编制施工进度计划和组织施工;有些由承包人负责设计的图纸,应在合同约定的期限内将经过行政法规规定的审查程序批准的设计文件提交工程师审核,经过工程师签认后才可以使用。

2. 施工进度计划

承包人应当在合同专用条款约定的日期将施工组织设计和施工进度计划提交工程师审核，工程师应予以确认或者提出修改意见。工程师未在约定期限内确认或者提出修改意见，则视为同意。工程师对进度计划的认可，不免除承包人对施工组织设计和施工进度计划本身缺陷所应承担的责任。施工进度计划经工程师予以认可，主要目的是作为发包人和工程师依据计划进行协调核对施工进度控制的依据。

3. 合同双方做好施工前的有关准备工作

发包人应按专用条款规定使施工现场具备施工条件，承包人做好施工人员和设备的调配工作。监理工程师做好水准点和坐标控制点的交验工作。

4. 开工

承包人应该在专用条款约定的时间按时开工，以便保证在合理的工期内及时竣工。但在特殊情况下，工程的准备工作不具备开工条件时，应考虑延期开工。但应按合同的约定来区分延期开工的责任。

1）承包人要求的延期开工

如果是承包人要求的延期开工，则工程师有权作出是否同意延期开工的决定。承包人不能按时开工，应在不迟于协议书的开工日期前 7 天，以书面形式向工程师提出延期开工的理由和要求。工程师在接到延期开工申请后的 48 h 内应予以审核批准，如未在 48 h 内答复，视为同意承包人的要求，工期相应顺延；如果工程师审核不同意延期要求，则工期不应顺延；如果承包人未在规定的时间内提出延期开工要求，也未按时开工，工期也不予顺延。

2）发包人原因的延期开工

因发包人的原因致使工程现场不具备施工的条件，影响了承包人不能按照协议书约定的开工日期开工时，工程师应以书面形式通知承包人推迟开工日期。发包人应当赔偿承包人因此造成的损失，并可相应顺延工期。

5. 工程的分包

承包人出于自身能力的考虑，可能将部分自己没有实施资质的特殊专业工程分包，也可将部分较简单的工作内容分包。包括在承包人投标书内的分包计划，发包人通过接受投标书已表示了认可，如果施工合同履行过程中承包人又提出分包要求，则需要经过发包人的书面同意。发包人控制工程分包的基本原则是：主体工程的施工任务不允许分包，主要工程量必须由承包人完成。

施工合同范本的通用条件规定，未经发包人同意，承包人不得将承包工程的任何部分分包，工程分包不得解除承包人的任何责任和义务。

经过发包人同意的分包工程，承包人选择的分包人需要提请工程师同意。工程分包不能解除承包人对发包人应承担在该工程部位施工的合同义务。

6. 支付工程预付款

合同约定有工程预付款时，发包人应该按规定的时间和数额支付预付款，预付时间不迟于约定的开工日期前 7 天。

（四）施工过程的合同管理

1. 对材料和设备的控制

1）发包人供应的材料设备

发包人应按合同专用条款的材料设备供应一览表，按时按质按量将采购的材料和设备运抵施工现场。发包人应当向承包人提供材料设备的合格证明，并对其质量负责。在其到货前 24 h 以书面形式通知承包人，由承包人与发包人共同清点接受。发包人供应的材料设备与合同约定不符时，应由发包人承担有关责任。

2）承包人采购的材料和设备

承包人应按合同专用条款约定及设计和有关标准要求采购，并提供产品合格证明，对材料设备质量负责。在材料到货前 24 h 应通知工程师，以便共同进行到货清点，如果材料设备与设计或标准不符时，承包人应在工程师要求的时间内运出工地，并承担由此发生的费用和耽误的工期。

2. 对施工质量的监督管理

1）工程质量标准

工程师依据合同约定的质量标准对承包人的工程质量进行检查，达到或超过约定标准，给予质量认可，达不到要求时，予以拒收。不论何时工程师发现质量达不到约定标准的工程部分，均可要求承包人返工，由承包人承担返工费用，工期不予顺延。由于发包人原因达不到约定标准，由发包人承担返工的追加合同价款，工期相应顺延。

2）施工过程中的检查和返工

承包人应按标准、规范和设计要求以及工程师依据合同发出的指令施工，随时接受工程师及其委派人员的检查检验，并为检查检验提供便利。工程师对达不到约定标准的工程部分，可要求承包人拆除和重新施工，承包人应按工程师及其委派人员的要求拆除和重新施工，承担由于自身原因导致拆除和重新施工的费用，工期不予顺延。

经过工程师检验合格后，又发现因承包人原因出现质量问题，仍由承包人承担责任，赔偿发包人的直接经济损失，工期不予顺延。工程师的检验原则上不应影响工程正常进行，如果影响了，以检查结果确定后果责任由何方承担。检查结果不合格由承包人承担；其余由发包人承担，并顺延工期。

因工程师的指令失误和其他非承包人原因追加的合同价款，由发包人承担。

3）隐蔽工程、中间验收、重新检验

工程具备隐蔽条件或达到中间验收条件，承包人先行自检，并在隐蔽或中间验收前 48 h 以书面形式通知工程师验收。工程师接到请求后，应在约定时间与承包人共同进行检查验收。若合格，工程师在验收记录上签字后，承包人才可往下进行；若不合格，承包人应在工程师限定的时间内修改后重新验收。如果工程师不能按时进行验收，应在承包人通知验收时间前 24 h，以书面形式提出不超过 48 h 的延期验收。如果工程师未按要求提出延期验收，又未按时参加验收，承包人可自行组织验收，将有关验收程序、结果报与工程师，本次验收视为有工程师在场的验收。

经工程师验收符合有关标准，验收 24 h 后，工程师不在记录上签字，视为工程师已经认可验收记录，承包人可以往下进行。

无论工程师是否参加验收，当对某部分已验收或隐蔽工程质量有怀疑时，都可要求承包人对其剥离、开孔重新检查，并在检查后覆盖或修复。重新检查结果表明质量合格，发包人承担由此发生的追加合同价款，赔偿承包人损失，顺延工期；如不合格，承包人承担全部费用，工期不予顺延。

3.施工进度管理

开工后承包人应按工程师确认的进度计划组织施工，接受工程师检查监督。如出现实际进度与计划进度有较大差异时（不论超前或滞后），工程师都有权通知承包人修改进度计划。因承包人原因造成实际进度滞后于计划进度，所有后果由承包人承担。工程师对修改后进度计划确认，并不是工程师对工程延期的批准，而仅是要求承包人在合理状态下施工。

1）暂停施工

暂停施工分为工程师指示的暂停施工和由于发包人不能按时支付的暂停施工。

工程师指示的暂停施工原因有：外部条件的变化，发包人应承担责任的原因（发包人未能按时移交施工现场或通道，由其定的设备不能按时到货，施工中遇到有考古价值的文物或古迹等），协调管理原因，承包人原因。发生以上情况，工程师应当发出书面暂停施工通知，并在48 h内提出书面处理意见。承包人按工程师意见处理后，可提出书面复工要求，工程师接到复工通知后48 h内给予相应答复。停工责任在发包人，由发包人承担所发生的追加合同价款，并赔偿承包人由此产生的损失，顺延工期。停工是承包人的责任，承包人承担所发生的费用，工期不予顺延。

由于发包人不能按时支付的暂停施工，施工合同范本通用条款中规定：发包人不能按时支付预付款，承包人在约定时间7天后向发包人发出预付通知，发包人收到通知后仍不能按要求支付，承包人可以在发出通知后7天暂停施工。发包人不按合同规定及时向承包人支付工程进度款，且双方未达成延期付款协议，承包人可以停止施工，由发包人承担违约责任。

2）工期延误

由于社会原因、人为条件、自然条件和管理水平等因素影响，可能导致工期延误。是否应给予承包人工期延长，应根据合同责任来判定。

可以顺延工期的条件（合同范本通用条件规定）如下：

（1）发包人不能按合同专用条件约定提供开工条件；

（2）发包人不能按合同约定日期支付工程预付款、进度款，致使工程不能正常进行；

（3）工程师未按合同约定提供所需指令、批准等，致使工程不能正常进行；

（4）设计变更和工程量增加；

（5）一周内非承包人原因停水、停电、停气造成停工累计超过8 h；

（6）不可抗力；

（7）专用条款中约定或工程师同意工期顺延的其他情况。

工期可以顺延的根本原因在于，属于发包人违约或者应当由发包人承担的风险。

承包人在工期可以顺延情况发生后14天内，应当将延误的工期向工程师提出书面报告；工程师应在接到报告后14天内予以确认答复，逾期不予答复，则视为报告被确认。经工程师确认顺延的工期，应纳入合同工期，作为合同工期的一部分。

4. 设计变更管理

施工合同示范文本中将工程变更分为工程设计变更和其他变更两类。

1) 工程变更的处理

监理机构应按下列程序处理工程变更：

(1) 设计单位对原设计存在的缺陷提出的工程变更，应编制设计变更文件；建设单位或承包单位提出的变更，应提交总监理工程师，总监理工程师组织专业监理工程师审查。审查同意后，应由建设单位转交原设计单位编制设计变更文件。当工程变更涉及安全、环保等内容时，应按规定经有关部门审定。

(2) 项目监理机构应了解实际情况和收集与工程变更有关的资料。

(3) 总监理工程师必须根据实际情况、设计变更文件和其他有关资料，按照施工合同的有关款项，在指定的专业监理工程师完成确定工程变更项目与原工程项目之间的类似程度和难易程度、确定工程变更项目的工程量、确定工程变更的单价或总价工作后，对工程变更的费用和工期作出评估。

(4) 总监理工程师应就工程变更费用及工期的评估情况与承包单位进行协调。

(5) 总监理工程师签发工程变更单。工程变更单应包括工程变更要求、工程变更说明、工程变更费用和工期、必要的附件等内容，有设计变更文件的工程变更应附设计变更文件。

(6) 项目监理机构根据项目变更单监督承包单位实施。在建设单位和承包单位未能就工程变更的费用等方面达成协议时，项目监理机构应提出一个暂定的价格，作为临时支付工程款的依据。该工程款最终结算时，应以建设单位与承包单位达成的协议为依据。在总监理工程师签发工程变更单之前，承包单位不得实施工程变更。未经总监理工程师审查同意而实施的工程变更，项目监理机构不得予以计量。

2) 变更价款的确定

承包人在工程变更确定后14天内，可提出变更设计的追加合同价款，经工程师确认后相应调整合同价款。如果未在14天内提出，可视为该项变更不涉及合同价款的调整。工程师收到承包人提出的变更合同价款报告后14天内，应对此予以确认或者作出其他答复；无正当理由未予确认或答复，自报告送达之日14天后，视为变更价款报告已被确认。工程师批准增加的变更价款，与工程进度款同期支付。确定变更价款应遵循以下原则：

(1) 合同中有适于变更工程的价格，按合同已有价格变更合同价款；

(2) 合同中只有类似变更工程的价格，可以参照类似价格变更合同价款；

(3) 合同中没有适用或类似变更工程的价格，由承包人提出适当的变更价格，由工程师确认后执行。

5. 工程量确认

由于签订合同时在工程量清单内开列的工程量是估计工程量，实际施工中可能与其有差异，因此发包人在支付工程款前对承包人完成实际工程量予以确认核实。承包人按合同专用条款向工程师提交已完工程量报告；工程师接到报告后7天内，按图纸核实已完工程量，并在现场实际计量前24 h通知承包人共同参加，承包人为计量提供条件并派人参加。承包人收到通知后不参加计量,工程师单方面计量有效;如果未通知致使承包人没有参加计量,工程师单方计量结果无效。工程师在接到报告7天内未进行计量,从第8天起,承包人报告中开列的工程量即视为已被确认,作为支付依据。

工程量计量原则:工程师对照图纸(包括批准的设计变更),只对承包人已完的永久工程合格部分工程量进行计量。对承包人超出图纸范围的工程量不予计量,因承包人原因造成的返工工程量不予计量。

6. 支付管理

1)工程进度款的支付

(1)经过核实的完成工程量对应工程量清单或报价单的相应价格计算应支付的工程款;

(2)设计变更应调整的合同价款;

(3)本期应扣回的工程预付款;

(4)根据合同允许调整合同价款原因应补偿承包人的款项和应扣减的款项;

(5)经过工程师批准的承包人索赔款等。

2)发包人的支付责任

发包人应在双方计量确认后14天内向承包人支付工程进度款。发包人超过约定时间不支付工程进度款,承包人可向发包人发出要求付款通知。发包人接到通知后仍不能按要求支付,可与承包人协商签订延期付款协议,经承包人同意后延期支付。未达成协议,导致施工无法进行,承包人可停止施工,由发包人承担违约责任。延期协议中须明确延期支付时间,以及从计量结果确认后第15天起计算应付款的贷款利息。

7. 不可抗力

不可抗力是指合同当事人不能预见、不能避免,并不能克服的客观情况。建设工程施工中的不可抗力包括因战争、动乱、空中飞行物坠落或其他非发包人和承包人责任造成的爆炸、火灾,以及专用条款中约定的风、雨、雪、洪水、地震等自然灾害。专用条款中约定达到什么标准的地震、风等属不可抗力。

1)不可抗力发生后的合同管理

不可抗力发生后承包人应在力所能及的条件下迅速采取措施,以尽量减少损失,并在不可抗力事件结束后48 h内向工程师通报受灾情况和损失情况,及预计清理和修复费用。不可抗力持续发生,承包人每隔7天向工程师报告一次受损害情况,并在事件结束后14天内,向工程师提交清理和修复费用的正式报告及有关资料。

2)不可抗力事件的合同责任

合同约定工期内,因不可抗力导致费用及延误的工期,双方应按以下原则分别承担:

(1)工程本身的损害、因工程损害导致第三方人员伤亡和财产损失以及运至工地用于施工的材料和待安装的设备的损害,由发包人承担;

(2)承发包双方人员的伤亡损失,分别由各自负责;

(3)承包人机械设备损坏及停工损失,由承包人承担;

(4)停工期间,承包人应工程师要求留在施工现场的必要管理人员及保卫人员的费用由发包人承担;

(5)工程所需清理、修复费用,由发包人承担;

(6)延误的工期相应顺延;

(7)迟延履行合同期间发生的不可抗力,因合同一方迟延履行合同后发生的不可抗力,不能免除迟延履行方的责任。

(五)竣工验收阶段合同管理

工程验收是合同履行中的一个重要工作阶段,工程未经竣工验收或竣工验收未通过的,发包人不得使用。发包人强行使用时,由此发生的质量问题及其他问题,由发包人承担责任。竣工验收分为分项工程验收和整体工程验收两大类,视施工合同约定的工作范围而定。

1.竣工验收需满足的条件

依据施工合同范本通用条款和法规的规定,竣工工程必须符合下列基本要求:

(1)完成工程设计和合同约定的各项内容。

(2)施工单位在工程完工后对工程质量进行了检查,确认工程质量符合有关工程建设强制性标准,符合设计文件及合同要求,并提出工程竣工报告。工程竣工报告应经项目经理和施工单位有关负责人审核签字。

(3)对于委托监理的工程项目,监理单位对工程进行了质量评价,具有完整的监理资料,并提出工程质量评价报告。工程质量评价报告应经总监理工程师和监理单位有关负责人审核签字。

(4)勘察、设计单位对勘察、设计文件及施工过程中由设计单位签署的设计变更通知书进行了确认。

(5)有完整的技术档案和施工管理资料。

(6)有工程使用的主要建筑材料、建筑构配件和设备合格证及必要的进场试验报告。

(7)有施工单位签署的工程质量保修书。

(8)有公安消防、环保等部门出具的认可文件或准许使用文件。

(9)建设行政主管部门及其委托的工程质量监督机构等有关部门责令的问题全部整改完毕。

2.竣工验收程序

工程具备竣工验收条件,发包人按国家工程竣工验收有关规定组织验收工作。

1)承包人申请验收

工程具备竣工验收条件,承包人向发包人申请工程验收,递交工程验收报告并提供完整的竣工资料。实行监理的工程,工程竣工报告必须经总监理工程师签署意见。

2)发包人组织验收

对符合竣工验收要求的工程,发包人收到工程竣工报告28天内,组织勘察、设计、施工、监理、质量监督机构和其他有关方面的专家组成验收组,制订验收方案。

3)验收步骤

由发包人组织工程竣工验收。验收工程主要包括以下内容:

(1)发包人、承包人、勘察、设计、监理单位分别向验收组汇报工程合同履约情况和在工程建设各个环节执行法律、法规和工程建设强制性标准的情况;

(2)验收组审阅建设、勘察、设计、监理单位提供的工程档案资料；

(3)查验工程实体质量；

(4)验收组通过查验后，对工程施工、设备安装质量和各管理环节等方面作出总体评价，形成工程竣工验收意见。

参与工程竣工验收的发包人、承包人、勘察、设计、监理单位等各方不能形成一致意见时，应报告当地建设行政主管部门或监督机构进行协调，待意见一致后，重新组织工程竣工验收。

3. 验收后的管理

发包人在验收后14天内给予认可或提出修改意见。竣工验收合格的工程移交给发包人运行使用，承包人不再承担工程保管责任。需要修改缺陷的部分，承包人应按要求进行修改，并承担由自身原因造成的费用。

(1)发包人收到承包人送交的验收报告后28天内不组织验收，或验收后14天内不提出修改意见，视竣工验收报告已被认可。同时，从第29天起，发包人承担工程保管及一切意外责任。

(2)因特殊原因，发包人要求部分单位工程或工程部位甩项竣工的，双方应另行签订甩项竣工协议，明确双方责任和工程价款的支付方法。

(3)中间竣工工程的范围和竣工时间，由双方在专用条款内约定，其验收程序与上述规定相同。

4. 竣工时间的确定

工程竣工验收通过，承包人送交竣工验收报告的日期为实际竣工日期。工程按发包人要求修改后通过竣工验收的，实际竣工日期为承包人修改后提请发包人验收的日期。这个日期的重要作用是用于计算承包人的实际施工期限，与合同约定的工期比较是提前竣工还是延误竣工。

合同约定的工期指协议书中写明的时间与施工工程中遇到合同约定可以顺延工期条件情况后，经过工程师确认应给予承包人顺延工期之和。

承包人的实际施工期限，从开工日期起到上述确认为竣工日期之间的日历天数。开工日期正常情况下为专用条款内约定的日期，也可能是由于发包人或承包人要求延期开工，经工程师确认的日期。

第二节　工程建设项目信息管理

一、项目监理机构的信息管理

(一)信息、信息系统、信息管理

1. 信息

信息就是“消息”，是在某种意义上的“情报”。信息是客观事物的反映，也是事物的客观规律。目前，信息还没有一个统一的定义，一般可以这样认为，信息是经过加工解释之后对人们有用的数据。

2. 信息系统

信息系统是由人和计算机等组成的,以系统思维为依据,以计算机为手段,进行数据(情况)收集、传递、处理、存储、分发、加工产生信息,为决策、预测和管理提供依据的系统。

一个监理单位和每一个项目监理机构都应建立信息管理系统,配备熟悉工程项目管理业务并经过培训的信息管理人员,以正确地获得和高效、安全、可靠地使用所需要的信息。

3. 监理信息系统

监理信息系统是建设工程信息系统的一个组成部分,建设工程信息系统由建设单位、勘察设计单位、施工承包单位、工程监理单位、建设行政主管部门、建设材料设备供应单位等各自的信息系统组成,监理信息系统是建设工程信息系统的一个子系统,也是监理单位整个信息系统的一个子系统。

4. 信息管理

所谓信息管理,是指对信息的收集、加工整理、储存、传递与应用等一系列工作的总称。信息管理的目的就是通过有组织的信息流通,使决策者能及时、准确地获得相应的信息。为了达到信息管理的目的,就要把握好以下几个环节:

(1)了解和掌握信息来源,对信息进行分类;

(2)掌握和正确运用信息管理的手段(如使用计算机并选用适用的程序软件);

(3)掌握信息流程的不同环节,建立信息管理系统。

(二)建设工程项目信息管理

建设工程监理的主要方法是控制,控制的基础是信息,信息管理是工程监理任务的主要内容之一。信息管理工作的好坏,将直接影响着监理工作的成败。监理工程师应重视建设工程项目的信息管理工作,掌握信息管理方法。

1. 建设工程项目信息的构成

由于建设工程信息管理工作涉及多部门、多环节、多专业、多渠道,工程信息量大、来源广泛、形式多样。主要信息形态有:文字图形信息(包括勘察、测绘、设计图纸及说明书、合同,工作条例及规定,项目施工组织设计,情况报告,原始记录,统计图表、报表,信函等信息)、语言信息(包括口头分配任务、工作指示、汇报、工作检查、谈判交涉、建议、批评、工作讨论和研究、会议等信息)、新技术信息(包括通过网络、电话、电报、电传、计算机、电视、录像、录音、广播等现代化手段收集及处理的一部分信息)。

2. 建设工程项目信息的分类

1)按照建设工程的目标划分

可分为投资控制信息、质量控制信息、进度控制信息、合同管理信息、安全管理信息。

2)按照建设工程项目信息的来源划分

可分为项目内部信息(建设工程项目各个阶段、各个环节、各有关单位发生的信息总体)、项目外部信息(来自项目外部环境的信息)。

3. 建设工程项目信息管理的基本任务

信息是监理工程师决策的依据,也是监理工程师实施控制的基础,是进行协调的重要媒介。监理工程师作为项目管理者，承担着项目信息管理的任务，负责收集项目实施情况的信息，做各种信息处理工作，并向上级、向外界提供各种信息，它的信息管理任务主要包括以下内容：

(1)组织项目基本情况信息的收集并系统化，编制成项目基本情况资料。项目管理的任务之一是：按照项目的任务，按照项目的实施要求，设计项目实施项目管理中的信息和信息流通，确定它们的基本要求和特征，并保证在实施过程中信息顺利流通。

(2)项目报告及各种资料的规定，例如资料的格式、内容、数据结构要求。

(3)按照项目实施、项目组织、项目管理工作过程建立项目管理信息系统流程，在实际工作中保证这个系统的正常运行，并控制流程。

(4)文件档案管理工作。有效的项目管理需要更多地依靠信息系统的结构和维护。信息管理影响组织和整个项目系统的运行效率，是人们沟通的桥梁，监理工程师应对它有足够的重视。

二、建设项目的原始资料收集

原始资料收集，就是将时间和空间上分散的一些资料进行集中。它是管理信息处理的基础，其收集要制度化、规范化，要明确收集的时间和次数或数量，并保证原始资料的完整和真实。

对于业主和监理工程师，在工程施工阶段的管理中，原始的资料收集分为施工前和施工过程中两个阶段。

(一)施工前的原始资料

施工前的原始资料收集包括：批准的可行性研究报告及其他资料(规划许可、土地使用、可行性研究报告及审批手续、施工许可、质量监督注册、安全监督注册等)；工程设计文件及有关资料(勘察报告、初步设计、指标设计、施工图设计产生的有关信息)；施工承包合同文件及有关资料(工程承包、材料供应等合同)。

(二)施工过程中的资料

施工过程中的资料来源可分为来自业主方、承包商、监理三个方面。

1. 来自业主方的信息

业主在工程施工过程中按照合同文件规定提供相应施工条件，并可表达对工程建设的意见，或者下达指令，对工程变更的处理等。监理工程师应及时收集整理。

当业主负责某些材料的供应时，监理工程师需要收集业主所提供材料的品种、数量、规格、价格，提(交)货地点、提货方式等信息，也应注意收集材料材质证明、检验(试验)资料。

业主对施工过程中有关进度、质量、投资、合同、安全等方面的看法和意见，工程变更的处理意见。

2. 来自承包商的信息

承包商是工程建设的具体实施者，现场发生的各种情况，包含了大量信息，承包商必须掌握收集的信息内容，必须保证信息的及时性、完整性。监理工程师也必须重视这些信息的收集：承包商的施工组织设计、施工方案、进度计划、各种现场管理制度、各种施工项目的自检报告、质量问题报告、有关问题的处理等。

3. 来自监理的信息

1) 监理工程师的监理记录

业主方将对承包商的部分管理权力委托监理单位实施，监理单位又由派驻工地的监理项目部完成委托工作。在这个阶段，监理工程师要形成大量的工程管理资料，也是监理工程师履行监理合同义务的证明。

(1)现场监理人员的日报表。记录当天天气情况、施工部位、施工内容、参加施工人员、所用施工机械、所用建筑材料，当天发生的施工质量问题、进度情况、工程变更等。

(2)承包商向监理工程师或业主申报的各种报告或申请。含承包商提交的开工报告、修改设计报告、施工组织设计(施工方案)、施工组织和施工质量保证措施报告、检查或验收申请等。

(3)施工现场监理人员的日记。应记录当天对施工现场的检查验收、当天作出的重要决定、对承包商发出的指示、当天发生的纠纷等。

(4)监理工程师对承包商的重要指示。主要指发出的监理工程师通知单、监理文件等正式函件。

(5)监理工程师下达给承包商的设计图纸及补充图纸内容、编号等。

2) 会议记录

在施工现场监理工程师经常主持召开各种会议，主要分为监理例会和专题工地会议。

(1)监理例会。

在工程施工过程中，总监理工程师应定期召开(第一次监理例会由建设单位主持)监理例会，一般每周召开一次。主要参加人员：建设单位与业主施工现场代表；承包单位项目经理部经理及技术负责人，各专业有关人员；项目监理机构总监理工程师、总监理工程师代表、各专业监理工程师、监理员以及其他监理人员；如涉及勘察、设计单位，工程分包单位时，可请其派员参加。

会议的议题应根据工程进展情况，当前施工中存在的突出的、亟待解决的问题，以及各方的意见选定，要密切联系工作实际，突出重点。议题范围：上次会议议决事项的执行情况；进度计划执行情况；工程质量状况，对存在的工程质量问题，讨论并制定改进措施；安全生产情况，并明确下阶段重点监控的部位和措施；工程量核定及工程款支付情况；通报违约及工期、费用索赔的意见及处理情况；解决需要协调的有关事项和其他当前亟待解决的、需要在会上通报的或在会上研究的事项。

会议纪要：由总监理工程师指定专人，使用专用的记录本负责监理例会的记录。根据记录整理、编写会议纪要。监理例会纪要是重要的信息传递文件，其议定的事项对建设各方都有约束力，并且在发生争议或索赔时是重要的法律文件，各项目监理机构都应予以足够的重视。监理例会的记录本、会议纪要及反馈的书面文件应作为监理资料存档。

(2)专题工地会议。

专题工地会议是解决施工中的技术问题、安全问题、管理问题及专业协调工作而组织召开的会议。会议由总监理工程师根据工作需要组织召开，建设单位、承包单位提出建议，总监理工程师审定同意后也可召开。专题工地会议由总监理工程师或指定的监理工程师主持，有关各单位的有关人员参加。会议召开前应充分做好准备工作，主要有：确定中心议题,确定会议参加人员,准备会议资料,落实会议地点、时间并发出会议通知,明确中心发言人及记录人员等。

会议记录及会议纪要的编写可参照监理例会的有关规定执行。

3)监理月报

编写监理月报是一项重要的信息管理工作,正在监理的工程项目,每月均应编制监理月报,报送建设单位、所属监理单位及有关部门。各项目监理机构应按监理单位规定的统一格式编写内容。监理月报的编写由总监理工程师指定专人负责,各专业监理工程师和信息管理员负责提供本专业或职务分工部分的资料与数据,总监理工程师审阅把关。项目监理机构全体人员共同动手,分工协作按时编制完成。监理月报的统计周期为上月的26日至本月的25日。

三、建设项目信息处理

建设项目信息处理一般包括收集、加工整理、传输、存储、检索和应用六个阶段。

收集到的原始监理资料,需要进行加工,使其成为有用的信息。信息的加工整理就是对收集到的大量原始信息进行筛选、分类、排序、压缩、分析、比较、计算,使其标准化、系统化,形成标准的、系统的信息资料。通过信息的加工整理,一方面可以掌握工程建设施工过程中的质量控制、进度控制、投资控制、合同管理、安全管理情况;另一方面可直接或借助数学模型预测工程建设未来进展状况,为监理工程师作出正确的决策提供可靠的依据。

信息的传输是指信息借助于一定的载体在监理机构内部、参建单位间及上级单位进行传播,通过传输,形成各种信息流,成为监理工程师工作和处理问题的重要依据。

信息存储是指经过收集整理后的大量信息资料,应当存档以备将来使用。为了便于管理,监理组织内部应建立完善的信息资料存储制度。信息的存储,可以汇集信息,建立信息库,有利于检索,可以实现监理资源的共享,促进监理信息的重复利用,也便于监理信息的更新。监理信息存储的载体主要有文件、报告报表、图纸、音像资料等。监理信息的存储尽量采用计算机完成,这样保证存储量大,查找方便。

存储的大量监理工作信息,为了查找方便,需要拟定一套科学、迅速的查找方法和手段,这就是信息的检索。完善的信息检索系统应达到信息保存完善且查找方便的要求。使用计算机存储,建立合理的信息组成体系,是目前普遍实行的信息管理方式。

按照不同需求,筛选、分析、整理存储的信息,编印成各种表格、文件,以书面形式或者计算机网络传输就是信息的应用。

(一)建设项目信息处理的要求

(1)监理资料的管理应逐步走向科学化、程序化,并最终实现计算机化。

(2)完整、准确、真实、及时是对监理资料的四个重要要求;对监理资料管理工作的基本要求是“及时完整、真实有效、填写齐全、标识无误、交圈对口、归档有序”。

(3)项目监理机构的监理资料管理工作由总监理工程师负责,各专业监理工程师分工负责,由总监理工程师指定专任或兼任资料管理员负实际责任。监理单位的监理资料管理工作由技术总负责人负责,档案资料管理部门负责人负责具体管理工作,并对各项目监理机构的监理资料管理员负指导责任。

(4)各监理人员应随着工程项目的进展不断积累监理资料，并认真、及时地进行编审，在工程竣工后形成一套完整的监理档案，移交给所属监理单位的档案资料管理部门保管备查。

(5)项目监理机构应于工程竣工后3个月内，由总监理工程师组织监理人员进行监理资料的整理、编审和装订工作，由总监理工程师签字后作为监理档案移交。

(6)监理档案应规定有保管期限，根据档案文件的内容，可规定为1~3年，少数档案文件可定为永久保存，具体分类由当地政府的建设行政主管部门所属的建设工程档案管理部门规定。

(7)在保存期内，对档案资料的保管、借阅和归还、使用，应订立完备的制度，防止档案资料丢失受损，以及资料的保密。

(二)监理档案资料的整理

应进行整理的单位工程监理档案资料包括以下内容：

(1)监理合同；

(2)监理大纲、监理规划、监理细则；

(3)监理日志；

(4)监理月报；

(5)监理通知；

(6)会议记录；

(7)工程质量事故核查处理报告；

(8)施工组织设计及审核签证；

(9)主体工程质量评定核查意见表；

(10)工程结算核定；

(11)单位工程竣工验收监理意见；

(12)质量监督站关于主体结构及竣工核验的意见。

第三节　工程建设项目安全管理

建设工程施工现场的安全管理问题随着我国建设事业的发展和建设规模的不断扩大而日益突出。工程建设项目安全管理的方针是："安全第一，预防为主"。"安全第一"体现了"以人为本"的理念，在生产中应把安全工作放在第一位，处理好安全与生产的关系。"预防为主"是强调在生产中要做好预防工作，把事故消灭在发生之前，防患于未然，是实现安全生产的基础。作为监理单位应加强监理过程中的安全控制，以前提到监理的主要任务时讲"三控两管一协调"，现在变为"三控三管一协调"，增加了"安全管理"。

一、《建设工程安全生产管理条例》关于监理单位安全管理的要求

国务院于2003年11月24日发布中华人民共和国国务院令第393号，颁布施行了《建设工程安全生产管理条例》，它是为了加强建设工程安全生产监督管理，保障人民群众生命和财产安全，规定了"建设单位、勘察单位、设计单位、施工单位、工程监理单位及

其他与建设工程安全生产有关的单位,必须遵守安全生产法律、法规的规定,保证建设工程安全生产、依法承担建设工程安全生产的科学管理责任”。其中,对监理单位的安全管理责任作如下规定:

工程监理单位应当审查建设工程项目的项目管理实施规划(施工组织设计)中的安全技术措施或专项施工方案是否符合工程建设强制性标准。

工程监理单位在实施监理过程中,发现存在安全事故隐患,应当要求施工承包单位整改;情况严重时,应当要求施工承包单位暂时停止施工,并及时报告建设单位。施工承包单位拒不整改或者不停止施工的,工程监理单位应当及时向有关主管部门报告。

工程监理单位和监理工程师应当按照法律、法规和工程建设强制性标准实施监理,并对建设工程安全生产承担监理责任。

二、建设工程安全监理的依据

建设工程安全监理的依据包括有关安全生产、劳动保护、环境保护、消防等的法律法规和标准规范、建设工程批准文件和设计文件、建设工程委托监理合同和有关的建设工程合同等。

(一)有关安全生产、劳动保护等的法律法规和标准规范

有关安全生产、劳动保护等的法律法规和标准规范包括《中华人民共和国建筑法》、《中华人民共和国安全生产法》、《建设工程安全生产管理条例》、《中华人民共和国劳动法》、《中华人民共和国环境保护法》、《中华人民共和国消防法》等法律法规,《水利工程质量管理规定》、《水利工程建设安全生产管理规定》、《水利工程建设监理规定》等部门规章,以及地方法规等,也包括《水利工程建设项目施工监理规范》(SL 288—2003)以及有关的工程安全技术标准、规范、规程。

(二)建设工程批准文件

建设工程批准文件包括批准的可行性研究报告、建设项目选址意见书、建设用地规划许可证、建设工程规划许可证、施工许可证以及初步设计文件、施工图设计文件。

(三)委托监理合同和有关的建设工程合同

工程监理单位应当根据两类合同进行安全监理。一类是监理单位与建设单位签订的建设工程监理委托合同;另一类是建设单位与施工承包单位,材料、设备供应单位签订的有关合同。

三、安全生产许可证制度

2004 年 1 月 13 日中华人民共和国国务院令第 397 号《安全生产许可证条例》规定:国家对矿山企业、建筑施工企业和危险化学品、烟花爆竹、民用爆破器材生产企业实行安全生产许可证制度。以上企业在进行生产前,应当依照本条例规定向安全生产许可证颁发管理机关申请领取安全生产许可证。安全生产许可证有效期为 3 年,期满需延期的,企业应向原颁发机关办理延期手续。

安全生产许可证是从安全角度对施工企业规定的市场准入制度,施工企业必须获得安全生产许可证,才可参与工程项目的建设。施工企业向建设主管部门申请安全生产许

可证时,必须具备法律、法规规定的安全生产条件。

四、监理单位建设工程安全生产监理工作程序

(1)监理单位按照监理规范要求编制包含有安全生产监督管理内容的监理规划和监理细则,或者编制专门的安全监理规划和达到一定规模的危险性较大的工程安全监理细则。

(2)在施工准备阶段,监理单位应当审查被监理单位提交的经企业技术负责人审定批准的安全技术措施是否符合工程建设强制性标准,并应由项目总监理工程师在技术文件上签署意见;审查未通过的安全技术措施及安全专项方案不得实施。

(3)施工阶段的建设工程安全生产监理工作程序如下:

①监理单位核查施工单位提交的有关施工机械、安全设施等验收记录,并由项目总监理工程师在验收记录上签署意见。

②派专人对施工现场安全生产情况进行巡视检查,对发现的各类安全隐患,应当要求被监理单位立即整改;情况严重的,监理单位应当要求被监理单位暂时停止施工,并及时报告项目法人。

③隐患消除后,监理单位应检查整改结果,签署复查或复工意见。被监理单位拒不整改或不停止施工的,监理单位应当及时向有关水行政主管部门或流域管理机构报告。有关检查、整改、复查、报告等应在监理日记、监理月报上记载。

④工程竣工后,监理单位应将有关安全生产技术文件、验收记录、安全监理规划、监理细则、安全监理日记、安全监理月报、安全会议纪要等单独立卷归档。

五、施工阶段项目监理机构安全监理管理体系

(一)安全监理组织机构

监理单位应建立安全监理管理体系,制定安全监理规章制度,检查指导项目监理机构的安全监理工作。项目监理机构应依据委托监理合同和被监理的建设工程项目的特点设置相应的专职或兼职的安全监理人员,实行总监理工程师负责制。

(二)项目监理机构监理人员安全监理工作职责

1. 总监理工程师

(1)对所监理的建设工程项目的安全监理工作全面负责。

(2)确定项目监理机构的安全监理人员,明确其工作职责。

(3)主持编写项目监理规划中的安全监理方案或者主持编写专门的安全监理规划,审批安全监理实施细则。

(4)审核并签发有关安全监理的“监理工程师通知单”和安全监理专题报告。

(5)审批项目管理实施规划(施工组织设计)和达到一定规模的危险性较大的工程施工方案,组织审查和批准承包单位提出的安全技术措施及工程项目生产安全事故应急预案。

(6)有度汛要求的水利工程,审核由施工方根据法人的工程度汛方案、措施编制的度汛方案,并报项目法人批准;当涉及防汛调度或者影响其他工程、设施度汛安全的,由项目

法人报有管辖权的防汛指挥机构批准。

(7)审批有关垂直运输机械拆装和验收核实的报表,审查对大型机械设备投入使用前的验收手续。

(8)签发工程暂停令,必要时应向有关部门报告。

(9)检查安全监理工作的落实情况。

2. 安全监理人员(安全监督员)

(1)参与编写安全监理方案或安全监理规划和主持编写安全监理实施细则。

(2)审查承包单位的营业执照、企业资质和安全生产许可证。

(3)审查承包单位安全生产管理的组织机构,查验水利水电工程施工企业主要负责人、项目负责人、专职安全生产管理人员的安全生产考核合格证书、各级管理人员和特种作业人员上岗资格证书(垂直运输机械作业人员、安装拆卸工、爆破作业人员、起重信号工、登高架设作业人员等)。

(4)审查项目管理实施规划(施工组织设计)中的安全技术措施和达到一定规模的危险性较大的工程施工方案,审查所列危险性较大的工程中涉及高边坡、深基坑、地下暗挖工程、高大模板工程的专项施工方案,施工单位是否组织专家进行论证、审查。

(5)审查施工方的安全度汛方案。

(6)检查承包单位安全培训教育记录和安全技术措施的交底情况。

(7)检查承包单位制定的安全生产责任制度、安全检查制度和安全事故报告制度的执行情况。

(8)核查施工垂直运输机械设备的进场验收手续,签署相应表格。

(9)核查中小型机械设备的进场验收手续,签署相应表格。

(10)对施工现场进行安全巡视检查,填写监理日记,发现问题及时向专业监理工程师通报,并向总监理工程师或总工程师代表报告。

(11)主持召开安全生产专题监理会议。

(12)起草并经监理工程师授权签发有关安全监理的监理工程师通知单。

(13)编写监理月报中的安全监理工作内容。

3. 专业监理工程师

(1)参与编写安全监理实施细则。

(2)审核项目管理实施规划(施工组织设计)或施工方案中本专业的安全技术措施。

(3)审核本专业达到一定规模的危险性较大的工程的专项施工方案。

(4)检查本专业施工安全状况,对安全事故隐患按有关要求处理;必要时要向安全监理人员通报或向总监理工程师报告。

(5)参加本专业安全防护设施检查、验收,并在相应表格上签署意见。

4. 监理员

检查施工现场的安全状况,发现问题予以纠正并及时向专业监理工程师或安全监理人员报告。

(三)安全监理方案

(1)监理规划中应包括安全监理方案,或者根据工程的危险程度编写专门的安全监理规划。

(2)安全监理方案应根据法律、法规的要求、工程项目特点以及施工现场的实际情况,确定安全监理工作的目标、重点、制度、方法和措施,并明确给出应编写安全监理实施细则的达到一定规模的危险性较大的工程或施工部位。安全监理方案应具有针对性。

(3)安全监理方案或安全监理规划的编制应由总监理工程师主持,专职(兼职)安全监理人员和专业监理工程师参加,安全监理方案由监理单位技术负责人审批后实施。

(4)安全监理方案应根据工程的变化予以补充、修改和完善,并按规定程序报批。

(四)安全监理实施细则

(1)项目监理机构应按照安全监理方案或安全监理规划的要求编制安全监理实施细则,安全监理实施细则应具有可操作性。

(2)达到一定规模的危险性较大的工程施工前,必须编写安全监理实施细则。

(3)安全监理实施细则应针对承包单位编制的专项施工方案和现场实际情况,依据安全监理方案提出的工作目标和管理要求,明确监理人员的分工和职责、安全监理工作的方法和手段、安全监理检查重点、检查频率和检查记录的要求。

(4)安全监理实施细则的编制应由专职(兼职)安全监理人员主持编写,专业监理工程师参加,安全监理实施细则由总监理工程师审批后实施。

(5)安全监理实施细则根据工程的变化予以补充、修改和完善,并按规定程序报批。

(五)安全监理培训

(1)监理单位应制订监理人员培训计划,按计划对监理人员进行安全监理业务培训并保留培训记录。

(2)总监理工程师应及时组织项目监理人员学习有关安全生产的法律、法规、标准、规范和规程等。

六、施工阶段项目监理机构的安全管理

(一)施工准备阶段的安全管理

(1)审查施工现场及毗邻建筑物、构筑物和地下管线的专项保护措施。

(2)核查承包单位的企业资质和安全生产许可证,检查总承包单位和分包单位的安全协议签订情况。

(3)审查项目管理实施规划(施工组织设计)中的安全措施,主要审查以下内容:

①安全技术措施的内容应符合工程建设强制性标准。

②应编制达到一定规模的危险性较大的工程一览表及相应的专项施工方案,并且符合有关规定;如果分阶段编写,应有阶段计划。

③生产安全事故应急预案的编制情况。

④冬季、雨季等季节性安全施工方案的制订应符合规范要求。

⑤施工总平面布置应符合有关安全、消防的要求。

⑥总监理工程师认为应该审查的其他内容。

(4)审查达到一定规模的危险性较大的工程的专项施工方案,主要审查以下内容:

①专项施工方案的编制、审核、批准、签署齐全有效。

②专项施工方案的内容应符合工程强制性标准。

③组织专家论证的，已有专家书面论证审查报告，论证报告的签署齐全有效。

④专项施工方案应根据专家论证审查报告中提出的结论性意见进行完善。

(5)检查施工现场安全生产保证体系，主要审查以下内容：

①承包单位现场安全生产管理机构的监理应符合有关规定，安全管理目标应明确并符合合同的约定。

②承包单位应建立健全施工安全生产责任制度、安全检查制度和事故报告制度。

③承包单位项目负责人的执业资格证书和安全生产考核合格证书应齐全有效。

④承包单位专职安全生产人员的配备数量应符合建设行政主管部门的有关规定，其执业资格证书和安全生产考核合格证书应齐全有效。

施工作业班组应设置兼职安全巡查员，对本班组的作业场所进行安全监督检查。

(6)检查承包单位现场人员安全教育培训记录。

(二)施工阶段的安全管理

1.施工过程中安全管理的方法及要求

1)日常巡视

监理人员每日对施工现场进行巡视时，应检查安全防护情况并作好记录，针对发现的安全问题，按其严重程度及时向承包单位发出监理指令，责令其消除安全事故隐患。

2)安全检查

(1)安全监理人员应按照安全监理方案定期进行检查，检查结果应写入项目监理日志。

(2)项目监理机构应要求承包单位每周组织施工现场的安全防护、临时用电、起重机械、脚手架、施工防汛、消防设施等安全检查，并派人参加。

(3)项目监理机构应组织相关单位进行有针对性的安全专项检查，每月至少一次。

(4)对发现的安全事故隐患，项目监理机构应及时发出书面监理指令。

3)监理例会

定期召开的监理例会上，应检查上次例会有关安全决议事项的落实情况，分析未落实事项的原因，确定下一阶段施工管理工作的内容，明确重点监控的措施和施工部位，并针对存在的问题提出意见。

4)安全专题会议

(1)总监理工程师必要时应召开安全专题会议，由总监理工程师或安全监理人员主持，承包单位的项目负责人、现场技术负责人、现场安全管理人员及相关单位人员参加。

(2)监理人员应作好会议记录，及时整理会议纪要。

(3)会议纪要应要求与会各方会签，及时发至相关各方，并有签收手续。

5)监理指令

在施工安全监理工作中，监理人员通过日常巡视及安全检查，发现违规施工和存在安全事故隐患时，应立即发出监理指令。监理指令分为口头指令、监理工程师通知单、工程暂停令三种形式。

6)监理报告

(1)项目监理机构每月总结施工现场安全施工情况,并写入监理月报,向建设单位报告。

(2)总监理工程师在签发工程暂停令后应及时向建设单位报告。

(3)对承包单位不执行工程暂停令的,总监理工程师应向建设单位及本监理单位报告,必要时可向工程所在区域的建设行政主管部门报告,并同时报告建设单位。

(4)在安全监理工作中,针对施工现场的安全生产状况,结合发出监理指令的情况,总监理工程师认为有必要时,可编写安全监理专题报告,报送建设单位和建设行政主管部门。

2.施工阶段安全监理工作的主要内容

(1)检查承包单位现场安全生产保证体系的运行,并将检查情况记入项目监理日志,检查内容如下:

①每天检查承包单位专职安全生产管理人员到岗情况。

②抽查特种作业人员及其他作业人员的上岗资格。

③检查施工现场安全生产责任制、安全检查制度和事故报告制度的执行情况。

④检查承包单位对进场作业人员的安全教育培训记录。

⑤抽查施工前工程技术人员对作业人员进行安全技术交底的记录。

(2)检查施工安全技术措施和专项施工方案的落实情况。

(3)检查承包单位执行工程建设强制性标准的情况。

(4)施工现场发生安全事故时应按规定程序上报。

3.危险性较大的分部分项工程的安全监理

《水利工程建设安全生产管理规定》规定达到一定规模的危险性较大的工程有:基坑支护与降水工程、土方开挖工程、模板工程、起重吊装工程、脚手架工程、拆除爆破工程、围堰工程、其他危险性较大的工程。

(1)项目监理机构应指派专人负责达到一定规模的危险性较大的工程的安全监督。

(2)监理工程师应依据专项施工方案及工程建设强制性标准对危险性较大的工程进行检查。

(3)专业监理工程师或安全监理人员应按照安全监理实施细则中明确的检查项目和频率进行安全检查,每周不少于2次;监理员应每日重点进行巡视检查,监理人员应详细记录检查过程。

(4)监理人员对发现的安全事故隐患应及时发出监理指令并督促承包单位整改,必要时向总监理工程师报告。

4.施工机械及安全设施的安全监理

(1)施工现场垂直运输机械拆装前,监理人员应核查拆装单位的企业资质、租赁合同、设备的定期检测报告及特种作业人员的上岗证,并在相应的表格上签字;监理人员应检查其是否编制了专项拆装方案;安装完毕后,监理人员应该检查承包单位的安装验收手续,并在相应的表格上签字。

(2)监理工程师和安全监理人员应检查施工机械设备的进场安装手续,并在相应的验收表上签字。

(3)监理工程师和安全监理人员参加施工现场模板支撑体系的验收并签署意见;对工具式脚手架、落地式脚手架、临时用电、基坑支护等安全设施的验收资料和实物进行检查并签署意见。

七、对监理单位不履行安全监理的处罚

建设监理单位和监理人员应当按照法律、法规和工程建设强制性标准实施监理,对水利工程建设安全生产承担监理责任。

《水利工程建设监理规定》第二十九条规定,监理单位有下列行为之一的,依照《建设工程安全生产管理条例》第五十七条处罚:

(1)未对施工组织设计中的安全技术措施或者专项施工方案进行审查的;

(2)发现安全事故隐患未及时要求施工单位整改或者暂时停止施工的;

(3)施工单位拒不整改或者不停止施工,未及时向有关水行政主管部门或者流域管理机构报告的;

(4)未依照法律、法规和工程建设强制性标准实施监理的。

小 结

本章重点阐述了合同基础知识,委托监理合同的管理,工程施工合同,项目监理机构的信息管理,建设项目的原始资料收集,建设项目信息的处理,工程建设项目安全管理,使学生对监理工作中"三管理"的相关内容有所了解。

复习思考题

1. 监理合同的特点有哪些?
2. 简述施工过程的合同管理。
3. 工程监理档案资料应包括哪些内容?
4.《建设工程安全生产管理条例》关于监理单位安全管理有哪些要求?
5. 建设工程安全监理有哪些依据?
6. 简述监理单位建设工程安全生产监理工作程序。

第四章　水利工程建设监理的组织协调

协调是现代管理理论中的一个重要理念。我们说,矛盾无处不在、无时不有,有矛盾就需要协调。可以说,协调时时刻刻发生在我们生活的方方面面。在社会生活中,任何一个组织都不能缺少沟通和协调,任何个人之间也不能缺少沟通和协调。难以想象,没有协调的组织之间,如何能够成为一个坚强团结的集体去积极有效地实现组织目标;没有协调的个人之间,如何彼此了解和相处。协调在水利工程建设项目管理中具有十分重要的地位。

协调又称协调管理,它是指通过协商、沟通、调度,联合所有力量,使各项活动衔接有序地正常展开,以实现预定目标。

当前,随着我国社会主义市场经济体制的逐步完善和建筑市场的形成,建设领域建设项目投资形成了多元化的格局,工程建设项目建设中各方的责、权、利关系发生了较大变化,由此产生了大量的协调问题。例如,投资方的资金、投资比例、债务分摊、产品及利润分配、产权归属、宏观管理的职责分工等,都要通过协商并以协议形式规定下来。同时,由于招标投标制带来了新的甲乙方关系,建设单位和施工单位构筑了在经济合同基础上的新型关系,不属于行政隶属关系。因此,合同双方的责、权、利矛盾,只能通过协商的方法来解决。特别是大中型建设项目,涉及面广、周期长、技术复杂、参与单位多,众多的合同本身不可能没有疏漏,合同履行难免不产生偏差,加之工程变更、施工条件变化,以及不可抗力的作用,都会不同程度地制约着合同履行,都要进行大量的协调工作。

在水利工程项目建设的不同阶段、不同部位和参加项目建设的不同单位、不同层次之间,存在着大量的界面和结合部,协调的作用就是沟通和理顺这些结合部的关系,化解各种矛盾,排除各种时空上的干扰,组织好各种工艺、工序之间的衔接,使工程总体建设活动能有机地交叉进行,实现质量高、投资省、工期短的建设目标。

第一节　组织协调的作用

水利工程建设监理是指具有相应资质的水利工程建设监理单位,受项目法人委托,按照监理合同对水利工程建设项目实施中的质量、进度、资金、安全生产、环境保护等进行的管理活动,包括水利工程施工监理、水土保持工程施工监理、机电及金属结构设备制造监理、水利工程建设环境保护监理。它以实现水利工程建设项目的目标为目的,对水利工程建设项目进行有效的计划、组织协调、控制。

一、工程参建各方的目标

一般来说,一个水利工程建设项目要经过项目建议书、可行性研究、初步设计、施工准备、建设实施、生产准备、竣工验收和后评价几个过程,而在整个项目实施过程中,牵涉很多部门和单位，各个部门都有各自不同的目标任务。参与项目实施的单位主要是业主、设计方、施工方、设备供应方和监理方。他们都有自己的项目管理，但其出发点和侧重面各有不同。建设单位（业主）着眼于全过程，其主要任务是三大控制；设计单位的项目管理是自我管理，其主要任务是确保设计任务按质量目标、进度目标实现，并通过设计对投资进行有效的控制；施工单位的项目管理，由签订承包合同开始到竣工结算为止，其主要任务是建立自身质量保证体系和进度控制网络图，依据合同目标要求控制工程质量和按工期目标如期竣工，并在此前提下，实现最低的工程成本；对设备供应单位来说，要按设备订单进行设计、加工、制作、运输、安装、调试等；监理单位是接受业主委托，针对工程项目建设实施监督管理活动，是具有独立性、社会化、专业化的社会中介服务组织。

项目管理总目标与各参与方项目管理目标以及各参与方目标之间是既相联系又相矛盾的。例如，对业主来说，进度目标包括设计进度、施工进度、设备安装与调试周期等，要尽可能地缩短施工周期，就要求设计方缩短设计周期、施工单位缩短施工周期等，而设计单位为了保证设计质量总是想方设法延长设计周期，施工单位要赶工期就要增加支出并要冒质量方面的风险。因此，要实现项目管理总目标，其中很重要的一条就是要协调好各方之间的矛盾，总目标的实现和各分目标的实现互为条件、互为前提，是各分目标矛盾统一的平衡结果。

由此可以看出，一个建设项目绩效的好坏，一方面取决于参与项目各方各自的项目管理水平，另一方面还取决于各方之间的有机协调和配合。从某种意义上说，各方配合的好坏甚至决定项目的成败。现实中由于项目实施过程中没有协调好各方的关系，致使各参与单位之间不配合、不协调，而导致项目陷于困境的例子并不少见。

关于项目参与者之间的配合与该项目绩效之间的关系，国外已经有人作过大量的分析研究，其中以美国 James B. Pocock 的研究比较完善，他用“配合度”（DOI）表示项目参与者之间的配合程度，以成本、工期、合同变更、设计缺陷四个客观指标测算项目的绩效，其结论是“配合度”越大即相互配合得越多，项目的绩效越好。

二、工程项目承发包模式和监理模式

建设监理制度的施行，使工程项目建设形成了以项目法人、承包人、监理单位为三大主体的结构体系。他们为实现工程项目的总目标联结、联合、结合在一起，形成了工程项目建设的组织系统。在这个体系中，三大主体形成了平等的关系。在市场经济条件下，维系着他们关系的主要是合同。工程项目承发包模式在很大程度上影响了项目建设中三大主体形成的组织结构形式，即工程项目发包与承包的组织模式不同，合同结构不同，监理单位的组织结构也相应不同，它直接关系到工程项目的目标控制。因此，监理单位为了实现项目的目标控制，它的组织结构必须与工程项目的发包及承包组织模式相适应。分析发包与承包的组织模式的目的，是为了结合工程特点合理地选择发包与承包的组织模式，以便双方的组织机构相互对应，便于管理。

目前，我国工程项目建设任务发包与承包的组织模式主要有四种：平行承发包、设计/施工总承包、工程项目总承包和工程项目总承包管理。在工程项目建设实践中，针对工程项目的实际情况，应选择一种对项目组织、投资控制、进度控制、质量控制和合同管理最有利的模式。

(一)平行承发包模式与监理模式

1. 平行承发包模式

平行承发包,即分标发包,发包方将一个工程建设项目分解为若干个任务,分别发包给多个设计单位和多个施工单位。各设计单位之间的关系是平行的,各施工单位之间的关系也是平行的,如图4-1所示。

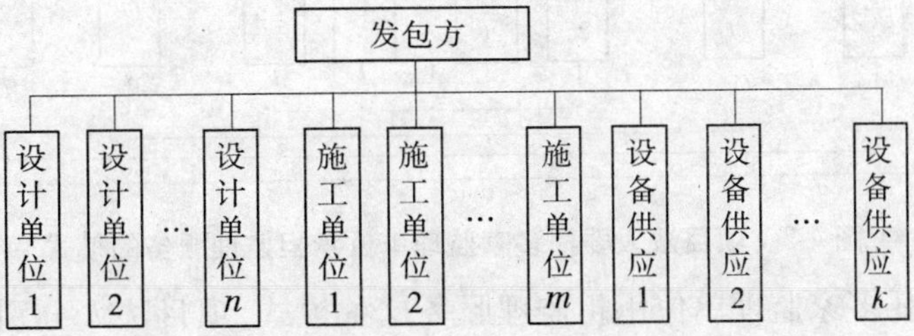

图4-1 平行承发包模式

一般对于一些大型工程建设项目,即投资大、工期比较长,各部分质量标准、专业技术工艺要求不同,又有工期提前的要求,多采用此种分标发包模式,以利于投资、进度、质量的合理安排和控制。

当设计单位、施工单位规模小,且专业性很强,或者发包方愿意分散风险时,也多采用这种模式。

但是,平行承发包模式对项目组织管理不利,对进度协调不利。因为发包方要和多个设计单位或多个施工单位签订合同,为控制项目总目标,协调工作量大,不仅要协调设计、施工单位的进度,还要协调他们之间的进度。

2. 监理模式

与平行承发包模式相适应的监理组织模式可以选择以下几种:

(1)项目法人委托一家监理单位承担监理服务,如图4-2所示。

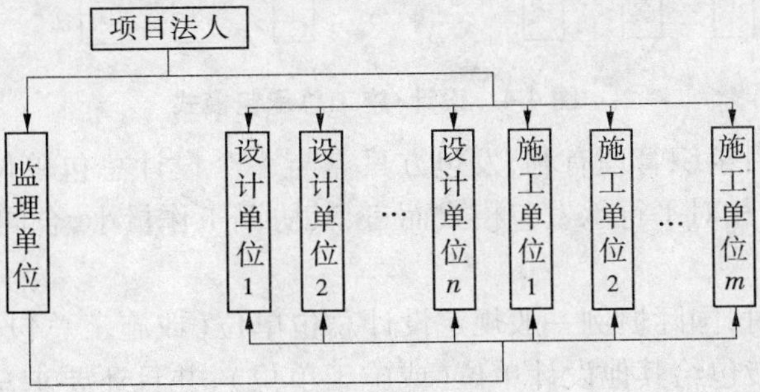

图4-2 项目法人委托一家监理单位承担监理服务的模式

项目法人委托一家监理单位承担监理服务这种模式,一般要求监理单位要有较强的合同管理能力和组织协调能力。监理单位的监理组织机构可以组建多个分支机构,分别对项目法人委托的各设计单位和各施工单位实施监理。

(2)项目法人委托多家监理单位承担监理服务,如图4-3所示。

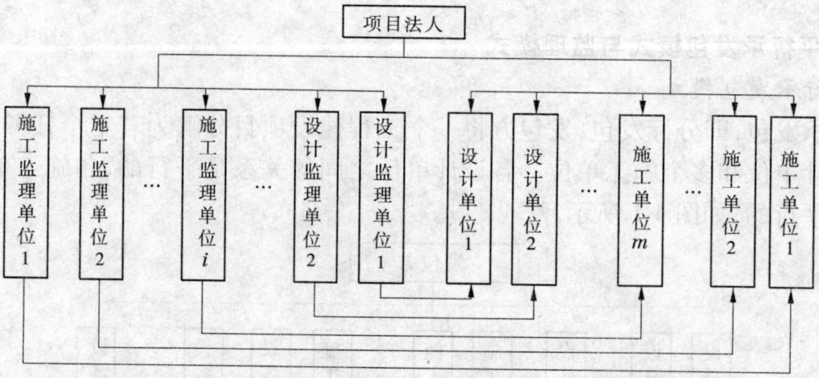

图 4-3　项目法人委托多家监理单位承担监理服务的模式

项目法人委托多家监理单位承担监理服务这种模式，项目法人分别与多家监理单位签订监理委托合同，受委托的监理单位按合同约定分别针对不同的设计单位和不同的施工单位实施监理。由于项目法人分别与监理单位签订了监理合同，项目法人应加强监理合同的管理，做好各监理单位的协调工作。采用这种模式对于监理单位来说，监理对象单一，便于管理。

（二）设计/施工总承包模式与监理模式

1. 设计/施工总承包模式

设计/施工总承包，即设计和施工分别总承包，如图 4-4 所示。

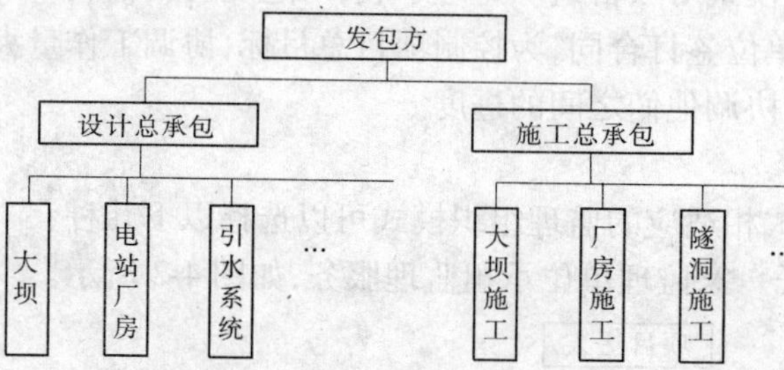

图 4-4　设计/施工总承包模式

这种模式对项目组织管理有利，发包方只需与一个设计总包单位和一个施工总包单位签订合同。因此，相对平行承发包模式而言，其协调工作量小，合同管理简单，对投资控制有利。

采用这种模式时，国际惯例一般规定设计总包单位（或施工总包单位）不可把总包合同规定的任务全部转包给其他设计单位（或施工单位），并且还要求总包单位将任何部分的任务分包给其他单位时，必须得到发包方的认可，以保证工程项目投资、进度及质量目标的实现。《中华人民共和国合同法》第二百七十二条规定：建设工程主体结构的施工必须由承包人自行完成。

2. 监理模式

对设计/施工总承包模式，项目法人可以委托一家监理单位承担全过程监理服务，如图 4-5 所示；也可以按设计和施工分别委托监理单位承担监理服务，如图 4-6 所示。

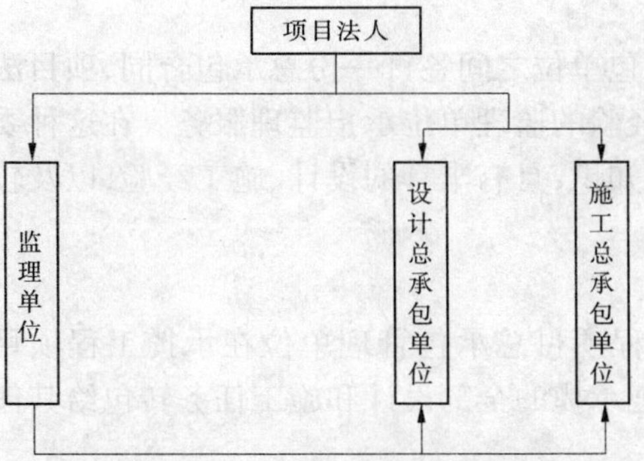

图 4-5　委托一家监理单位承担监理服务的监理模式

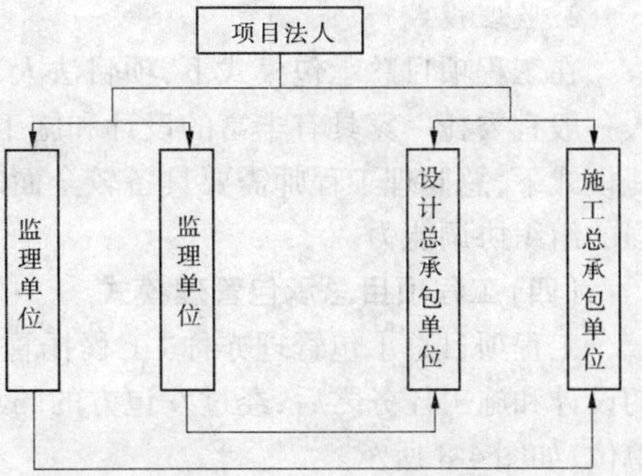

图 4-6　设计和施工分别委托监理单位承担监理服务的监理模式

(三)工程项目总承包模式与监理模式

1. 工程项目总承包模式

工程项目总承包亦称建设全过程承包,也常称为"交钥匙承包"、"一揽子承包",如图 4-7所示。

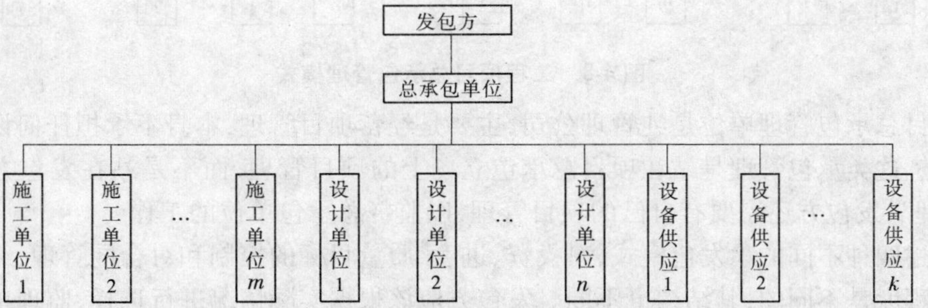

图 4-7　工程项目总承包模式

发包方把一个工程项目的设计、材料采购、施工到试运行全部任务都发包给一个单位,这一单位称总承包单位。总承包单位可以自行完成全部任务,也可以把项目的部分任务在取得发包方认可的前提下,分包给其他设计单位和施工单位。

总承包是在项目全部竣工试运行达到正常生产水平后,再把项目移交给发包方。

这种总承包模式工作量最大、工作范围最广,因而合同内容也最复杂,但项目组织、投资控制、合同管理都非常简单。而且这种模式责任明确、合同关系简单明了,易于形成统一的项目管理保证系统,便于按现代化大生产方式组织项目建设,是近年来现代化大生产方式进入建设领域,项目管理不断发展的产物。对发包方来说,总承包单位一般都具有管理大型项目的良好素质和丰富经验,工程项目总承包可以依靠总包的综合管理优势,加上总包合同法律约束,使项目的实现纳入了统一管理的保证系统。近年来,我国一些大型项目采用了工程项目总承包,一般都取得了工期短、质量高、投资省的良好效果。

但这种模式对发包方、总承包单位来说,承担的风险很大,一旦总承包失败,就可能导致总承包单位破产,发包方也将造成巨大的损失。

2. 监理模式

在工程项目总承包模式下，项目法人与总承包单位之间签订一份总承包合同，项目法人一般宜委托一家具有丰富的设计和施工监理经验的监理单位承担监理服务。在这种委托模式下，总监理工程师需要具备较全面的综合知识，具有丰富的设计、施工经验，以及较强的组织协调能力。

（四）工程项目总承包管理模式

工程项目总承包管理亦称"工程托管"。工程项目总承包管理单位在承揽工程项目的设计和施工任务之后，经过发包方的同意，再把承揽的全部设计和施工任务转包给其他单位，如图4-8所示。

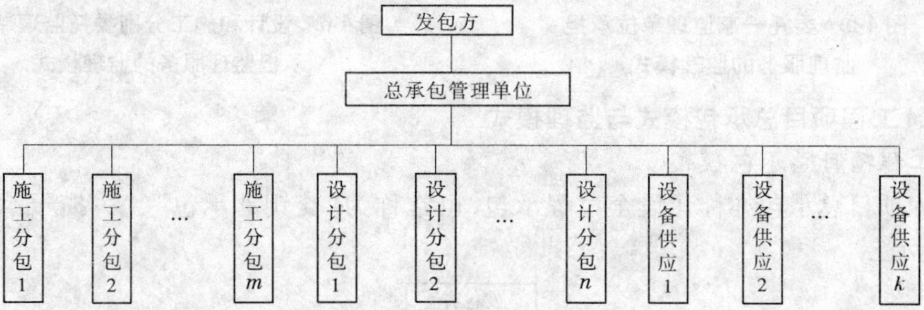

图4-8　工程项目总承包管理模式

项目总承包管理单位是纯管理公司，主要是经营项目管理，本身不承担任何设计和施工任务。这类承包管理是站在项目总承包立场上的项目管理，而不是站在发包方立场上的"监理"，发包方还需要有自己的项目管理，以监督总承包单位的工作。

上述四种不同的承发包模式，对投资、进度、质量目标的控制和对合同管理、组织协调的难易程度是不同的，其结构也不同。发包方应该根据实际情况进行选择，监理单位也应相应地调整自己的组织机构和工作职能。

三、协调的作用

从我国目前常用的项目管理模式可以看出，监理单位受业主委托对项目进行计划、组织、协调、控制，直接与项目其他参与方发生关系，是最佳的协调人。

总体来说，协调的作用可以归纳为以下三种。

（一）协调可以纠偏和预控错位

在水利工程施工中，经常出现作业行为偏离合同和规范的标准，工期超前和滞后、后续工序脱节、由于涉及修改和材料代用给下阶段施工带来影响的变更，以及水文、地质突然变化带来的影响，或人为因素对工期和质量带来的影响等，这些都会造成计划与实际的偏离。监理协调的重要作用之一就是及时纠偏，或采取预控措施事前调整错位。

（二）协调是控制进度的关键

在建设工程施工中，有许多单位工程或单项工程是由不同的专业化的施工队伍完成的，这就存在着不同专业施工队伍间的相互衔接和相互协调的问题。无论哪一专业施工队伍出现工期延误，都会直接影响建设总工期，这就需要监理工程师进行组织与协调。由此可以看出，进度控制的关键是协调。

（三）协调是平衡的手段

在工程施工中，一些大中型的建设项目往往由许多施工队伍进行施工，加上设计单位、土建单位、安装单位、设备材料供应单位等，既有纵向的串接又有横向的联合，各自又有不同的作业计划、质量目标，这就存在着各单位之间的协调问题。监理工程师应当从工程内部分析，既要进行各子系统之间的平衡协调，又要进行队伍之间、上下之间和内外之间的协调，发挥监理工程师的核心作用，突出协调功能。

工程项目管理中，工程建设监理的一个重要作用就是组织协调。通过监理的组织协调，使项目参与各方彼此沟通，促进相互了解和理解，在项目总目标和各分目标之间寻求平衡，达到统一思想与行动，使各项工作能够顺利进行。通过业主与监理的总体协调作用，联合各参与单位的力量，实现项目总体目标。换句话说就是通过业主与监理的组织协调作用，提高项目参与各方之间的"配合度"，从而提高项目的绩效。

多年的工程监理实践证明，一个工程建设项目的顺利完成是多方配合和相互合作的共同成果。参与建设管理的有关部门，包括建设单位、设计单位、施工单位、设备供应单位、材料生产单位、地方政府有关部门、交通运输部门、水电供应单位等，需要多方配合和相互合作，这就必然要求监理工程师具有良好的人际关系和较强的组织协调能力。

第二节　组织协调的内容

协调工作贯穿于水利工程建设项目的全过程，渗透到水利工程建设项目的每一个环节。水利工程建设的每个过程、每个环节，都存在着不同程度的矛盾和干扰，甚至会产生冲突，这就需要不同层次的人员去协调。协调的内容小到短时间的停工停电，大到不可抗力的破坏和重大设计变更而引起的资金、施工方案的调整。归纳起来，协调的主要内容有：协调日常施工干扰和相关单位或层次的协作配合，平衡调配资源供给，协调设计变更引起的施工组织、施工方案的调整，协调工程建设外部条件及其他重大问题等。

一、项目系统界面

水利建设工程系统就是一个由人员、物质、信息等构成的人为组织系统。用系统方法分析，水利建设工程的协调一般有三大类：一是"人员/人员界面"；二是"系统/系统界面"；三是"系统/环境界面"。

建设工程组织是由各类人员组成的工作班子，由于每个人的性格、习惯、能力、岗位、任务、作用的不同，即使只有两个人在一起工作，也有潜在的人员矛盾或危机。这种人和人之间的间隔，就是所谓的"人员/人员界面"。

建设工程系统是由若干个子项目组成的完整体系，子项目即子系统。由于子系统的功能、目标不同，容易产生各自为政的趋势和相互推诿的现象。这种子系统和子系统之间的间隔，就是所谓的"系统/系统界面"。

水利建设工程系统是一个典型的开放系统。它具有环境适应性，能主动从外部世界取得必要的能量、物质和信息。在取得的过程中，不可能没有障碍和阻力。这种系统与环境之间的间隔，就是所谓的“系统/环境界面”。

项目监理机构的协调管理就是在“人员/人员界面”、“系统/系统界面”、“系统/环境界面”之间，对所有的活动及力量进行联结、联合、调和的工作。系统方法强调，要把系统作为一个整体来研究和处理，因为总体的作用规模要比各子系统的作用规模之和大。为了顺利实现建设工程系统目标，必须重视协调管理，发挥系统整体功能。在建设工程监理中，要保证项目的参与各方围绕建设工程开展工作，使项目目标顺利实现。组织协调工作最为重要，也最为困难，是监理工作能否成功的关键，只有通过积极的组织协调才能实现整个系统全面协调控制的目的。

二、项目系统协调

根据工程系统界面，从系统方法的角度看，项目监理机构协调的范围分为系统内部的协调和系统外部的协调。

（一）项目系统内部协调

项目系统内部协调主要包括项目系统内部人际关系的协调、项目系统内部组织关系的协调、项目系统内部需求关系的协调和建设各方之间关系的协调。

1. 项目系统内部人际关系的协调

工程建设项目系统是由人组成的工作体系。工作效率如何，很大程度上取决于人际关系的协调程度。监理工程师应首先抓好人际关系的协调工作。

（1）人员安排要量才录用。对各种人员，要根据每个人的专长进行安排，做到人尽其才。人员的搭配要注意能力和性格的互补，少而精干。

（2）工作分工要职责分明。对组织内的每一个岗位，都应订立明确的目标和岗位责任，使管理职能不重不漏，做到事事有人管、人人有专责。

（3）效率评价要实事求是。每个人员都希望自己的工作出成绩，并得到组织肯定。但工作成绩的取得不仅需要主观努力，而且需要有一定的工作条件和相互配合。评价一个人的成绩应实事求是，以免无功自傲或有功受委屈，这样才能使每个人都热爱自己的工作，并对工作充满信心和希望。

（4）矛盾调解要恰到好处。人员之间的矛盾是难免的，一旦出现矛盾就应当进行调解。调解要注意工作方法，如果通过及时沟通、个别谈话和必要的批评，还无法解决矛盾，应采取必要的岗位变动措施。对上下级矛盾要区别对待，是上级的问题就作自我批评，是下级的问题应启发引导，对无原则的争论应当批评制止，这样才能使人们处于团结、和谐、热情的气氛中。

2. 项目系统内部组织关系的协调

项目系统内部组织关系的协调主要从以下几个方面入手：

（1）要在职能和分工的基础上设置组织机构。

（2）要明确规定每个机构的目标职责、权限，形成制度。

（3）要事先确定各个机构在工作中的相互关系，防止出现脱节等贻误工作的现象。

（4）建立信息沟通制度，如采用工作例会、业务碰头会、发会议纪要、计算机网络信息传递等方式来沟通信息，这样才能使局部了解全局，服从全局的需要。

(5)及时消除工作中的矛盾和冲突,解决矛盾的方法应根据具体情况而定。如配合不佳导致的矛盾和冲突,应从配合关系入手来消除;争功夺利导致的矛盾和冲突,应从考核评价标准入手来消除;奖罚不公导致的矛盾和冲突,应从明确奖罚制度入手来解决;过高要求导致的矛盾和冲突,应从领导的思想方法和工作方法入手来消除等。

3.项目系统内部需求关系的协调

工程建设项目实施中有人员需求、材料需求、能源动力需求等,但资源是有限的,因此内部需求平衡至关重要。

内部需求关系的协调主要应抓好以下几个关键环节:

(1)抓计划环节,平衡人、财、物的需求。工程建设项目实施的不同阶段往往有不同的需求,同一工程的不同部位在同一时间往往有相同的需求。这不仅是供求平衡问题,而且是均衡配置问题。解决的关键在于计划。抓计划环节,要注意抓住期限上的及时性、规格上的明确性、数量上的准确性、质量上的规定性,这样才能体现计划的严肃性,发挥计划的作用。

(2)对建设力量的平衡,要抓住"瓶颈"环节。施工现场千变万化,有些项目的进度往往受到人力、材料、设备、技术、自然条件的限制或人为因素的影响而成为卡脖子的环节。这样"瓶颈"环节就会成为阻碍全局的拦路虎。一旦发生这样的"瓶颈"环节就应通过资源、力量的调整,集中力量攻破"瓶颈",为整个工程建设项目建设的均衡推进创造条件。抓关键、抓主要矛盾,网络计划技术关键路线法是一种有效的工具。

(3)对专业工种配合,要抓住调度环节。一个工程建设项目施工,往往需要机械化施工、土建、机电安装等专业工种交替配合进行。交替有衔接问题,配合有步调问题,这些都需要抓好调度协调工作。

4.建设各方之间关系的协调

建设项目各方的关系,主要是指监理单位与业主单位、建设单位与施工单位、建设单位与设计单位、设计单位与施工单位、各施工单位之间的关系等。这些关系在合同签订和履行过程中,由于各方的理解、认识、做法的不同以及变更和外部环境的影响,会不可避免地产生误解、纠纷、施工干扰以至冲突。监理工程师应站在公正的立场上,本着实事求是的原则,认真细致地处理各种矛盾。

1)监理单位与业主单位关系的协调

监理实践证明,监理目标能否顺利实现与业主协调的好坏有很大的关系。

我国长期的计划经济体制使得业主合同意识差、随意性大,主要体现在:一是沿袭计划经济时期的基建管理模式,搞"大统筹,小监理",在一个建设工程上,业主的管理人员要比监理人员多或管理层次多,对监理工作干涉多,并插手监理人员应做的具体工作;二是不把合同中规定的权力交给监理单位,致使监理工程师有职无权,发挥不了作用;三是科学管理意识差,在建设工程目标确定上压工期、压造价,在建设工程实施过程中变更多或时效不按要求,给监理工作的质量、进度、投资控制带来困难。因此,与业主的协调是监理工作的重点和难点。监理工程师应从以下几方面加强与业主的协调:

(1)监理工程师首先要理解建设工程总目标,理解业主的意图。对于未能参加项目决策过程的监理工程师,必须了解项目构思的基础、起因、出发点,否则可能对监理目标及完成任务有不完整的理解,会给他的工作造成很大的困难。

(2)利用工作之便做好监理宣传工作,增进业主对监理工作的理解,特别是对建设工程管理各方职责及监理程序的理解;主动帮助业主处理建设工程中的事务性工作,以自己规范化、标准化、制度化的工作去影响和促进双方工作的协调一致。

(3)尊重业主,与业主一起投入建设工程全过程的管理。尽管有预定的控制目标,但建设工程实施必须执行业主的指令,使业主满意。对业主提出的某些不适当的要求,只要不属于原则问题,都可先执行,然后利用适当时机,采用适当方式加以说明或解释;对于原则性问题,可采用书面报告等方式说明原委,尽量避免发生误解,以使建设工程顺利实施。

2)建设单位与施工单位关系的协调

建设单位与施工单位对工程承包合同负有共同履约的责任,工作往来频繁,在往来中对一些具体问题产生某些意见的分歧是常有的事。在这个层次的协调中,由于工程进展各个阶段的不同,建设单位与施工单位的关系也不尽相同,协调工作随着工程进展阶段的变化而变化。

(1)招标阶段的协调。

中标后建设单位与施工单位的合同洽谈和签订,是协调的主要内容。首先,要对双方的法人资格和履约能力进行复核。其次,合同中要明确双方的责、权、利,如建设单位要保证资金、材料、设计、建设场地及外部水、电、通信线路的"五落实";施工单位要实行"五包",即包工期、包质量、包单价或总价、包材料和包配套竣工。"五落实"未落实而影响"五包"或"五包"未按合同兑现,均应受到处罚。双方处罚条件应当对等。

(2)施工准备阶段的协调。

施工准备是顺利组织施工的先决条件。施工准备工作,包括必要的劳动力、材料、机具、技术和场地准备,这就需要建设单位和施工单位双方协作,共同完成,为开工和顺利施工创造条件。

开工的条件是:有完整的施工图纸;有政府管理部门签发的施工许可证;资金和材料已经落实,能按工程进度需要拨款、供料;施工组织计划已经批准;加工订货设备已经落实;施工条件已经基本落实,现场已"四通一平"(水、电、路、电信通和场地平整)。

建设单位和施工单位双方应有明确的约定和分工。对一些习惯性的做法和问题应事先沟通,以便协调行动。

(3)施工阶段的协调。

监理工程师对质量、进度和投资的控制都是通过承包商的工作来实现的,所以做好与承包商的协调工作是监理工程师组织协调工作的重要内容。

监理工程师在监理工作中应强调各方面利益的一致性和建设工程总目标;监理工程师应鼓励承包商将建设工程实施状况、实施结果和遇到的困难及意见向他汇报,以寻找对目标控制可能的干扰。双方了解得越多、越深刻,监理工作中的对抗和争执就越少。

协调不仅是方法、技术问题,更多的是语言艺术、感情交流和用权适度问题,有时尽管协调意见是正确的,但由于方式或表达不妥,反而会激化矛盾。而高超的协调能力则往往能起到事半功倍的效果,令各方面都满意。

这个阶段的协调工作,包括解决进度、质量、中间计量和支付签证、合同纠纷等一系列

问题,主要有下列协调问题:

①与承包商项目经理关系的协调。从承包商项目经理及其工地工程师的角度来说,他们最希望监理工程师是公正、通情达理并容易理解别人的;希望从监理工程师处得到明确而不是含糊的指示,并且能够对他们所询问的问题给予及时的答复;希望监理工程师的指示能够在他们工作之前发出。他们可能对本本主义及工作方法僵硬的监理工程师最为反感。这些心理现象,作为监理工程师来说,应该非常清楚。一个既懂得坚持原则,又善于理解承包商项目经理的意见,工作方法灵活,随时可能提出或愿意接受变通办法的监理工程师肯定是受欢迎的。

②进度问题的协调。由于影响进度的因素错综复杂,因而进度问题的协调工作也十分复杂。实践证明,有两项协调工作很有效:一是业主和承包商双方共同商定一级网络计划,并由双方主要负责人签字,作为工程施工合同的附件;二是设立提前竣工奖,由监理工程师按一级网络计划节点考核,分期支付阶段工期奖,如果整个工程最终不能保证工期,由业主从工程款中将已付的阶段工期奖扣回并按合同规定予以罚款。

③质量问题的协调。在质量控制方面应实行监理工程师质量签字认可制度。对没有出厂证明、不符合使用要求的原材料、设备和构件,不准使用;对工序交接实行报验签证;对不合格的工程部位不予验收签字,也不予计算工程量,不予支付工程款。在建设工程实施过程中,设计变更或工程内容的增减是经常出现的,有些是合同签订时无法预料和明确规定的。对于这种变更,监理工程师要认真研究,合理计算价格,与有关方面充分协商,达成一致意见,并实行监理工程师签证制度。

④对承包商违约行为的处理。在施工过程中,监理工程师对承包商的某些违约行为进行处理是一件很慎重而又难免的事情。当发现承包商采用一种不适当的方法进行施工,或是用了不符合合同规定的材料时,监理工程师除立即制止外,可能还要采取相应的处理措施。遇到这种情况,监理工程师应该考虑的是自己的处理意见是否在监理权限以内,根据合同要求,自己应该怎么做等。在发现质量缺陷并需要采取措施时,监理工程师必须立即通知承包商。监理工程师要有时间期限的概念,否则承包商有权认为监理工程师对已完成的工程内容是满意或认可的。监理工程师最担心的可能是工程总进度和质量受到影响。有时,监理工程师会发现,承包商的项目经理或某个工地工程师不称职。此时明智的做法是继续观察一段时间,待掌握足够的证据时,总监理工程师可以正式向承包商发出警告。万不得已时,总监理工程师有权要求承包商撤换其项目经理或工地工程师。

⑤合同争议的协调。对合同纠纷,首先应协商解决,协商不成时再向合同管理机关申请调解和仲裁。如合同约定由法院裁决时,应按照《中华人民共和国合同法》和《中华人民共和国民法通则》的有关规定向人民法院提起诉讼。若系国际工程应按 FIDIC 条款执行。一般合同争议切忌诉讼,尽量协商解决,避免伤害感情,贻误工作。只有当对方严重违约而使自己的利益受到重大损失而不能得到补偿时,才用诉讼手段保护自己的利益。如果遇到非常棘手的问题,不妨暂时搁置,等待时机,另谋良策。

⑥对分包单位的管理。主要是对分包单位明确合同管理范围,分层次管理。将总包合同作为一个独立的合同单元进行投资、进度、质量控制和合同管理,不直接和分包合同发生关系。对分包合同中的工程质量、进度进行直接跟踪监控,通过总包商进行调控、纠

偏。分包商在施工中发生的问题，由总包商负责协调处理，必要时，监理工程师帮助协调。当分包合同条款与总包合同发生抵触，以总包合同条款为准。此外，分包合同不能解除总包商对总包合同所承担的任何责任和义务。分包合同发生的索赔问题，一般由总包商负责，涉及总包合同中业主义务和责任时，由总包商通过监理工程师向业主提出索赔，由监理工程师进行协调。

⑦处理好人际关系。在监理过程中，监理工程师处于一种十分特殊的位置。业主希望得到独立、专业的高质量服务，而承包商则希望监理单位能对合同条件有一个公正的解释。因此，监理工程师必须善于处理各种人际关系，既要严格遵守职业道德，礼貌而坚决地拒收任何礼物，以保证行为的公正性，也要利用各种机会增进与各方面人员的友谊和合作，以利于工程的进展。否则，便有可能引起业主或承包商对其可信赖程度的怀疑。

(4)交工验收阶段的协调。

建设单位在交工验收中可能提出这样那样的问题，施工单位应根据技术文件、合同、中间验收签证和验收规范作出详细的解释，对不符合要求的工程要采取补救措施，使其达到设计、合同、规范要求。

3)建设单位与设计单位关系的协调

监理单位必须协调好设计单位的有关工作，以加快工程进度，确保质量，降低消耗。

(1)真诚尊重设计单位的意见。例如，组织设计单位向承包商介绍工程概况、设计意图、技术要求、施工难点等，把标准过高、设计遗漏、图纸差错等问题解决在施工之前；施工阶段，严格按图施工；结构工程验收、专业工程验收、竣工验收等工作，约请设计代表参加；若发生质量事故，认真听取设计单位的处理意见等。

(2)施工中发现设计问题，应及时向设计单位提出，以免造成大的直接损失。若监理单位掌握比原设计更先进的新技术、新工艺、新材料、新结构、新设备时，可主动向设计单位推荐。为使设计单位有修改设计的余地而不影响施工进度，可与设计单位达成协议，限定一个期限，争取设计单位、承包商的理解和配合。

(3)注意信息传递的及时性和程序性。监理工程师联系设计单位申报表或设计变更通知单的传递，要按设计单位(经业主同意)—监理单位—承包商之间的程序进行。

这里要注意的是，在施工监理的条件下，监理单位与设计单位都是受业主委托进行工作的，两者之间并没有合同关系，所以监理单位主要是和设计单位做好交流工作，协调要靠业主的支持。设计单位应就其设计质量对建设单位负责，因此《中华人民共和国建筑法》指出：工程监理人员发现工程设计不符合建筑工程质量标准或者合同约定的质量要求的，应当报告建设单位要求设计单位改正。建设单位与设计单位的协调，主要涉及设计进度、设计质量、工程概算、设计变更、设计标准、技术条件及新技术、新工艺、新材料的采用等方面。

4)设计单位与施工单位关系的协调

设计单位与施工单位之间的协调主要涉及设计交底、领会设计意图以及设计与施工配合问题，如设计要方便施工、施工必须符合设计要求等。

5)施工单位之间关系的协调

施工单位之间关系的协调，包括总包与分包之间的协调，以及分别直接发包情况下各施工单位之间的协调。总包与分包之间的协调,主要由总包负责。各施工单位之间的协调,主要有施工协作配合、施工干扰、施工安全、工程进度、计划的统筹安排等事项。

(二)项目系统外部协调

参与项目建设的单位和部门,除作为建筑市场主体的建设、设计、施工、制造、供应和监理单位外,还有国家主管部门、各级地方政府、当地有关部门、金融机构、新闻媒体及其他社会团体。协调好项目系统外部的关系,争取各方面的支持,改善建设环境,对于实现项目目标具有十分重要的意义。

1. 与政府部门的协调

(1)工程质量监督站是由政府授权的工程质量监督的实施机构,对委托监理的工程,质量监督站主要是核查勘察、设计、施工单位的资质和工程质量检查。监理单位在进行工程质量控制和质量问题处理时,要做好与工程质量监督站的交流和协调。

(2)对于重大质量事故,在承包商采取急救、补救措施的同时,应敦促承包商立即向政府有关部门报告情况,接受检查和处理。

(3)建设工程合同应送公证机关公证,并报政府建设管理部门备案;征地、拆迁、移民要争取政府有关部门支持和协作;现场消防设施的配置,宜请消防部门检查认可;要督促承包商在施工中注意防止环境污染,坚持做到文明施工。

2. 协调与社会团体的关系

一些大中型建设工程建成后,不仅会给业主带来效益,还会给该地区的经济发展带来好处,同时也会给当地人民生活带来方便,因此必然会引起社会各界的关注。业主和监理单位应把握机会,争取社会各界对建设工程的关心和支持。这是一种争取良好社会环境的协调。

(1)争取各级地方政府支持是改善建设环境的重要环节。征地、拆迁、移民安置是政策性很强、涉及千家万户的利益、实施起来比较困难的工作,只有争取各级地方政府的支持,充分发挥他们的作用,才能做好这项工作。同样,对外交通保障、大构件运输要求的桥梁加固、抗洪救灾、工地治安、建筑材料的调配供应等问题的妥善解决,都离不开地方政府的支持,都需要与地方政府做好协调工作。

(2)协调好与金融机构的关系,如与投资公司、银行的关系,及时报告工程进展和资金使用情况,接受金融系统对建设资金的监督,按期归还建设贷款,建立良好的信誉,实事求是地反映资金供应上的困难,对于确保建设资金按时到位,都具有十分重要的意义。

(3)协调好与新闻媒体及其他社会团体的关系,争取新闻机构的支持,利用广播、报纸、电视等大众宣传媒介,宣传项目建设的意义、建设进度、取得的成绩、项目建设对地方经济发展的贡献等,有利于得到社会各界的支持,鼓舞建设者的士气,顺利实现建设目标。

第三节 组织协调的方法和方式

一、协调的方法

协调作为项目管理的一种重要职能,在项目建设中发挥着重要作用。协调的方法和艺术是协调是否富有成效、发挥作用的关键。在建设项目的实践中，不少建设单位和监理工程师对协调工作进行了有益的探索，逐步形成了条块结合、多层次、全方位、全过程的协调模式和经济调控、思想工作、行政干预相结合的协调方法。这里主要介绍以下三种方法。

（一）坚持以合同契约为依据，以经济调控为手段

承发包双方通过签署具有法律效力的经济合同，明确各自在建设项目中的责、权、利关系。因此，项目实施中的一些矛盾、干扰和协作配合问题，都必须以合同契约为依据，以经济调控为主要手段，通过平等协商，协调处理好各单位、各部门、各环节之间的关系，以维护合同双方的合法权益，确保项目目标的实现。

（二）坚持思想工作领先原则

在社会主义市场经济条件下，虽然各方都带着自己的利益参加项目建设，但全面完成建设目标是各单位的共同目标。因此，在项目协调中，要坚持讲大局，兼顾国家、集体和个人三者利益的统一。从不同角度把各方的利益和项目建设的总目标结合起来，在履行经济合同的基础上，讲团结、强调协作和风格，把全体建设者的思想统一到建设项目的大局上来，一切以是否有利于建设项目为出发点判断、分析和解决问题。

（三）必要的行政干预

在当前市场经济体制还不完备的情况下，完全依靠经济手段和做思想工作还难以协调所有问题，有些较大的关系调整和工作协作超出了建设、设计、施工及监理单位的权限或能力。在这种情况下，必须采用行政手段，依靠上级政府部门，给予必要的行政干预和协调帮助。进一步完善经济合同，理顺相互间的关系，促进各方面严格履行合同，保证项目建设快速、高效地完成。

在项目协调中，要将上述三种协调方法有机地结合起来，形成一套以经济调控为主体、思想工作为先导、行政干预为补充的综合协调方法。

二、协调的方式

项目协调最常用的方式是召开协调会议和采用适当的协调方法。在工程建设项目的施工中，工地会议就成为项目协调的主要方式。

通过工地会议，便于监理工程师对施工进度和质量的矛盾进行协调，同时方便各种信息在建设单位、施工单位之间传递，有利于工程的顺利进行。工地会议可以用来协调建设单位、监理工程师、施工单位之间的矛盾，也可以协调工程施工中的一些矛盾，使矛盾和问题及时得到解决，避免对工程建设项目三大目标产生影响。工地会议是监理工程师对工程施工进度、质量、投资情况进行经常性的检查，通过对执行合同的情况和施工技术问题的讨论，及时发现问题，为监理工程师决策提供依据。工地会议还可以集思广益，对施工中出现的各种问题采取建设性的措施。因此，工地会议是监理工程师的一项重要工作。

（一）工地会议

1. 第一次工地会议

第一次工地会议是施工单位、监理工程师进入工地后的第一次会议，是建设单位、施工单位、监理工程师建立良好合作关系的一次机会。第一次工地会议的目的，在于监理工程师对工程开工前的各项准备工作进行全面检查，确保工程实施有一个良好的开端。第一次工地会议宜在正式开工前召开，并应尽早举行。会议由总监理工程师或其与建设单位的负责人联合主持，监理工程师应事先将会议议程及有关事项通知建设单位、施工单位和其他有关单位，必要时可以先召开一次预备会议，使参加会议的有关方面作好资料准备。在会议进行中，如果某些问题得不到解决，形不成一致意见，可以暂时休会，待条件具备时再行复会。

2. 第一次工地会议人员的组成

第一次工地会议监理单位、建设单位、施工单位的授权代表必须出席会议，各方将要担任职务的项目负责人及指定的分包人参加会议。会议纪要由项目监理机构负责整理并经与会各方代表签认，监理单位作为资料存档。

1)介绍人员及组织机构

建设单位或其代表就其实施工程建设项目期间的职能机构、职责、范围及主要人员名单提出书面文件，并就有关细节进行说明。

总监理工程师向总监理工程师代表和专业监理工程师授权，并声明自己保留的权利，书面将授权书、组织机构图、职责范围和全体监理人员名单提交施工单位及建设单位。

施工单位应书面将项目经理或工地代表授权书、主要人员名单、职能机构框图、职责范围及有关人员资质材料提交监理工程师，以取得监理工程师的批准。监理工程师应在本次会议上进行审查并口头批准(或有保留地批准)，会后正式予以书面确认。

2)介绍施工进度计划

施工单位的施工进度计划应在中标通知发出后合同规定的时间内提交监理工程师。在第一次工地会议上，监理工程师就施工进度计划作出如下说明：施工进度计划可于何日批准或哪些分项已获得批准；根据批准或将要批准的施工进度计划，施工单位何日进行哪些施工，有无其他条件限制，有哪些重要的或复杂的分项工程还应单独编制进度计划提交批准。

3)施工单位介绍施工准备情况

施工单位应就施工准备情况按如下内容提出陈述报告，监理工程师应逐项予以澄清、检查和评述。

(1)主要施工人员，包括项目负责人、主要技术人员、主要机械操作人员，是否进场或将何日进场。

(2)用于工程的进口材料、机械、仪器和设备、设施是否进场或将何日进场，是否会对施工产生影响，并提交进场计划和清单。

(3)用于工程的本地材料来源是否落实，并提交进场计划和清单。

(4)施工驻地及临时工程建设进展情况如何，并提交施工驻地及临时工程建设计划和分布图。

(5)工地实验室、流动实验室及设备是否准备就绪，将于何日安装，并提交实验室布置图、流动实验室分布图及仪器设备清单。

(6)施工测量的基础资料是否已经落实并通过复核，施工测量是否进行或将何日完成，并应提供施工测量计划及有关资料。

(7)履约保函、动员预付款保函和各种保险是否已办理或将何日办理完毕,并提交有关已办理的手续副本。

(8)为监理工程师提供的住房、交通、通信、办公等设备和服务设施是否具备或将何日具备,并提交有关安排计划和清单。

(9)其他与开工条件有关的内容和事项。

4)建设单位说明开工条件

建设单位代表就工程占地、临时用地、临时道路、拆迁以及其他开工条件有关的问题进行说明。监理工程师应根据批准或将要批准的施工进度计划的安排,对上述事项提出建议和要求。

5)明确施工监理例行程序

监理工程师应疏通与施工单位之间的联系渠道,明确工作例行程序并提出有关表格及说明。一般包括:质量控制的主要程序、表格及说明,进度控制的主要程序、图表及说明,投资控制的主要程序、表格及说明,工程计量程序、报表及说明,索赔的主要程序、报表及说明,工程变更的主要程序、图表及说明,工程质量事故及安全事故的报告程序、报表及说明,函件的往来传递交接程序、报表及说明,确定施工过程中的工地会议举行时间、地点及程序,其他有关的制度规定等。

(二)工地例会

1.工地例会的重要性

工地例会也叫例行现场会议,召开例行现场会议的主要目的是对在施工中发现的工程质量问题、工程进度延误以及承包人提出工期延长或费用索赔的申请或与上述有关的一些重要事项进行讨论,并作出决定。

会议每周或每旬召开一次。例行现场会议必须先准备一个议程,目的是使有关方面尽早准备好会议所需的资料等,以便开会时不会有任何遗漏。例行现场会议由监理工程师主持,并将会议上讨论的事项和决议记录下来,分发给各方。会议记录经监理工程师及承包人认可,就成为正式记录,对双方均具有约束力,并可能成为解决延期索赔的重要证据。会议记录必须记录会议的地点及时间、参加者的姓名及其所代表的单位、会议的主持人、会议中发言者的姓名及所发言的内容、讨论的事项及决议。

2.参加工地例会人员

(1)监理工程师。一般由监理工程师代表及其他有关的监理人员参加。

(2)承包人。一般由承包人的项目经理及其他有关人员参加。

(3)应邀的业主代表及有关人员。

(4)根据会议内容的需要,可另外邀请其他人士参加。

3.工地例会的议程

1)检查上次会议决议的执行情况

出席会议的人员应汇报执行上次会议决议的情况,如哪项未执行或认为记录中有不正确或不清楚的问题,应对提出的问题进行讨论,必要时修改记录,否则应申明上次会议决议是正确的,已获得所有与会人员的同意。

2)汇报进度情况

审阅所有进度情况的报告及主要工程细目,特别是处于关键线路上的工程进度。找出拖延进度的各种因素,提出解决的措施,定出下一阶段的进度计划。

3)承包人的人员、材料和施工机械情况

(1)现场人员是否正如承包人计划所列的那样,工程是否因某种管理人员不足而受到影响,专业技术人员中是否有技术不能胜任的现象,如果发现有不称职的承包人的人员,承包人建议如何处理。

(2)工程材料是否已安排如期运送,是否采取措施保证到达工地的材料质量是合格的。

(3)工地使用的施工机械是否与承包人填列的一样,工程是否受到任何机械不足的影响,机械的技术完好状况是否令人满意,保养及维修设施是否足够,易损配件是否储存充足,机械的利用率如何。

4)技术和质量方面的问题

凡施工中已经出现的有关技术和质量问题,例如工艺水平、工程缺陷、材料质量、放样误差、补充图纸等,都应分项列出,供会议研究讨论,并提出双方同意的解决方案。

5)财务方面

计量支付是否及时,价格调整是否合理,期中支付是否按时收到,可根据各财务细目分别进行讨论,并作出决定。

6)合同管理事项

合同管理事项包括以下方面:

(1)现场的移交情况。

(2)公用设施及附近的房地产主和使用者的干扰问题。

(3)分包与转让问题。

(4)工程变更问题。

(5)工程意外问题。

(6)暂时停工问题。

(7)监理工程师和承包人之间在各层次之间的联系,以及有关要求工程的检验及证书的签发等事项。

(8)其他有关合同管理事项。

7)延期与索赔要求

对承包人提出的延期和费用索赔问题,应作出详细记录,这些记录将作为以后处理索赔的重要资料。

(1)承包人有否打算提出延期或索赔的要求。

(2)承包人已经提交的延期与索赔情况。

会议最后应对以上议程中未提到但需讨论的问题进行讨论,并确定下次例行现场会议的地点及时间。

(三)现场协调会

在整个建设工程施工期间,应根据具体情况,不定期地召开不同层次的施工现场协调会。召开现场协调会的目的在于监理工程师对日常或经常性的施工活动进行检查、协调和落实,使监理工作和施工活动密切配合。会议由监理工程师主持,施工单位派代表出席,有关监理工程师及施工技术人员酌情参加。会议只对近期建设工程施工中的问题进行证实、协调和落实,对发现的施工质量问题及时予以纠正,对其他重大问题只提出而不进行讨论,另安排专门会议或在工地例会上进行研究处理。会议的主要内容包括:施工单位报告近期的施工活动,提出近期的施工计划安排,简要陈述发生或存在的问题;监理工程师就施工进度和施工质量予以简要评述,并根据施工单位提出的施工活动计划,安排监理工程师或监理人员进行旁站、巡视、平行检验、抽样试验、检测验收等监理工作,对执行施工合同有关的其他问题交换意见。

现场协调会以协调工作为主,讨论和证实有关问题,及时发现工程施工中存在的问题,一般对出现的问题不作出决议,重点对日常工作发出指令。监理工程师和施工单位通过现场协调会彼此交换意见、交流信息,促使监理工程师和施工单位双方保持良好的关系,以利于工程建设活动的开展。

三、其他协调方式

(一)交谈协调法

在实践中,并不是所有问题都需要开会来解决,有时可采用"交谈"这一方法,包括面对面的交谈和电话交谈两种形式。

无论是内部协调还是外部协调,这种方法使用频率都是相当高的。其原因在于:

(1)它是一条保持信息畅通的最好渠道。由于交谈本身没有合同效力及其方便性和及时性,所以建设工程参与各方之间及监理机构内部都愿意采用这一方法进行。

(2)它是寻求协作和帮助的最好方法。在寻求别人帮助和协作时,往往要及时了解对方的反应和意见,以便采取相应的对策。另外,相对于书面寻求协作,人们更难于拒绝面对面的请求。因此,采用交谈方式请求协作和帮助比采用书面方法实现的可能性要大。

(3)它是正确及时地发布工程指令的有效方法。在实践中,监理工程师一般都采用交谈方式先发布口头指令,这样,一方面可以使对方及时地执行指令,另一方面可以和对方进行交流,了解对方是否正确理解了指令。随后,再以书面形式加以确认。

(二)书面协调法

当会议或者交谈不方便或不需要时,或者需要精确地表达自己的意见时,就会用到书面协调的方法。书面协调法的特点是具有合同效力,一般常用于以下几个方面:

(1)不需双方直接交流的书面报告、报表、指令和通知等。

(2)需要以书面形式向各方提供详细信息和情况通报的报告、信函及备忘录等。

(3)事后对会议记录、交谈内容或口头指令的书面确认。

(三)访问协调法

访问协调法主要用于外部协调中,有走访和邀访两种形式。走访是指监理工程师在建设工程施工前或施工过程中,对与工程施工有关的各政府部门、公共事业机构、新闻媒介或工程毗邻单位等进行访问,向他们解释工程的情况,了解他们的意见。邀访是指监理工程师邀请上述各单位(包括业主)代表到施工现场对工程进行指导性巡视,了解现场工作。因为在多数情况下,这些有关方面并不了解工程,不清楚现场的实际情况,如果进行一些不恰当的干预,会对工程产生不利影响。这个时候,采用访问法可能是一个相当有效的协调方法。

(四)情况介绍法

情况介绍法通常是与其他协调方法紧密结合在一起的,它可能是在一次会议前,或是在一次交谈前,或是一次走访或邀访前向对方进行的情况介绍。形式上主要是口头的,有时也伴有书面的。介绍往往作为其他协调的引导,目的是使别人首先了解情况。因此,监理工程师应重视任何场合下的每一次介绍,要使别人能够理解你介绍的内容、问题和困难,以及你想得到的协助等。

总之,组织协调是一种管理艺术和技巧,监理工程师尤其是总监理工程师需要掌握领导科学、心理学、行为科学方面的知识和技能,如激励、交际、表扬和批评的艺术,开会的艺术,谈话的艺术,谈判的技巧等,只有这样,监理工程师才能进行有效的协调。

小　结

本章重点阐述了协调的作用,组织协调的内容、方法和方式,使学生对监理工作中"一协调"的相关内容有所了解。

复习思考题

1. 简述工程建设项目组织协调的作用。
2. 简述项目系统内部协调的内容。
3. 简述项目系统外部协调的内容。
4. 简述组织协调的方法。
5. 什么是第一次工地会议?
6. 简述第一次工地会议的主要内容。
7. 什么是工地例会?
8. 简述例行现场会议的议程。

第五章　水利工程建设监理实务

第一节　监理规划编写要点及主要内容

监理规划是监理单位和委托单位签订了项目监理合同之后,由项目总监理工程师主持,根据委托监理合同,在监理大纲的基础上,结合项目的具体情况,制定的指导整个项目监理组织开展监理工作的技术组织文件。监理大纲与监理规划都是围绕着整个项目监理组织所开展的监理工作来编写的,但监理规划的内容要比监理大纲详实、全面。

一、监理规划编写要点

(1)编制监理规划,要求总监理工程师亲自主持编制工作,各监理人员要参加或熟悉监理规划的编制,掌握监理规划的内容和要求。

(2)监理规划的基本作用是指导项目监理机构全面开展监理工作。监理规划应对监理的计划、组织、程序、方法等作出表述。

(3)监理规划应在监理大纲的基础上,根据工程的需要及发包人的委托,结合承包人报批的施工组织设计、施工进度计划编写,具有针对性,突出监理工作的预控性,要设想出产生各种情况的可能性,针对不同情况制订相应的对策。

(4)编写监理规划要体现“三控制、三管理、一协调”是个有机整体,要把“三控制、三管理、一协调”的内容全部纳入,要注意规划的可行性和操作性。

(5)监理规划具体内容应根据不同工程项目的性质、规模、工作内容等具体情况编制,格式和条目可有所不同。

(6)监理规划应随着建设工程项目的进展或合同变更不断补充、修改与完善。

二、监理规划的主要内容

(一)总则

(1)工程项目基本情况。简述工程项目的名称、性质、等级、建设地点、自然条件与外部环境,工程项目组成及规模、特点,工程项目建设目的。

(2)工程项目主要目标。工程项目总投资及组成、计划工期(包括项目阶段性目标的计划开工日期和完工日期)、质量目标。

(3)工程项目组织。工程项目主管部门、发包人、质量监督机构、设计单位、承包人、监理单位、材料设备供货人的简况。

(4)监理工程范围和内容。发包人委托监理的工程范围和服务内容等。

(5)监理主要依据。列出开展监理工作所依据的法律、法规、规章,国家及部门颁发的有关技术标准,批准的工程建设文件,以及有关合同文件、设计文件等的名称、文号等。

(6)监理组织。现场监理机构的组织形式与部门设置,部门分工与协作,主要监理人员的配置和岗位职责等。

(7)监理工作基本程序。

(8)监理工作主要方法和主要制度。制定技术文件审核与审批、工程质量检验、工程计量与付款签证、会议、施工现场紧急情况处理、工作报告、工程验收等方面的监理工作具体方法和制度。

(9)监理人员守则和奖惩制度。

(二)工程质量控制

(1)质量控制的原则。

(2)质量控制的目标。根据有关规定和合同文件,明确合同项目各项工作的质量要求和目标。

(3)质量控制的内容。根据监理合同,明确监理机构质量控制的主要工作内容和任务。

(4)质量控制的措施。明确质量控制程序和质量控制方法,并明确质量控制点、质量控制要点与难点。

(5)明确监理机构所应制定的质量控制制度。

(三)工程进度控制

(1)进度控制的原则。

(2)进度控制的目标。根据工程基本资料,建立进度控制目标体系,明确合同项目进度的控制性目标。

(3)进度控制的内容。根据监理合同,明确监理机构在施工中进度控制的主要工作内容。

(4)进度控制的措施。明确合同项目进度控制程序、控制制度和控制方法。

(四)工程投资控制

(1)投资控制的原则。

(2)投资控制的目标。依据施工合同,建立投资控制体系。

(3)投资控制的内容。根据监理合同,明确投资控制的主要工作内容和任务。

(4)投资控制的措施。明确工程计量方法、程序和工程支付程序以及分析方法,明确监理机构所需制定的工程支付与合同管理制度。

(五)合同管理

(1)变更的处理程序和监理工作方法。

(2)违约事件的处理程序和监理工作方法。

(3)索赔的处理程序和监理工作方法。

(4)担保与保险的审核和查验。

(5)分包管理的监理工作内容与程序。

(6)争议的调解原则、方法与程序。

(7)清场与撤离的监理工作内容。

(六)协调

(1)明确监理机构协调工作的主要内容。

(2)明确协调工作的原则与方法。

(七)工程验收与移交

明确监理机构在工程验收与移交中工作的内容。

(八)保修期监理

(1)明确工程保修期的起算、终止和延长的依据及程序。

(2)明确保修期监理的主要工作内容。

(九)信息管理

(1)信息管理程序、制度及人员岗位职责。

(2)文档清单及编码系统。

(3)文档管理计算机管理系统。

(4)文档信息流管理系统。

(5)文件资料归档系统。

(6)现场记录的内容、职责和审核。

(7)现场指令、通知、报告内容和程序。

(十)监理设施

(1)制定现场交通、通信、试验、办公、食宿等设施设备的使用计划。

(2)制定交通、通信、试验、办公等设施使用的规章制度。

(十一)其他根据合同项目需要应包括的内容

(略)

第二节　监理规划实例

某水利工程监理实例

1　工程概况

1.1　工程现况

某大堤除险加固工程,加固实际堤长约 55.799 km,其中加固与重建穿堤建筑物 6 座。通过本次工程加固提高该段大堤的防洪能力,减轻防汛压力,配合其他工程措施,使堤圈内广大平原的农田、村庄、大型煤矿、京沪铁路、合徐高速公路等能安全防御 1954 年洪水,结合临淮岗洪水控制工程和怀洪新河等分洪工程,使大堤的防洪标准达到百年一遇。

堤防工程主要工程量为:本工程主要有堤防加固工程、穿堤建筑物等,总土方填筑量 175 万 m^3,总混凝土浇筑工程量 4.77 万 m^3,黏土灌浆总进尺 64.03 万 m,水泥土截渗墙 4.5 万 m^2,砌块砌筑 1.35 万 m^3。

受季风影响,本地区风向多变。冬季多偏北风,夏季多偏南风,春秋季多东风、东北风。年平均风速为 3.4 m/s,最大月平均风速 4.2 m/s(4 月),最小月平均风速 2.9 m/s(9 月),平均风力为 2 级,最大风力为 7 级。

根据当地气象统计资料，多年平均降水量 896 mm，降水量年内和年际变化都很大。汛期 6 ~9 月雨量占全年降水量的60%以上，汛期降水又多集中在7、8 月份。

区内地下水可分为孔隙潜水和孔隙承压水两大类。孔隙潜水主要赋存于1—2、2—2层砂壤土中，孔隙承压水主要赋存于3—2 层砂壤土，3—3、4—2 和 5—2 层细砂中，具有一定的承压水头。含水层厚度一般均不大(1—2 层厚度稍大)，富水程度随岩性不同也不尽相同。1—2、2—2、3—2 层砂壤土一般属中等透水性土层(局部为弱透水性)，3—3、4—2、5—2 层细砂属中等—强透水性土层，而相对隔水层(1—1、2—1、3—1、4—1、5—1、6—1 层等)则属弱—微透水性土层。

在新中国成立前该堤堤身矮小、堤线弯曲，没有形成完整的防洪体系。新中国成立后经过多次的加高培厚后，形成现在的规模。堤身填筑土主要在沿堤线附近就近取土，人工堆筑而成，堤身碾压不实，填筑质量较差，土性一般与附近堤基地层相同或相近，以轻、中粉质壤土为主，堤身散浸、渗漏现象较为普遍，抗冲性能差。根据堤身填土的现状，现将其分为两大类：Ⅰ类，填土主要为中、重粉质壤土，夹少量轻粉质壤土；Ⅱ类，填土主要为轻粉质壤土、砂壤土，夹黏性土团。

1.2 主要工程设计内容

该大堤除险加固工程堤防长 55.799 km，堤身设计标准断面参数初步确定为：超高 2.0 m；堤顶宽度 10 m；堤防迎水坡为 1:3；背水坡堤顶以下 3 m 处设置 2 m 宽平台(局部可为 10 m)，平台以上边坡 1:3，以下边坡 1:5。

加固与重建穿堤建筑物 6 座，对安淮站涵、郜湖站涵的穿堤涵洞拆除重建；对新集站涵和钱家沟站涵的穿堤涵洞进行局部的维修加固；对五河分洪闸临淮河侧引河河道进行清淤及上下游护坡修复处理；对防洪安全有重大影响的船闸闸门和启闭设备实施更换。

1.2.1 堤防加固

1.2.1.1 灌浆和截渗工程处理

堤身灌浆(桩号：52 + 102 ~ 70 + 800、72 + 100 ~ 85 + 450、89 + 200 ~ 104 + 124、115 + 691 ~ 122 + 968，计 54.245 km)均采用水泥土灌浆处理。灌浆孔沿堤肩或堤坡顺堤线方向呈梅花形布置 3 排，排距初步确定为 1.5 m，孔距 2.0 m，孔径一般为 30 ~ 50 mm，孔口压力应控制在 0.4 ~ 0.7 kgf/cm^2(1 kgf = 9.806 65 N)，灌浆孔深入堤基以下 1.0 m 左右；对毛滩、安淮段、高台子段(桩号分别为 58 + 550 ~ 59 + 650、70 + 800 ~ 72 + 100、77 + 400 ~ 79 + 000，共计长 4 000 m)采用水泥土截渗墙处理。水泥土截渗墙，毛滩和高台子两段水泥土截渗墙均布置在迎水面距堤脚 2.5 m 左右的滩地上，安淮段截渗墙布置在堤顶上。根据各段堤身及堤基土质和渗透稳定分析结果，截渗墙底高程一般在堤基②层与③层的接口高程处，桩与桩搭接厚不小于 0.12 m，渗透系数不大于 6 ~ 10 cm/s。

1.2.1.2 堤身护坡

现浇混凝土护砌堤段(桩号：56 + 990 ~ 62 + 574、73 + 200 ~ 79 + 000、91 + 250 ~ 97 + 800、119 + 485 ~ 121 + 546，计 19.995 km)的结构形式为坡面上铺 0.08 m 厚混合砂石垫层，其上浇 0.10 m 厚的 C20 混凝土板；混凝土预制块护坡堤段(桩号：66 + 900 ~ 69 + 910、70 + 750 ~ 72 + 770、98 + 200 ~ 101 + 960、102 + 960 ~ 103 + 560，计 9.39 km)的结构形式为在坡面上铺一层土工布，再铺 0.05 m 厚瓜子片垫层，再砌 0.12 m 的 C20 混凝土砌块；对

原有干砌块石护坡标准不足的堤段(62+574～63+574、89+200～90+736,计2.536 km)进行干砌块石接高处理,其结构形式为干砌块石0.30 m厚,下铺0.10 m厚碎石垫层。

1.2.1.3 护岸设计

根据河段受河势及地质的影响,对杨家沟、前台子、柿树园和石灰滩段河道迎流顶冲,主流贴岸,滩地窄,河床窄深等现象,致使河岸变陡坍塌、崩退的岸坡段,进行防护处理。

杨家沟、前台子(桩号分别为64+000～64+500、91+000～91+500,长1 000 m)段以设计枯水位为界,水上进行现浇混凝土护坎防护和水下抛石固脚处理。其结构形式水上护坎为在坡面上铺0.1 m厚混合砂石垫层,再现浇0.15 m厚C20混凝土,水下抛石宽度分别为20 m、18 m,抛石平均厚度为0.6 m。

柿树园(99+300～99+600,计300 m)段采用水下抛石固脚方案,抛石宽度为30 m,抛石平均厚度为0.6 m。

石灰滩(102+680～102+980,计300 m)段新做467.4 m模袋混凝土护岸,模袋充填厚度为15 cm厚的C20混凝土,坡趾采用抛石压底。为防止由于水流冲刷使塌岸向滩地进展而危及堤防安全,建221 m浆砌石挡土墙平顺连接上下游岸坡。

1.2.2 水土保持

对52+102～78+684、95+978～104+124段压渗平台采取撒播狗牙根草籽种植防护措施,计34.728 km;对堤身实施加培段进行草皮护坡,其范围桩号:57+265～58+049、58+820～62+898、81+730～85+529、92+830～93+039、94+273～95+978、102+687～104+124和115+714～115+875,计13.398 km。

1.2.3 防汛道路工程

堤顶防汛道路主要为沥青道路,上堤道路为沥青道路、泥结碎石道路两种形式。

新集站至安淮(桩号62+770～68+900)段6.13 km堤顶现状为土路面,新建宽6 m的沥青碎石防汛道路,路面结构为热拌沥青碎石面层4 cm、泥结碎石垫层20 cm、砂砾石基层15 cm;三冲涵至新集站(桩号52+102～62+770)和安淮至五河分洪闸(桩号68+900～85+450)两段改建成沥青碎石路面。清除表面浮层并整平后,新铺厚4 cm、宽6 m的热拌沥青碎石路面;明光境内柳巷闸至下草湾拦河坝段(115+691～122+968)堤顶现状为沥青路面,对该段路面有损坏的直接在沥青路面上加铺厚4 cm热拌沥青碎石层,局部洼坑用大粒径沥青碎石找平。

需改建的连接主要公路、集镇和码头的上堤道路有大新、新集、安淮、柳巷和泊岗等5条连接道路。路面结构同新建宽6 m的沥青碎石防汛道路。

改建连接村庄、人渡的上下堤便道共80条。路面结构路基宽度为6.0 m、路面宽4.0 m、基层为15 cm的大块碎石、上铺12 cm的泥结碎石、磨耗层为3 cm瓜子片,坡度$i \leq 1/12$,依堤坡填筑而成,迎水面下堤路需顺水流方向填筑。

1.2.4 穿堤建筑物

该大堤加固工程(桩号52+102～104+124、115+691～122+968)需加固和拆除重建的穿堤建筑物共6座。其中,新集站涵、安淮站涵、郜湖站涵和钱家沟站涵4座建筑物为电力排涝站涵,五河船闸为连接浍河与淮河的控制与通航工程。上述工程大都建于20世纪七八十年代,防洪标准偏低,施工质量差,因年久失修存在结构老化、拉裂、漏水、不均匀沉陷、混凝土碳化、伸缩缝止水破坏,消能防冲设施毁坏,闸门老化变形,启闭设备陈旧、不能正常使用等病害,根据检测报告及安全复核,本次加固设计拟对安淮站涵、郜湖站涵的穿堤涵洞拆除重建;对新集站涵和钱家沟站涵的穿堤涵洞进行局部的维修加固;五河分洪闸位于淮河与浍河交汇处,仅对河道清淤和上下游护坡修复处理;对防洪安全有重大影响的船闸闸门和启闭设备实施更换。

1.3 对外水、陆交通

该工程对外水、陆交通较为便利,现状堤顶道路可通往五河县城,直接作为施工进场道路,在五河境内路面为沥青路面、混凝土路面、砂石路面,路况较好,明光段为土路面;各种水运材料通过淮河船运至工程附近的码头,由汽车运输至施工现场。

2 监理服务范围、方式、内容和目标

2.1 监理服务范围

工程监理范围:本次招标范围为某大堤加固工程建设监理Ⅱ标段(包含该段工程施工和移民、环境保护及水土保持项目),桩号52+102~104+124和115+691~122+968,本次加固堤长约55.799 km,监理服务期约42个月。

2.2 监理方式

采用旁站、巡视、平行检验等监理方式。

2.3 监理内容

监理内容主要有工程及相应的征地移民拆迁、水土保持、环境保护等方面的质量控制、进度控制、投资控制、合同管理、信息管理和协调工作。

2.3.1 设计方面

(1)协助发包人与勘测设计单位签订施工图供应协议。

(2)管理发包人与设计人签订的有关合同、协议,督促设计人按合同或协议要求及时供应合格的设计文件。

(3)熟悉设计文件内容,检查施工图设计文件是否符合批准的初步设计和原审批意见,是否符合国家或行业标准、规程、规范,以及是否符合勘测设计合同规定。

(4)组织施工图和设计变更的会审,提出会审意见。经发包人批准后,向承包人签发设计及设计变更文件。

(5)组织设计人进行现场设计交底。

(6)协助发包人会同设计人对重大技术问题和优化设计进行专题讨论。

(7)审核承包人对设计文件的意见和建议,会同设计人进行研究,并督促设计人尽快给予答复。

(8)审核按承包合同规定应由承包人递交的设计文件。

(9)保管监理所用的设计文件及过程资料。

(10)其他相关业务。

2.3.2 工程施工、征地移民拆迁、水土保持、环境保护等方面

(1)协助发包人进行工程招标,签订工程合同、移民拆迁协议等。

(2)管理工程合同,审查分包人资格。

(3)参加移民拆迁测量放线,实物数量、标准的清点、核定等。

(4)检查工程承包人的开工准备工作,具备开工条件后,经发包人批准,签发开工通知。

(5)审批承包人递交的施工组织设计、施工技术措施、计划、作业规程、临建工程设计及现场试验方案和试验成果。

(6)签发补充的设计文件、技术要求等,答复承包人提出的建议和意见。

(7)工程进度控制。按发包人要求,编制工程控制性进度计划,提出工程控制性进度目标,并以此审查批准承包人提出的施工进度计划,检查其实施情况。督促承包人采取切实措施实现合同工期要求。当实施进度与计划进度发生较大偏差时,及时向发包人提出调整控制性进度计划的建议、意见并在发包人批准后完成其调整。

(8)工程质量控制。审查承包人的质量保证体系和控制措施,核实质量管理文件。依据合同文件、设计文件、技术规范与质量检验标准,对施工前准备工作进行检查,对施工工序、工艺与资源投入进行监督、抽查。依据有关规定,进行工程项目划分,由发包人报质量监督部门批准后实施。对单元工程、分部工程、单位工程质量按照国家有关规定进行检查、签证和评价。协助发包人调查处理工程质量事故。

(9)工程投资控制。协助发包人编制投资控制目标和分年度投资计划。审查承包人提交的资金流计划,审核承包人完成的工程量和价款,签署付款意见,对合同变更或增加项目提出审核意见后,报发包人。受理索赔申请,进行索赔调查和谈判,提出处理意见报发包人。

(10)施工安全监督。检查施工安全措施、劳动防护和环境保护设施,并提出建议;检查防洪度汛措施并提出建议;参加安全事故调查并提出处理意见。

(11)组织监理合同授权范围内工程建设各方协调工作,编发协调会议纪要。

(12)主持单元工程、分部工程验收,协助发包人按国家有关规定进行工程各阶段验收及竣工验收,审查设计人与承包人编制的竣工图纸和资料。

(13)信息管理。作好工地现场监理记录与信息反馈。按监理协议附件要求编制监理月报、年报,督促、检查承包人及时按发包人的规定整理工程档案资料,对工程资料及档案及时进行整编,并在工程竣工验收时或监理服务期结束后移交发包人。

(14)其他相关工作。

2.3.3 采购方面

(1)协助发包人进行重要设备、材料的采购招标工作。

(2)管理采购合同,并对采购计划进度进行监督与控制。

(3)闸门的驻厂监造(投标人宜有相应专业资格的监造工程师),自动化控制设备的厂内不定期监理。

(4)对进场的原材料、制成品、永久工程设备进行质量检验与到货验收。

(5)其他相关业务。

2.3.4 咨询方面

(1)配合发包人聘请的咨询专家开展工作。

(2)根据咨询合同规定,向咨询专家提供工程资料与文件。

(3)分析研究咨询专家建议和备忘录,选择合理的方案和措施,向发包人作出书面报告。

2.4 信息文件

2.4.1 定期信息文件——监理月报

监理月报主要包括以下内容：

(1)项目概述。包括项目位置、项目主要特征及合同情况简介。

(2)大事记。

(3)工程进度与形象面貌。

(4)资金到位和使用情况。

(5)质量控制。包括质量评定、质量分析、质量事故处理等情况。

(6)合同执行情况。包括合同变更、索赔和违约等。

(7)现场会议和往来信函。包括会议记录、往来信函。

(8)监理工作。包括监理组织框图、资源投入、重要监理活动、图纸审查、图纸发放、技术方案审查、工程需要解决的问题和其他事项。

(9)承包人情况。包括劳动力的动态、投入的设备、组织管理和存在的问题。

(10)安全和环境保护。

(11)进度款支付情况。

(12)工程进展图片。

(13)其他还包括水文和气象等自然情况。

2.4.2 不定期信息文件

(1)关于工程优化设计、工程变更或施工进展的建议。

(2)投资情况分析预测及资金、资源的合理配置和投入的建议。

(3)工程进展预测分析报告。

(4)发包人要求递交的其他报告。

2.4.3 日常监理文件

(1)监理日记及施工大事记。

(2)施工计划批复文件。

(3)施工措施批复文件。

(4)施工进度调整批复文件。

(5)进度款支付确认文件。

(6)索赔受理、调查及处理文件。

(7)监理协调会议纪要文件。

(8)其他监理业务往来文件。

2.4.4 其他文件与记录

按工程档案管理规定要求递交的其他文件与记录。

2.4.5 文件份数

文件报送份数，按发包人具体要求(在报送文字材料的同时必须报送一份电子文件)。

2.5 文明工地

协助发包人创建文明工地。

2.6　监理目标

2.6.1　工期控制目标

监理服务期为×个月,即××××年×月至××××年×月,达到合同工期目标。

2.6.2　质量控制目标

工程质量达到合格。

2.6.3　投资控制目标

依据合同以承包合同价为控制目标。

3　项目监理机构组织形式和监理工作阶段划分

3.1　监理机构组织形式

根据本工程的具体情况,本着“满足监理工作需求,精干、高效”的原则,我们确定本项目监理班子组织框图如图5-1所示。

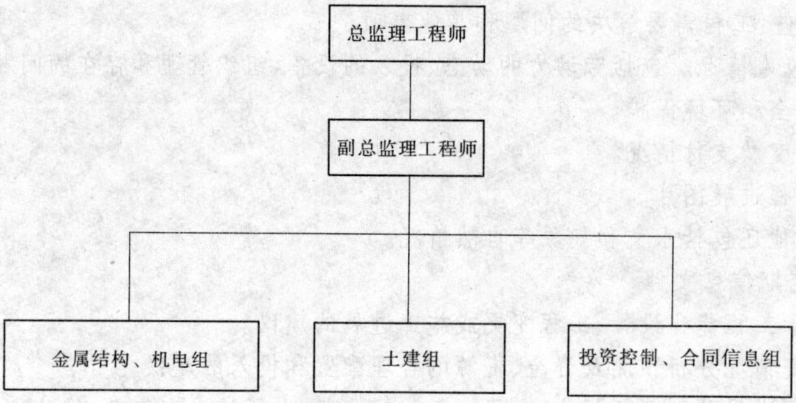

图5-1　项目监理组织框图

3.1.1　监理机构人员结构及基本职责

监理机构主要人员组成

总监理工程师:×××

副总监理工程师:×××

投资控制、信息管理:×××　×××

土建组:×××　×××　×××　×××　×××　×××

3.1.1.1　总监理工程师职责

(1)主持编制监理规划,制定监理机构规章制度,审批监理实施细则,签发监理机构的文件。

(2)确定监理机构各部门职责分工及各级监理人员职责权限,协调监理机构内部工作。

(3)指导监理工程师开展工作;负责本监理机构中监理人员的工作考核,调换不称职的监理人员;根据工程建设进展情况,调整监理人员。

(4)主持审核承包人提出的分包项目和分包人,报发包人批准。

(5)审批承包人提交的施工组织设计、施工措施计划、施工进度计划和资金流计划。

(6)组织或授权监理工程师组织设计交底,签发施工图纸。

(7)主持第一次工地会议,主持或授权监理工程师主持监理例会和监理专题会议。

(8)签发进场通知、合同项目开工令、分部工程开工通知、暂停施工通知和复工通知等重要监理文件。

(9)组织审核付款申请,签发各类付款证书。

(10)主持处理合同违约、变更和索赔等事宜,签发变更和索赔的有关文件。

(11)主持施工合同实施中的协调工作,调解合同争议,必要时对施工合同条款作出解释。

(12)要求承包人撤换不称职或不宜在本工程工作的现场施工人员或技术、管理人员。

(13)审核质量保证体系文件并监督其实施,审批工程质量缺陷的处理方案,参与或协助发包人组织处理工程质量及安全事故。

(14)组织或协助发包人组织工程项目的分部工程验收、单位工程完工验收、合同项目完工验收,参加阶段验收、单位工程投入使用验收和工程竣工验收。

(15)签发工程移交证书和保修责任终止证书。

(16)检查监理日志,组织编写并签发监理月报、监理专题报告、监理工作报告,组织整理监理合同文件和档案资料。

3.1.1.2 副总监理工程师职责

(1)协助总监理工程师工作,指导和带动专业监理工程师开展各项工作。

(2)参加制定项目的监理规划,组织各专业工程师制定监理细则。

(3)协助总监理工程师审核承包人提出的施工组织设计、施工技术方案和安全防护措施,提出改进意见。

(4)负责工程进度的检查与监督。

(5)参与有关索赔事务的处理。

(6)负责工程质量的检查、监督与验收。

(7)审核工程款支付凭证,审核工程决算。

(8)协助总监理工程师提交项目实施报告。

3.1.1.3 专业工程师职责

(1)结合工程具体情况,制定质量监理细则。

(2)参与设计交底和图纸会审,审查设计变更。

(3)审查承包人提出的施工技术方案。

(4)审查承包人的材料供应、资金计划。

(5)检查进场原材料、半成品、设备质量。

(6)核定建筑物在定线、标高和布局等方面是否符合设计图纸要求。

(7)监督工程施工进度和各道工序的施工质量,实施跟踪旁站、巡查和抽查,记好日记,检查安全防护措施,定期向总监理工程师报告。

(8)参与发包人或承包人材料、设备采购调研等事项。

3.1.1.4 管理专业工程师职责

(1)结合工程具体实际情况,制定进度、投资控制的实施细则。

(2)审核承包人提交的施工总进度计划和月施工进度计划。

(3)协助组织现场协调会。

(4)核实工程量,编制投资动态计划,审查承包人提出的资金流动计划并向发包人预报下月支付金额,审核月进度支付证书,经总监理工程师签发后报发包人支付工程进度款。

(5)参与审查承包人选择的分包(供货)单位的资质,并经总监理工程师同意后报发包人批准。

(6)监督现场安全、防火检查。

3.1.1.5 监理员职责

(1)核实进场原材料质量检验报告和施工测量成果报告等原始资料。

(2)检查承包人用于工程建设的材料、构配件、工程设备使用情况,并作好现场记录。

(3)检查并记录现场施工程序、施工方法等实施过程情况。

(4)检查和统计计日工情况,核实工程计量结果。

(5)核查关键岗位施工人员的上岗资格,检查、监督工程现场的施工安全和环境保护措施的落实情况,发现异常情况及时向监理工程师报告。

(6)检查承包人的施工日志和实验室记录。

(7)核实承包人质量评定的相关原始记录。

3.1.2 项目监理机构规章制度

借鉴以往经验,结合本工程的特点,我们将对本工程的监理工作建立以下工作制度。

3.1.2.1 技术文件审核、审批制度

根据施工合同约定由双方提交的施工图纸以及由承包人提交的施工组织设计、施工措施计划、施工进度计划、开工申请等文件均应通过项目监理机构核查、审核或审批,方可实施。

3.1.2.2 施工图会审及设计交底制度

由总监理工程师主持,召集设计、施工、发包人对施工图进行审查,要求承包人的项目经理、专业技术负责人、工种队长参加。由设计单位介绍设计意图并解释疑问,使承包人对工程的设计特点、工程结构、施工技术要求和施工工艺方面有比较详细的了解,做到心中有数,以便科学地组织施工和合理地安排工序,避免发生错误。

3.1.2.3 原材料检验制度

进场的原材料经承包人自检合格后,方可报项目监理机构检验。不合格的材料应按监理指示在规定时限内运离工地或进行相应处理。

3.1.2.4 工程质量检验制度

承包人每完成一道工序或一个单位工程,都应经过自检,合格后方可报项目监理机构进行复核检验。上道工序或上一单元工程未经复核检验或复核检验不合格,不得进行下一道工序或下一单元工程施工。

3.1.2.5 工程计量付款签证制度

所有申请付款的工程量均应进行计量并经项目监理机构确认。未经项目监理机构签证的付款申请,发包人不应支付。

3.1.2.6 会议制度

项目监理机构建立各项会议制度,包括第一次工地会议、监理例会和监理专题会议。

会议由总监理工程师或由其授权的监理工程师主持,工程建设有关各方派人员参加。各次会议应符合下列要求:

(1)第一次工地会议。在合同项目开工令下达前举行,会议内容应包括开工准备情况,介绍各方负责人及其授权代理人和授权内容,沟通相关信息,进行监理工作交底。会议的具体内容可由有关各方会前约定。会议可由总监理工程师主持或由总监理工程师与发包人的负责人联合主持。

(2)监理例会。项目监理机构定期主持召开由参建各方负责人参加的会议,会上应通报工程进展情况,检查上次监理例会中有关决定的执行情况,分析当前存在的问题,提出问题的解决方案或建议,明确会后应完成的任务。会议应形成会议纪要。

(3)监理专题会议。项目监理机构根据需要,主持召开监理专题会议,研究解决施工中出现的涉及施工质量、施工方案、施工进度、工程变更、索赔、争议等方面的专门问题。

(4)总监理工程师组织编写由项目监理机构主持召开的会议纪要,并分发与会各方。

3.1.2.7　施工现场紧急情况报告制度

项目监理机构针对施工现场可能出现的紧急情况编制处理程序、处理措施等文件。当发生紧急情况时,应立即向发包人报告,并指示承包人立即采取有效紧急措施进行处理。

3.1.2.8　工作报告制度

项目监理机构及时向发包人提交监理月报或监理专题报告。在工程验收时,提交监理工作报告;在监理工作结束后,提交监理工作总结报告。

3.1.2.9　工程验收制度

在承包人提交验收申请后,项目监理机构及时对其是否具备验收条件进行审核,并根据有关水利工程验收规程或合同约定,参与、组织或协助发包人组织工程验收。

3.1.2.10　监理内部管理制度

为了更好地实施本工程的监理工作,履行工程建设监理合同中监理方的职责、权利和义务,制定监理内部工作制度如下:

(1)监理工作会议制度。监理组内部坚持每晚的碰头会,由各监理专业工程师汇报当天的工作情况,及时商讨解决施工过程中发生的问题,并安排好第二天的工作。

(2)对外行文审批制度。项目监理组对承包人、发包人的各种发文如工程师通知、监理报表等,根据内容由承担相应职责的专业工程师起草行文,经总监理工程师审定后签发。

(3)建立监理工作日记制度。项目监理组内部建立工作日记制度,总监理工程师、副总监理工程师以及各专业工程师、监理员都必须做好监理日记,内容包括每天的环境状况、施工简况、出现问题及其处理结果,上级领导视察、批示以及有关会议的纪要等,由专人汇总书面形成当日的监理日志,经总监理工程师、副总监理工程师审核后存档。

(4)监理月报制度。项目监理组每月或每半月按时出一期监理工作简报,主要报道工程的各方面进展情况,报送发包人及公司总部,并抄送承包人。

(5)监理考勤制度。项目监理组建立考勤制度,请假、加班须有总监理工程师审批,考勤表由副总监理工程师负责统计,须总监理工程师审批后报公司总部。总监理工程师请假离开工地须经发包人批准,其月驻工地时间不少于22天,且满足工程建设的需要;其他监理人员请假需经总监理工程师批准后方可离开工地,但应满足月驻工地时间不少于

22天，且满足工程建设的需要。

(6)技术、经济资料及档案管理制度。根据我公司的档案管理制度结合本工程特点，项目监理组设两名兼职资料管理员，负责建立文函往来手续，收、发、保管日常工作中的往来文件及图纸等技术资料。

资料管理员同时负责竣工资料的收集，各专业工程师协助做好竣工资料的整理与归档工作。

3.1.3 项目监理机构与发包人的关系

项目监理机构是监理单位受发包人的委托，派驻现场从事工程建设监理工作的组织，与发包人是委托合同关系。双方的权利和义务通过监理委托合同详细确定。

3.1.4 项目监理机构与承包人的关系

项目监理机构受发包人委托和授权，对承包人在项目建设中的行为具有监控的权利，监理机构行使权力不超越监理委托合同及设计、施工承包合同所确认的权限，除非得到发包人的特别授权。

3.2 监理工作阶段划分

在与发包人签订监理合同后，我们将按下列工作阶段开展监理工作：

(1)在监理合同生效后的21天内派出以总监理工程师为首的监理人员进驻施工现场，成立现场监理机构，提交监理规划，提交总监理工程师和主要监理人员名单、简历，单项工程开工前14天内向发包人提交监理细则。

(2)监理进场后明确各监理人员的分工及职责；熟悉与工程有关的各项资料，如国家有关文件、规定、技术规范、标准、设计文件、地质资料、监理合同、承发包合同等。

(3)截至2007年底工程基本完工，工程项目监理部主要监理工作为：

①依据投标文件并根据现场的实际情况，选派足够的监理人员，按监理大纲、监理规划、监理细则的要求开展监理工作。

②及时组织单元、分部工程的质量评定和验收，对合格工程量进行计量支付。

(4)施工阶段划分如下：

①堤内外填塘、堤身加培、堤脚平台等填筑及锥探灌浆安排在第一及第二两个枯水期即××××年×月至××××年×月完成，其中锥探灌浆与堤防加固按施工分段错开枯水期进行。堤基水泥土截渗墙安排在第一个枯水期，所在堤段的锥探灌浆等施工应错开至第二个枯水期进行。护岸工程安排在第二个枯水期、淮河水位较低的时段内施工，其中护坎段土方开挖、脚槽砌石以及脚槽以上的干砌护坎及护坡、浆砌石封顶等安排在淮河最枯时段12月至翌年2月间完成，水下抛石和模袋混凝土安排在水位较枯时段的11月至翌年5月初完成。堤内坡草皮护坡、混凝土预制块护坡和堤顶防汛道路安排在第二个及第三个枯水期完成，草皮护坡在3~5月种植，混凝土预制块护坡在11月至翌年4月砌筑，堤顶防汛道路在施工堤段加固工程完成后进行。

②堤防施工分别在两个非汛期施工。分别在××××年×月和××××年×月。

③穿堤建筑物随各自堤防施工段穿插进行，每座穿堤涵挖除复堤工期安排4个月；安淮站涵和郜湖站涵为拆除重建项目，工程量较大，两者水系相通，分别安排在两个非汛期施工。

(5)工程中后期项目监理部工作的重点在面上尾工、档案资料的整理工作。协助项目法人抓好工程竣工验收前的各项工作。

4 工程进度控制措施

4.1 工程进度控制主要内容

项目监理机构在工程项目开工前依据施工合同约定的工期总目标、阶段性目标等，协助发包人编制控制性总进度计划，并在工程项目开工前依据控制性总进度计划审批承包人提交的施工进度计划。在工程施工过程中，依据施工合同约定审批各单位工程进度计划，逐阶段审批年、季、月施工进度计划，检查其实施情况，督促承包人采取切实措施实现合同目标要求。当由种种原因以致使实施进度发生较大偏差时，及时向承包人提出调整控制性进度计划的建议并在通过发包人批准后完成其调整。

4.2 进度控制主要措施

(1)根据工程建设合同总进度计划，编制控制性进度目标和年度施工计划，建立多级网络计划和施工作业计划体系。

(2)审查承包人的施工进度计划，主要审查内容包括：

①在施工进度计划中有无项目内容漏项或重复的情况。

②施工进度计划与合同和阶段性目标的相应性与符合性。

③施工进度计划中各项目之间逻辑关系的正确性与施工方案的可行性。

④关键路线安排和施工进度计划实施过程的合理性。

⑤人力、材料、施工设备等资源配置计划和施工强度的合理性。

⑥材料、构配件、工程设备供应与施工进度计划的衔接关系。

⑦本施工项目与其他各标段施工项目之间的协调性。

⑧施工进度计划的详细程度和表达形式的适宜性。

⑨对发包人提供施工条件要求的合理性。

⑩其他应审核的内容。

(3)与承包人共同想办法，优先采用高效能的施工机械及施工新工艺、新技术，合理选择施工方案和工程施工措施。

(4)建立反映工程进度状况的监理日志。

(5)工作上与承包人积极配合，做到前道工序结束，就是监理检查结束之时，与承包人同步进行，具备条件即批准施工。

(6)采用计算机技术对工程进度进行动态管理，及时提出调整进度的措施和方案。

(7)做好现场组织协调工作，解决问题，排除干扰，为工程施工创造良好的内外部环境。

(8)监督承包人严格按照合同工期组织施工。对控制工期的重点工期，审查承包人提出的保证进度的具体措施，如发生延误，应及时分析原因，采取措施。随施工进度逐旬对施工实施进度特别是关键路线项目和重要事件的进展进行控制，包括运用工程承建合同文件中规定的“指令赶工”等手段，努力促进施工进度计划和合同工期目标得到实现。

4.3 实际施工进度计划的检查与协调

(1)项目监理机构在施工过程中编制描述实际施工进度状况和用于进度控制的各类图表，对比检查承包人已经批准的施工进度计划落实情况。

(2)项目监理机构在施工过程中督促承包人作好施工组织管理，确保施工资源的投入,并按批准的施工进度计划实施。

(3)项目监理机构切实作好实际工程进度记录以及承包人每日的施工设备、人员、原材料的进场记录,并审核承包人的同期记录。

(4)项目监理机构对施工进度计划的实施全过程,包括施工准备、施工条件和进度计划的实施情况,进行定期检查,对实际施工进度进行分析和评价,对关键路线的进度实施重点跟踪检查。

(5)项目监理机构根据施工进度计划,协调有关参建各方之间的关系,定期召开生产协调会议,及时发现、解决影响工程进度的干扰因素,促进施工项目的顺利进展。

4.4 施工进度计划的调整

(1)项目监理机构在检查中发现实际工程进度与施工进度计划发生了实质性偏离时,及时要求承包人调整施工进度计划。

(2)项目监理机构根据工程变更情况,公正、公平处理工程变更所引起的工期变化事宜。当工程变更影响施工进度计划时,项目监理机构及时要求承包人编制变更后的施工进度计划。

(3)项目监理机构依据施工合同和施工进度计划即实际工程进度记录,审查承包人提交的工期索赔申请,提出索赔处理意见报发包人。

(4)施工进度计划的调整使总工期目标、阶段目标、资金使用等发生较大的变化时,项目监理机构提出处理意见报发包人批准。

5 工程质量控制措施

5.1 质量控制主要任务和内容

(1)建立和健全项目监理机构的质量控制体系,并在监理工作过程中不断改进和完善。

(2)项目监理机构监督承包人建立和健全质量保证体系,并监督其贯彻执行。

(3)熟悉和掌握质量控制的技术依据,例如已批准的设计文件和施工图纸,水利工程施工验收规范、质量等级评定标准以及有关操作规程,施工合同中有关质量的条款。组织施工图和设计变更的会审,提出会审意见,报告发包人,经发包人批准同意后,向承包人签发设计及设计变更文件。

(4)协助发包人做好施工现场准备工作,为承包人提供符合施工合同要求的施工现场。

(5)项目监理机构按照有关工程建设标准和强制性条文及施工合同约定,对所有施工质量活动及与质量活动相关的人员、材料、工程设备和施工设备、施工方法和施工环境进行监督和控制,按照事前审批、事中监督和事后检验等监理工作环节控制工程质量。

(6)项目监理机构严格按规定或施工合同约定,检查承包人现场检验设备、人员、技术条件等情况。

(7)项目监理机构对承包人从事施工、安全、质检、材料等岗位及施工设备操作等需要持证上岗的人员的资格进行验证和认可。对不称职或违章、违规人员,可要求承包人暂停或禁止其在本工程中工作。

(8)监理机构应审批承包人制定的施工控制网和原始地形图的施测方案,并对承包人施测过程进行监督,对测量成果进行签认,或参加联合测量,共同签认测量成果。

监理机构应对承包人在工程开工前实施的放线测量进行抽样复测或与承包人进行联

合测量。

(9)监理机构应审批承包人提交的工艺参数试验方案,对现场试验实施监督,审核试验结果和结论,并监督承包人严格按照批准的工法进行施工。

(10)以单元工程为基础,对基础工程、隐蔽工程、分部工程的质量进行检查、签证和施工质量的评价。

(11)协助发包人调查处理工程质量事故。

(12)主持或参与工程阶段验收和竣工验收工作。

(13)施工安全监督。检查施工安全措施、劳动防护和环境保护设施及汛期防洪度汛措施等;参加重大安全事故调查并提出处理意见。

5.2 质量控制主要措施

(1)严把设计图纸关。

①组织监理人员认真熟悉设计图纸,领会设计意图,把设计图纸中的"错、漏、碰、缺"等问题解决在开工前。

②组织设计交底及图纸会审,施工图纸交底和会审意见应由承包人或项目监理整理形成文字记录,经设计、监理、发包人各方会签后作为施工依据。确保未经会审的图纸不得用于施工。

③严格按程序办理设计变更及工程变更。

(2)建立工程质量控制体系,加强事前预控。

①建立监理工程师的质量控制体系。

②审查承包人质量保证体系及分包单位资质。

③建立工程开工申请制度。

④建立质检报表制度。要求承包人在单元工程完工后,必须填好单元工程验评表,在自检合格的基础上报监理组(附材料质保书、试验单、隐检单等)复验。项目监理组应严格"三检"(预检、复检、抽检),及时完整、准确记录整理检查资料(包括照片),督促承包人限时整改不合格工程,加强薄弱环节的管理。

(3)审查施工组织设计、施工方案。

①提出审查意见及时发回承包人并送发包人备案。

②严格落实经审批的施工组织设计,施工方案的全面执行不得任意改动,并在其实施完毕后,对实施效果作出评价。

(4)严格控制工程材料、土料等质量,杜绝不合格材料进入现场。

(5)对施工测量、放样等进行随机抽查。如发现问题应及时通知承包人纠正,并作出监理记录。

(6)严格工序质量管理。

①加强施工过程检查。建立施工值班制度,保证在施工现场不离人,督促承包人发挥自身质保体系的作用并及时解决现场发生的问题,同时作好值班记录。对关键工序设置质量控制点,在施工过程中采用旁站与巡视相结合的检查方法,确保工程质量。

②严格工序交接检查、停工后复工前的检查。严格控制前道工序质量验收合格后,才能进行下道工序的施工,层层把关。隐蔽工程在下道工序施工前必须进行质量验收,未经

验收不得进入下道工序施工。

(7)检查确认运到施工现场的工程材料、土料,禁止不符合质量要求的材料、土料进入工地和投入使用。

(8)监督承包人严格按照施工规范、设计图纸要求施工,严格执行承包合同,对工程主要部位、主要环节及技术复杂工程加强检查。

(9)对承包人的检验测试仪器、设备、度量工具的定期检验工作进行全面监督,不定期地进行抽验,保证度量数据的准确。

(10)参加工程设备供货人组织的技术交底会议,监督承包人按照工程设备供货人提供的安装指导书进行工程设备的安装。

(11)审核承包人提交的设备启动程序并监督承包人进行设备启动与调试工作。

(12)行使质量监督权,下达停工令。当出现下述情况之一者,监理工程师发布停工令:

①未经检验即进入下一道工序者。

②擅自采用未经认可或批准的材料者。

③擅自将工程转包者。

④擅自让未经同意的分包商进场者。

⑤没有可靠的质量保证措施贸然施工,已出现质量下降征兆者。

⑥工程质量下降,经指出未采取有效改正措施,或采取了一定措施而效果不好,继续作业者。

⑦擅自变更设计图纸要求者等。

(13)对不合格的工程拒付工程进度款。

(14)工程质量事故的处理如下:

①工程质量事故发生后,承包人必须用电话或书面形式逐级上报,对重大的质量事故和工伤事故,监理机构立即上报发包人。

②凡对工程质量事故隐瞒不报,或拖延处理,或处理不当,或处理结果未经监理机构同意的,对工程事故及受事故影响的部分工程应视为不合格工程,不予计价。待合格后,再补办验工计价。

(15)严格执行单元、分部、单位工程质量验评程序及竣工验收程序,对合格工程进行工程质量的确认,对不合格工程督促承包人限时整改。

(16)做好项目竣工验收工作,审核承包人的竣工资料。

5.3 本工程主要项目技术控制要求

5.3.1 测量

建设、监理、施工三方共同对基准点进行复查移交确认会签,同时承包人应增设控制网,并采取可靠的保护措施,以确保施工项目施测放样的精度。

可能产生的隐患:导致工程偏离设计,有基准误差。

质量预控措施:现场认证坐标系、高程基准点、测量仪器精度符合要求且经校验。

5.3.2 施工的预控措施

5.3.2.1 质量控制点

质量控制点如下:①堤基清理;②土方开挖;③堤身加培;④填塘固基;⑤堤身灌浆;

⑥截渗墙工程;⑦老穿堤建筑物拆除;⑧基坑排水;⑨建基面清理;⑩砌石工程;⑪模板制作安装;⑫钢筋绑扎;⑬混凝土浇筑;⑭埋件制作安装;⑮闸门制作安装;⑯启闭机安装;⑰电气设备安装;⑱建筑物土方回填;⑲堤顶防汛路;⑳草皮护坡;㉑外观质量控制;㉒抛石护岸。

5.3.2.2 预控措施

1)堤基清理

可能产生的隐患:堤基清理的深度、范围达不到设计要求,堤基范围内的坟墓、房基、水井、泉眼和各类洞穴及坑、槽、沟、河等没有按规范要求处理,堤基清理土方没有运至设计或监理工程师指定的位置等。

质量预控措施如下:

(1)在堤基清理前根据设计图纸计算出设计铺土边线,使堤基清理边线超出设计线不小于50 cm;按规范要求进行检查。

(2)监督检查堤基表层不合格土、杂物等的清除情况,对堤基范围内的坟墓、房基水井、泉眼,各类洞穴及坑、槽、沟、河等均要求承包人清基后按堤身填筑要求进行回填处理。

(3)对所有堤基开挖,清除的弃土、杂物、废渣等均要求承包人运至设计图纸或监理工程师指定的场地堆放,不得随地弃置,更不能与筑堤土料混杂。

(4)要求承包人堤基清理完成后进行倒毛、平整、碾压,经监理工程师检验合格后方可进行下一道工序施工。

(5)在堤基清理前和清基完成后均会同承包人对堤防断面进行重新测量,为保证工程计量支付的准确性奠定基础。

2)土方开挖

可能产生的隐患:料场表层耕作土、淤泥、杂物等清理不彻底,土料开挖施工方法不合理,料场排水系统不畅通,土料运输方法不合理等。

质量预控措施如下:

(1)根据料场的实际情况,要求承包人制订切实可行的土料开挖方法。

(2)在土料开挖前,认真仔细地检查料场的清表情况,在确认土料质量符合设计和规范后,方可批准承包人进行土方开挖。

(3)在土方开挖过程中,监督检查承包人土料开采和运输的方法,发现承包人土料开挖和运输方法与料场土质实际情况有出入时,及时要求承包人调整土料开挖方案。

(4)检查承包人料场开挖范围内的排水系统是否畅通,开挖区内的渗雨水排除是否及时,发现问题及时要求承包人整改。

3)堤身加培

可能产生的隐患:土料质量不符合设计和规范要求,碾压试验成果的代表性差,土料含水量过高,铺土厚度和边线不满足要求,新老堤结合部处理不彻底,压实机具和碾压遍数不符合碾压试验所确定的参数,碾压方法不正确,土料干密度取样和试验方法达不到规范和设计要求,在雨雪和负温天气条件下填筑土料没有按要求施工等。

质量预控措施如下:

(1)土料开挖前要求承包人先对开挖区的土料进行核查,了解可开挖厚度、数量、水位和地质条件，进行天然密实度、含水量、液限和塑性指数等试验，测定其最大干密度、最优含水量。

(2)堤防填筑前，旁站监督承包人根据工地的实际情况选定合适的位置做现场碾压试验，确定本工程所采用的碾压机具和施工参数等。

(3)采用巡视检查和部分时间旁站的方法，检查承包人筑堤土料质量，严禁淤土、杂质土等特殊土料和冻土块上堤。

(4)根据碾压试验确定的最优含水量来确定各种筑堤土料的控制含水量范围，在检查中发现当上堤土料的含水量偏高或过低时及时要求承包人采取措施。

(5)为控制铺料边线，要求承包人在铺料前用白灰洒出铺土边线，按要求将土料(按进占法施工)铺至规定部位，上堤土料中的杂质应予清除。

(6)为控制铺料厚度，要求承包人沿铺土边线每隔30～50 m设一根控制高程的木桩，在木桩上用红漆画出铺土高度，推土机整平后及时用标有铺土厚度的钢钎进行复测，以保证按规定层厚铺土。

(7)土料铺填前，应对新老堤的结合部位进行开阶处理，以有利于新老堤的结合。

(8)在土料铺填过程中，检查承包人铺土的方法是否符合规范要求，发现问题，现场要求承包人进行改正。

(9)在土料碾压前，要求承包人根据项目划分分段设立标志，以防漏压、欠压和过压，上下层的分段接缝位置应错开。碾压过程中控制相邻作业面的搭接碾压宽度、碾压方法、碾压机具、碾压机械行走方向和速度及压实遍数等。

(10)在工程施工过程中，要求承包人专人负责收集天气预报资料，降雨前及早通知。雨前及时压实作业面，雨后恢复施工时，填筑面应经晾晒，复压处理，必要时应对表层再次进行清理，并待质检合格后及时复工。由于气候、施工等原因停工的填筑工作面应加以保护，复工时必须仔细清理，经监理人验收合格后，方准填土，并作记录备查。

(11)在冬季施工时要求承包人压实土料的温度必须在-1.0 ℃以上，但在风速大于10 m/s时应停止施工。填土中严禁有冰雪或冻土块，如因冰雪停工，复工前需将表面积雪清理干净，并经监理人检验合格后，方可继续施工。

(12)监督检查承包人对土料干密度所进行的取样和试验的工作，并根据规范要求进行抽检试验。

(13)在整个堤防填筑过程中，加强对承包人的土方实验室的监督和检查，以控制承包人干密度自检的真实性。

4)填塘固基

可能产生的隐患：填塘的位置和范围准确，填塘的高程达不到设计要求等。

质量预控措施如下：

(1)在工程施工前，要求承包人根据施工图纸，对填塘位置进行精确定位。

(2)在施工过程中，监督检查承包人的填筑情况，发现问题，现场要求承包人进行整改。

(3)要求承包人预留一定的沉陷量。

5)堤身灌浆

可能产生的隐患：灌浆材料、浆液的密度不符合要求，造孔方法不正确，终孔和封孔达不到设计和规范要求,浆液灌入量与设计有出入,裂缝、串浆和冒浆等。

质量预控措施如下:

(1)工程施工前,监督和检查承包人对灌浆所使用的材料进行试验,在其满足设计和规范要求后方可在工程中使用。

(2)在浆液制作时,要求承包人对制浆材料必须进行称量,称量误差应小于5%,水泥、黏土等固相材料采用质量称量法,浆液采用专用机械制浆,搅拌应均匀并测定浆液密度。在灌浆过程中浆液密度和输浆量应每小时测定1次并记录,浆液的稳定性和自由吸水率10天测1次,如浆料发生变化,应随时加测。

(3)在造孔时,控制承包人灌浆孔的布置满足设计文件要求,造孔控制孔位、孔深、孔斜,保证铅直,偏斜不得大于孔深的2%,应采用干法造孔,不得用清水循环钻进,所有钻孔应编序号与孔号。锥孔后采用木塞或草团将孔口堵塞,防止土块掉入孔内。

(4)为控制灌浆量,在灌浆施工中要求承包人采用"少灌多复"、"先稀后浓"的方法。每孔每次最大灌浆量应按设计要求控制,灌浆时必须一次灌满。对吸浆量大的灌浆孔每次吸浆量每米孔深应控制在0.5~1.0 m,以延长灌浆期。若已知洞穴隐患较多,可适当增加灌浆量和提高浆液稠度。

(5)监督、检查承包人灌浆遍数,若满足设计和规范要求,同意承包人结束灌浆,按规范和设计要求进行封孔。

(6)纵横处理。灌浆过程出现纵横时,采用停灌,待裂缝闭合后,若出现横缝时立即停灌,采用沿裂缝处开挖大于50 cm深的阻浆槽,用黏土回填、夯实形成阻灌塞。

(7)冒浆处理。对堤顶和堤坡冒浆,应立即停灌,挖开冒浆出口,用黏性土料回填夯实;对白蚁洞冒浆,可先在冒浆口压砂堵塞洞口,再继续灌浆;对水下堤坡或土堤与其他建筑物接触带冒浆,可采用稠浆间歇灌注。

(8)串浆处理。当第一序孔灌浆时,发现相邻孔串浆,应加强观测、分析,确认对土堤安全无影响后,灌浆孔、串浆孔可同时灌注,如不宜同时灌注,可用木塞堵住串浆孔,然后继续灌浆;对吸浆量大的孔眼,经检查无漏浆地点后,可用浓度较大的浆液灌注。

6)多头小直径截渗墙工程

可能产生的隐患:施工机械设备不足,墙体厚度、开叉、墙深不够设计值,墙体出现断层、倾斜,墙体搅拌不均匀,水泥掺入比不满足规范要求,搅拌不均匀等。

质量预控措施如下:

(1)为了确保本次施工能高标准、高质量、高速度地完成,我部将督促承包人投入足够数量的各类机械设备,桩机设备拟选用通过国家验证的厂家生产的设备。

(2)主要机械操作、维修人员,要具有5年以上从事机械操作、维修工作的经历,并达到一定的技术水平。

(3)截渗墙在施工前,对不同土质的施工段分别进行现场围井试验,以确定水泥浆的水灰比,水泥土中的水泥掺入比,以及桩与桩之间的搭接厚度等施工参数。通过现场成桩试验验证后的施工参数进行施工,误差控制在规范规定范围内。

(4)当罐内储量小于单桩用浆量时,不得开钻。

(5)开始钻孔前,需将工作面整平,并对各孔序的桩位作出醒目标记。要测定钻头直径,施钻过程中经常抽测,确保桩径的一致性,以保证墙体厚度,相邻桩间的施工间隔控制在24 h以内。

(6)钻孔深度的准确性,开钻前检查钻杆长度,细化深度记录盘,使深度记录盘清晰明了,控制深度误差不得大于设计要求。

(7)严格控制施工方法,按照设计确定的数据控制喷浆量和搅拌提升速度(三至五档)施工,喷浆阶段必须保证连续。一旦因故停止,应将搅拌机钻头下沉到停止面以下不少于1.0 m,待恢复供浆后再提升。确保墙体的均匀性,并以桩机前后、左右两边悬挂的两个铅锤校正钻杆垂直度。

(8)墙体用水泥拟选用合格的普通硅酸盐水泥。对于每一个批号进场水泥必须有出厂质量保证单,并随机抽样复检。严禁过期、过潮、结块或变性等劣质的不合格水泥在施工中使用。

7)老穿堤建筑物拆除

可能产生的隐患:机械设备不足,拆除速度慢、拆除不彻底、拆除扰动地基、拆除防护措施不足等。

质量预控措施如下:

(1)检查承包人是否按投标文件上所报的设备及人员进场,在拆除过程中发现承包人设备及人员不足时,及时要求承包人增加设备及人员。

(2)在拆除前,现场确认拆除部位;在拆除过程中,跟踪检查承包人拆除的方法是否满足施工要求,发现问题,及时指出。

(3)对于老建筑物基础的拆除,应以满足不扰动基础为标准,以人工拆除为主。拆除完成后,及时检查拆除情况。

(4)在拆除过程中,随时检查拆除安全措施的落实情况,发现安全隐患,马上要求承包人停工整改。

8)基坑排水

可能产生的隐患:排水明槽、集水井布局不合理,或机泵故障,排水效果不好。

质量预控措施如下:

(1)合理布置排水明槽和集水井点。

(2)适量增加设备用潜水电泵。

(3)配备足够的发电机。

9)建基面清基

可能产生的隐患:高程不足或超挖、位置不准、尺寸不对、建基面存水等。

质量预控措施如下:

(1)复核承包人放线结果,包括资料检查和现场复测。

(2)审核基坑排水措施及方案,现场监督检查开挖情况。

10)砌石工程

可能产生的隐患:块石质量达不到要求,干砌石叠砌、浮塞、通缝、对缝、浮石、空洞等,浆砌石未采用铺浆法砌筑、砂浆不饱满,上下层出现通缝,人为出现施工分缝,勾缝不美观等。

干砌石质量预控措施如下:

(1)块石料必须选用质地坚硬、不易风化、没有裂缝且大致方正的岩石,不允许使用薄片状石料。石料最小边尺寸应不小于20 cm,单块重应不小于25 kg。用于砌体表面的石料必须有一个用做帮砌体表面的平整面,以保证砌体表面的平整。

(2)石料场选定后,承包人应通知监理工程师到料场进行考察。各选定石料场的块石均应进行进场前的材质检验,必要时,监理工程师应进行见证取样、见证送样或进行监理抽检。未经监理工程师审签批准的块石料不得进场使用。

(3)砌筑前,应在坡面上设置纵向和横向砌体坡面线,以保证砌体的厚度和表面平整度符合设计要求。

(4)砌筑块石应经敲打修整使之与已砌块石面基本吻合后才能使用。块石砌体的缝口应挤靠紧密,上下错缝,底部应垫稳填实,严禁架空。

(5)不得使用一边厚一边薄的石块或边口很薄而未修整掉的石料。

(6)宜采用立砌法,不得叠砌和浮塞,石料最小边厚度不应小于20 cm。

(7)砌体的石块间较大的空隙应用合适的石块嵌实,不得随便倒入碎石或留着空洞不予处理。

浆砌石质量预控措施如下:

(1)块石必须选用质地坚硬、不易风化、没有裂缝且大致方正的岩石。石料场选定后,承包人应通知监理工程师到石料场进行考察。各选定石料场的块石均应进行进场前的材质检验,必要时,监理工程师应进行见证取样、见证送样或监理抽检。未经监理工程师审签批准的块石料不得进场使用。水泥、砂和施工用水,应符合设计和相关规范要求。

(2)砌筑前,应在坡面上设置纵向和横向砌体坡面线,以保证砌体的厚度和表面平整度符合设计要求。

(3)浆砌块石体必须采用铺浆法砌筑。砌筑时,应先铺砂浆后砌筑,石块应分层卧砌,上下错缝,内外搭砌,砌立稳定。相邻工作段的砌筑高差应不大于1.2 m,每层应大体找平,分段位置应尽量设在沉降缝或伸缩缝处。

(4)在铺砂浆之前,石料应洒水湿润,使其表面充分吸水,但不得有残留积水。砌体基础的第一层石块应将大面向下。砌体的第一层及其转角、交叉与洞穴、孔口等处,均应选用较大的平整毛石。

(5)所有的石块均放在新拌的砂浆上,砂浆缝必须饱满、无缝隙,石缝间不得直接紧靠,不得先摆石块后塞砂浆或干填碎石,不允许采用外面侧立石块、中间填心的方法砌石。灰缝厚度一般为20~35 mm,较大的空隙应用碎石填塞,但不得在底座上或石块的下面用高于砂浆层的小石块支垫。

(6)砌缝应做到饱满,勾缝自然,无裂缝、脱皮现象,匀称美观,块石形态突出,表面平整。砌体外露面溅染的砂浆应清除干净。

(7)砌体的结构尺寸、位置、外观和表面平整度,必须符合设计规定。

(8)砌体外露面应在砌筑后12 h左右,安排专人及时洒水养护,养护时间14天,并经常保持外露面的湿润。

(9)砂浆的配合比应在工程开工前经试验确定,并报经监理工程师批准。配合比应采用质量比。在拌和场,配合比要有明显的标牌,便于执行和检查。在现场应备磅秤,便于对使用的容器进行率定。砂浆一般规定用砂浆搅拌机搅拌,搅拌时间不少于2 min。砂浆数量很少时,才允许人工拌和。砂浆应拌和均匀,一次拌料应在其初凝之前使用完毕。

(10)砂浆强度试件取样。规定承包人每工作班应至少取一组试件,试件在搅拌机出料口随机取样制作。监理工程师应进行监理抽样检测,其数量以不少于承包人取样的10%控制。

11)模板制作安装

可能产生的隐患:轴线、标高偏差;模板断面、尺寸偏差;模板刚度不够,支撑不牢或沉陷等。

质量预控措施如下:

(1)绘制关键轴线控制图,监理人员每层复查轴线标高一次,垂直度以经纬仪检查控制;

(2)绘制预留、预埋图,监理人员在施工队组织自检基础上进行抽查,检查预留、预埋是否符合要求;

(3)回填土分层夯实,支撑下面应根据荷载大小进行地基验算加设垫块;

(4)重要模板要经设计计算,保证有足够的强度和刚度;

(5)模板尺寸偏差按规范要求检查验收。

12)钢筋绑扎

可能产生的隐患:钢筋数量、间距、绑扎接头布置不合要求;钢筋焊接头偏心弯折,焊缝长、宽、厚度不符合要求,有凹陷、焊瘤、裂纹、烧伤、咬边、气孔、夹渣等缺陷,浇筑时由于支撑不当,钢筋发生整体下沉,产生水平位移。

质量预控措施如下:

(1)督促承包人提高操作工素质,要求严格按图施工;钢筋制作安装过程中,专业监理加强检验工作,控制允许偏差基础上不超过规范规定。

(2)钢筋合理下料,防止接头集中。

(3)钢筋代换必须满足设计要求。

(4)控制混凝土的浇灌、振捣成型的方法,防止钢筋产生过大变形和错位。

(5)钢筋焊接要求焊工持证上岗。

(6)焊工正式施焊前,必须按规定进行焊接工艺试验。

(7)每批钢筋焊接完后,承包人应自检并按规定取样进行机械性能试验,专业监理人员在此基础上对焊接质量进行抽检,对质量怀疑的,应抽样复查其机械性能。

(8)监理人员检查焊接质量时,应同时检查焊条型号。

(9)监理人员检查钢筋支撑,必要时进行验算,浇筑时随时检查钢筋有无位移发生。

13)混凝土浇筑

可能产生的隐患:强度达不到设计要求,和易性不良,混凝土表面蜂窝、孔洞,混凝土结构或构件变形,混凝土出现裂缝等。

质量预控措施如下:

(1)按规定要求控制水泥、砂、石等原材料质量。

(2)审查承包人的混凝土配合比单,旁站监督混凝土试配和试验,经试验合格后确定使用。

(3)审查承包人的混凝土施工方案,对混凝土施工过程中有关配料、搅拌时间、离料运输、浇筑方法、振捣要求、坍落度要求等影响混凝土质量的重要因素进行书面交底。

(4)混凝土浇筑前,承包人应完成自检并提交浇筑申请表(开仓证),内容包括混凝土配合比、钢筋检查、模板检查、预埋件及预留孔洞检查、测量放样检查、拌和系统检查、原材料的质检及备料情况、施工机械、施工机具的准备情况等,经监理验收合格签证后,方可浇筑。

(5)混凝土施工过程中,监理人员应分布在料场、拌和站、仓面等各个相关点上旁站监督工人按规程操作;随时检查模板及支架的变形情况、钢筋及预埋件的位置偏差情况等,发现问题及时处理,特别要防止模板漏浆及漏振,以确保混凝土的浇筑质量。

(6)雨天混凝土施工的预控措施。掌握天气预报,避免在大雨、暴雨或大风过境时浇筑混凝土;水泥仓库要加强检查,做好防漏、防潮工作;加强骨料含水量的检测工作,控制好水灰比、坍落度。

(7)冬季混凝土施工的预控措施。

①拌和台应用石棉瓦、毛竹搭设防雨雪的保温棚。

②设一台小锅炉,在 -8 ℃以上的气温时,可将水池内的水通过蒸汽加热至40~50 ℃(不得超过60 ℃),补给水用地下水。

③在气温低于 -10 ℃时,先投入骨料与加热水(水温可高),待搅拌一定时间后,水温降至40℃时,再加入水泥继续搅拌到规定的时间。

④添加外加剂的混凝土搅拌时间应延长1.5~2 min,以保证拌和均匀。

⑤在浇筑底板、护坦、铺盖等混凝土时,为加速凝结,增加表面强度,浇筑完成后覆盖一层塑料布和两层草袋。

⑥遇有寒流到来或出现极端气温时,平面部位停止浇筑混凝土。对于闸墩、岸墙等,则采用帆布搭暖棚,里边放取暖炉的方法施工。

⑦拆除模板时,混凝土的表面温度与自然气温之差不应超过20 ℃。

⑧对已拆除模板的混凝土,应采取保温材料予以保护。结构混凝土在达到规定强度后才允许承受荷载,施工中不得超载,严禁在其上堆放过量的建筑材料或机具。

(8)在混凝土施工过程中会出现塑性收缩裂缝、沉降收缩裂缝、凝缩裂缝、碳化收缩裂缝、干燥收缩裂缝、温度裂缝、沉陷裂缝,在分清原因的基础上,分别采取以下预控措施:

①塑性收缩裂缝的预控措施:在配制混凝土时,应严格控制水灰比和水泥用量,选择级配良好的砂石,减小空隙率和砂率;同时,要捣固密实,以减少收缩量,提高混凝土抗裂强度。浇筑混凝土前,将基层和模板浇水湿透,避免吸收混凝土中的水分。混凝土浇筑后,对裸露表面应及时用潮湿材料覆盖,认真养护,防止强风吹袭和烈日暴晒。

②沉降收缩裂缝预控措施:加强混凝土配合比和施工操作控制,不使水灰比、砂率、坍落度过大;振捣要充分,但避免过度。对于截面相差较大的混凝土构筑物,可先浇筑较深部位,静停2~3 h,待沉降稳定后,再与上部薄截面混凝土同时浇筑,以避免沉降过大导致裂缝。适当增加混凝土的保护层厚度。

③凝缩裂缝预控措施:混凝土表面刮抹应限制到最小程度,防止在混凝土表面撒干水泥刮抹,如表面粗糙,可撒较稠水泥砂浆再压光。

④碳化收缩裂缝预控措施:避免过度振捣混凝土,不使表面形成砂浆层,同时加强养护,提高表面强度,避免在不通风的地方采用火炉加热保温。

⑤干燥收缩裂缝预控措施:混凝土水泥用量、水灰比和砂率不能过大;提高粗骨料含量,以降低干缩量;严格控制砂石含泥量,避免使用过量粉砂;混凝土应振捣密实,并注意对板面进行抹压,可在混凝土初凝后、终凝前,进行二次抹压,以提高混凝土抗拉强度,减少收缩量。加强混凝土早期养护,并适当延长养护时间。长期露天堆放的预制构件,可覆盖草垫、草袋,避免暴晒,并定期适当喷水,保持湿润。薄壁构件则应在阴凉地方堆放并覆盖,避免发生过大湿度变化。

⑥温度裂缝预控措施:合理选择原材料和配合比,采用级配良好的石子;砂、石含泥量控制在规定范围内;在混凝土中掺加减水剂,降低水灰比;严格控制施工分层,浇筑振捣密实,以提高混凝土的抗拉强度。尽量选用低热或中热水泥配制混凝土。加强混凝土的养护和保温,控制结构与外界温度梯度在允许范围(25 ℃)以内。混凝土浇筑后裸露表面及时喷水养护,冬季应适当延长保温和脱模时间,使其缓慢降温,以防温度骤变,温差过大引起裂缝。基础部分及早回填保湿保温,减少温度收缩裂缝。加强早期养护,提高抗拉强度。混凝土浇筑后,表面及时用草垫、草袋或锯屑覆盖,并洒水养护;深坑基础可采取灌水养护措施。

⑦沉陷裂缝预控措施:对软硬地基、松软土、填土地基进行必要的夯实和加固。避免直接在较深的松软土或填土上平卧生产较薄的预制构件。模板应支撑牢固,保证整个支撑系统有足够的强度和刚度,并使地基受力均匀。拆模时间不能过早,应按规定执行。

14)埋件制作安装

可能产生的隐患:漏埋、错埋、锚固不牢等。

质量预控措施如下:

(1)施工前进行技术交底。

(2)在埋件处事先做好标记。

(3)浇筑前进行逐个校对。

(4)固定牢靠,注意振捣,及时校正。

15)闸门制作安装

(1)闸门制作。

可能产生的缺陷或隐患:焊缝有缺陷,局部不符合要求;门体几何尺寸、组件尺寸及组合错位超过规范允许规定;止水橡皮及安装精度;表面防腐缺陷。

质量预控措施如下:

①要求生产厂家必须制定合理的生产流程工艺文件,并加强生产过程中的质量控制,检查工艺文件的执行情况。

②重视原材料的检查,要求所用钢材、焊条符合设计要求,材质证明、试验资料齐全。

③施焊人员的资质复核(即焊工合格证的复核)。

④重视焊接工艺的检查,并要求按规范试验符合要求,资料齐全。

⑤闸门制作完成,对整体几何尺寸检查验收符合图纸技术要求后,方允许安装。

⑥对止水橡胶的质量及其安装精度进行控制检查,严格控制防腐材料的厚度及附着力。

(2)闸门安装。

可能产生的缺陷或隐患:固定埋件的锚筋不够准确,埋件安装精度达不到技术要求,闸门吊运措施不力。

质量预控措施如下:

①重视预埋导轨的制作和安装质量并且表面处理光滑;

②施工中,重点检查固定埋件的锚栓或锚筋是否按设计要求埋设;

③埋件安装检查合格后方可进行二期混凝土浇筑;

④制订闸门吊运方案,经批准后方可实施;

⑤严格检查每道工序的安装,要求达到安装规范要求。

16)启闭机安装

可能产生的缺陷或隐患:基础螺栓预埋深度和位置偏差,螺栓外露长度不一致;机架的高程误差、吊点中心误差、水平误差;制动性能不良;手动机构不灵活;电器线路的绝缘性能不良;钢丝绳材质。安装后的临时使用不明确专职管理而发生人为事故。

质量预控措施如下:

(1)对进场的启闭机应由厂家出具合格证,试验测试资料齐全,并督促承包人清洁复查后安装。

(2)基础预埋螺栓的预埋,二期混凝土浇筑时应注意螺栓的材质、规格及其垂直、水平位置,埋入深度及外露长度应一致。

(3)督促承包人启闭机的临时启闭使用,应明确职责,指定专职操作管理人员。

(4)严格控制制动轮的制造和安装精度,制动轮与制动器的接触面积。控制手动机构零件的制造和安装精度。

(5)严格复查电器元件及整体配套件的出厂质量证明。

17)电气设备安装

可能产生的缺陷或隐患:配电屏(柜)控制台安装基础轨道铁不严,调整垫铁超过规定;预埋管道弯管、管口处理不符合要求,影响穿线质量;接地装置接地电阻值大于规定值,焊接不符合规范要求;导线敷设及接线不注意工艺规程,影响安装质量等缺陷。

质量预控措施如下:

(1)重视预埋件的质量检查,如管道弯管半径、管口的处理保护,屏柜基础钢预埋前的平直调整应符合要求;

(2)对进场设备、电缆等安装前应进行全面检查,与设计要求相符合,并收集保管好出厂合格证及有关资料;

(3)督促承包人重视施工工艺,对隐蔽工程的施工应跟班检查,以保证施工质量;

(4)及时测定记录安装中的有关电气指数,如接地装置的接地电阻,电气设备及电缆的绝缘电阻等,发现不符合要求的及时处理,避免返工。

18)建筑物土方回填

可能产生的隐患:回填土料不合格、填土不足、干密度不满足要求、与建筑物结合不密实等。

质量预控措施如下:

(1)检查回填土料是否符合设计要求。

(2)现场检查回填情况。

(3)严格控制每一层回填厚度,并对回填土取样进行干密度试验。

(4)与建筑物结合面在回填前,应清除干净,再将表面湿润,边涂刷浓泥浆,边回填,泥浆涂刷高度与铺土厚度一致,并与下部涂层衔接,严禁漏刷或早刷。

19)堤顶防汛路

可能产生的隐患:手摆块石不牢固、泥灰结碎石拌和不均匀、手摆块石到泥灰结碎石压实不密实、磨耗层摊铺不均匀、路面平整度达不到要求等;沥青用量比例控制不好,易起油包和车辙,油石比的选择适度问题以及选择施工季节等。

质量预控措施如下:

(1)路槽开挖完成后,在铺设大块碎石时,碎石应紧密,空隙用小碎石填充密实。

(2)泥灰结碎石应采用人工或拌土机拌和黏土与碎石混合料,要掌握洒水量和用旋耕耙拌和的次数,控制压实的时间和遍数,确保压实的质量。

(3)对拌和泥灰碎石所使用的土,应根据设计要求进行试验,在各项指标达到设计要求后才可以使用。

(4)在整个泥灰结碎石施工过程中,从路槽开挖、手摆块石铺设到泥灰结碎石的铺设都要进行平整度的控制,以控制整个泥灰结碎石路的平整度。

(5)严格控制沥青用量,油石比选择以接近低限为宜,对拌和及摊铺中碎石骨料和油石比例不宜过大,同时对摊铺的厚度、平整度、压实度、摊铺温度、碾压的温度等要经常检查和督促。实施"三快"作业法:快摊铺、快碾压、快检测。

(6)选择有利的施工季节,安排在春末夏初雨季来临之前为宜。

20)草皮护坡

可能产生的隐患:草籽的质量不合格、播种时土壤干燥、浇水不及时等。

质量预控措施如下:

(1)在播种植草前,应对草籽进行现场发芽试验,以确定草籽的质量和合适的播种量,未经监理工程师签证的草籽不得用于施工。

(2)播种前,应先浇水浸地,保持土壤湿润,稍干后将表层耙平,再播种或铺草块。播草籽应覆盖3~5 mm覆土,后轻压浇水。

(3)播植后应及时喷水,水点应细密均匀,浸透土层8~10 cm。除雨天外,应每天浇水,不得间断,直至成活为止。

21)外观质量控制

堤防工程和水工建筑物外观质量将直接反映一个工程整体的外部形象,牢固树立建精品工程意识,彻底改变传统水工施工"重内容,轻外表"的传统做法,追求"内实外美"的精品工程是全体工程建设者的希望。

质量预控措施如下:

(1)堤防填筑工程。

①在堤防填筑过程中,严格控制铺填边线,确保刷坡后堤防的坡比达到设计要求。

②控制堤顶高程和堤顶宽度,按设计和规范要求预留一定的沉陷量。

③在堤顶、堤脚和坡面整理时，要按设计要求控制线面的连接自然。

④上堤马道要按设计要求铺筑，和堤防的衔接应平顺。

⑤草皮护坡要保证成活率。

(2)建筑物工程。

①混凝土水平面质量预控措施：为防止表面干缩裂缝，并使其光滑，主要措施为在混凝土浇筑压实找平后，采用真空吸水将表面水分排除，然后用圆盘式抹光机磨光，最后再用叶片式磨光机收光。

②控制接缝平直度及平整度的措施为：先浇板施工后，进行填缝板安装时，必须板厚一致，安装牢固，填缝板顶稍低于先浇混凝土板顶3～5 mm；在后浇板混凝土施工时，最后找平周边，以先浇板为准，必须接缝平整。

③混凝土垂直面质量预控措施如下：

a. 细化模板制作工艺及立模方法。

b. 从原材料上把关，减少混凝土色差。

c. 严格控制水灰比，每工作班不少于3次。

d. 模板接缝处填加橡皮条，橡皮条需用胶先贴于一侧模板上，不能突出模板内侧，避免因接缝处漏浆使表面出现麻面。

e. 若浇筑中混凝土产生泌水，则在下一层混凝土浇筑前，及时清除。

f. 拆除模板时，混凝土必须达到规定强度。

g. 对于预留螺栓洞孔的表面修补，应派专人进行。

h. 重要的部位尽量采用新模板。

④砌石外观表面的质量预控措施如下：

a. 块石选料。所进块石必须基本方正，到现场后对表面进行凿修，保证每块外表平整；按长度、宽度、厚度进行编号，每块石头标注其几何尺寸。

b. 砌石必须带线砌筑，每层需用相同宽度的石块砌筑，确保砌石成线。

c. 控制好灰缝宽度，灰缝宽度为20～30 mm，且应均匀一致。

d. 每天砌筑后，必须将砌石表面清理干净。

e. 做好浆砌石勾缝，勾缝采用平缝，勾缝比砌石面凹3～5 mm，勾缝必须达到宽、窄、深浅一致，表面光滑。

⑤混凝土预制块护坡质量预控措施如下：

a. 混凝土砌块砌筑是在夯实的垫层上，以单层直立方式铺砌。垫层和混凝土砌块铺砌层配合砌筑，随铺随砌。组砌合理，铺砌坡度符合设计要求。

b. 预制混凝土块砌筑要平整、稳定、紧密、缝线规则，缝宽不大于5 mm，表面平整度不大于10 mm/2 m。

⑥装饰工程的质量预控措施如下：

a. 装饰工程所用的材料应按设计要求选用，并应符合现行材料标准的规定。对材料质量发生怀疑时，应抽样检查，合格后方可使用。

b. 装饰工程所用的砂浆、石灰膏、玻璃、涂料等，宜集中加工和配制。

c. 抹灰、涂料和刷浆工程的施工工艺，应符合设计要求。

d. 室外抹灰和饰面工程的施工，一般应自上而下进行。

e. 室内装饰工程的施工顺序应符合有关规定。

f. 室外装饰工程的施工应在适当的温度中进行。

22）抛石护岸

可能产生的隐患：抛投位置不准确、抛石量不足等。

质量预控措施如下：

（1）施工前，测出水下地形，并绘出地形图。

（2）施工采用网格抛投法，用测量控制桩定出各横断面的位置，同时设岸上标示和水上标示，并计算出各网格抛石量。

（3）根据设定网格控制定位船的位置，并根据抛投方量、位置及时进行位移。

（4）抛投从上游向下游、先深后浅、从河中向岸边施工。

6 工程造价控制措施

6.1 工程造价控制主要内容

协助发包人审查设计图纸，根据合同编制投资控制目标和分年度投资计划。审查被监理方递交的资金计划，审核被监理方的工程计量，签署付款意见。受理索赔申请，进行索赔调查和谈判，并提出处理意见。依据发包人授权处理合同与工程变更，下达变更指令。

6.2 工程造价控制主要措施

（1）熟悉项目技术规范、工程量清单、设计图纸和合同文件，掌握项目上的工作范围和内容，确定计量方法。

（2）协助发包人选择报价合理的承包人，在签订施工承包合同过程中为发包人当好“参谋”，订立完善的合同，尽量避免承包人提出索赔的可能。

（3）全面正确领会设计意图，促进设计和施工的优化。

（4）推广提倡采用新技术、新工艺以达到提高工程质量和节约工程造价的目的，推动技术进步。

（5）对投资目标进行风险分析，寻求投资易被突破的环节，并采取相应的预控措施。

（6）严格控制经费签证，凡涉及工程量增减、工程量核签、各种付款凭证、工程决算、工程索赔等均由总监理工程师核签后方有效，并上报发包人审批。

（7）审查施工图预算，编制资金使用计划，宏观控制各阶段工程进度款支付平衡、合理。

（8）定期不定期地进行工程费用支出分析，并提出控制工程费用突破的方案和措施。

（9）严把计量关，力求做到准确无误。

（10）审查施工组织设计和施工方案，按合理的工期组织施工，避免不必要的赶工费。

（11）督促、协调发包人与承包人全面履约，尽量减少承包人提出索赔的机会。索赔发生后及时、准确、公正地处理。

（12）审查工程变更、设计修改，事前进行技术经济合理性预测分析。

（13）严把决算关。选派预决算专业人员，严格执行施工承包合同及国家、省、地方概预算文件，做到项目中有依据、计算方法正确、套用定额准确，确保工程决算的准确性。

（14）作好工程施工记录，保存各种文件图纸，特别是注有实际施工变更情况的图纸，注意积累素材，为正确处理可能发生的索赔提供依据。参与处理索赔事宜。

(15)参与合同修改、补充工作，着重考虑它对投资控制的影响。

7 合同监理措施

7.1 合同的签订

协助发包人拟定项目的各类合同条款，并参与各类合同的洽谈。在施工招标阶段，重点抓发包人与承包人双方草拟的合同条款，推敲每一条款，做到严密、完整，力争施工中可能出现的纠纷均在合同条款中得到解决。

7.2 执行合同

对合同进行跟踪管理，按合同条款控制工期、控制质量、支付工程款。协助发包人处理合同纠纷。

7.3 监理工程师应加强现场监督

及时发现工程进度、质量、安全等方面的问题，予以处理和纠正。预见可能影响工程进度、投资、质量、安全等方面的潜在因素和风险因素，采取主动措施予以克服或防范。

8 信息管理

8.1 监理信息管理体系

(1)设置信息管理人员并制定相应岗位职责。

(2)制定包括文档资料收集、分类、整编、归档、保管、传阅、查阅、复制、移交、保密等的制度。

(3)制定包括文件资料签收、送阅与归档及文件起草、打印、校核、签发、传递等在内的文档资料的管理程序。

(4)文件、报表格式要求如下：

①常用报告、报表格式采用水利部印发的格式。

②文件格式遵守国家及有关部门发布的公文管理格式，如文号、签发、标题、关键词、主送与抄送、密级、日期、纸型、版式、字体、份数等。

(5)建立信息目录分类清单、信息编码体系，确定监理信息资料内部分类归档方案。

(6)建立信息采集、分析、整理、归档、查询系统及计算机辅助信息管理系统。

8.2 监理文件管理

(1)按规定程序起草、打印、校核、签发监理文件。

(2)监理文件应表明明确、数字准确、简明扼要、用语规范、引用依据恰当。

(3)按规定格式编写监理文件，紧急文件应注明"急件"字样，有保密要求的文件应注明密级。

8.3 通知与联络规定

(1)项目监理机构与发包人和承包人以及其他人的联络以书面文件为准。特殊情况下可先口头或电话通知，但事后按施工合同约定及时予以书面确认。

(2)项目监理机构所发出的书面文件，均加盖项目监理机构公章，总监理工程师或其授权的监理工程师签字并加盖本人注册印鉴。

(3)项目监理机构对所发出的文件作好签发记录，并根据文件类别和规定的发送程序，送达对方指定联系人，并由收件方指定联系人签收。

(4)项目监理机构对所有来往文件均按施工合同约定的期限及时发出和答复，不得扣压或拖延,也不得拒收。

(5)项目监理机构收到政府有关管理部门和发包人、承包人的文件,均按规定程序办理签收、送阅、收回和归档等手续。

(6)在监理合同约定期限内,发包人就项目监理机构书面提交并要求其作出决定的事宜予以书面答复;超过期限,项目监理机构未收到发包人的书面答复,则视为发包人同意。

(7)对于承包人提出要求确认的事宜,项目监理机构在约定时间内作出书面答复,逾期未答复,则视为项目监理机构认可。

8.4 文件的传递规定

(1)除施工合同另有约定外,文件按下列程序传递:

①承包人向发包人报送的文件均应报送项目监理机构,经项目监理机构审核后转送发包人。

②发包人关于工程施工中与承包人有关事宜的决定,均应通过项目监理机构通知承包人。

(2)所有来往的文件,除书面文件外还宜同时发送电子文档。

(3)不符合文件报送程序规定的文件,均视为无效文件。

8.5 监理日志、报告与会议纪要规定

(1)监理人员及时、认真地按照规定格式与内容填写好监理日志。总监理工程师应定期检查。

(2)项目监理机构在每月的固定时间,向发包人、监理单位报送监理月报。

(3)项目监理机构根据工程进展情况和现场施工情况,向发包人、监理单位报送监理专题报告。

(4)项目监理机构按照有关规定,在各类工程验收时,提交相应的验收监理工作报告。

(5)在监理服务期满后,项目监理机构向发包人、监理单位提交项目监理工作总结报告。

(6)项目监理机构对各类监理会议安排专人负责做好记录和会议纪要的编写工作。会议纪要应分发与会各方,但不作为实施的依据。项目监理机构及与会各方应根据会议决定的各项事宜,另行发布监理指示或履行相应文件程序。

8.6 档案资料管理

(1)项目监理机构督促承包人按有关规定和施工合同约定做好工程资料档案的管理工作。

(2)项目监理机构按有关规定及监理合同约定,做好监理资料档案的管理工作。凡要求立卷归档的资料,按照规定及时归档。

(3)监理资料档案应妥善保管。

(4)在监理服务期满后,对应由项目监理机构负责归档的工程资料档案逐项清点、整编、登记造册,向发包人移交。

9 安全生产管理

9.1 安全生产管理措施

当前,各级建设主管部门非常重视并一再强调安全生产,项目监理机构把现场安全生产管理视为监理工作的重要组成部分。安全生产管理的具体工作如下。

9.1.1　安全生产管理的保证项目

(1)贯彻执行“安全第一,预防为主”的方针,以及国家现行的有关安全生产的法律、法规,建设行政主管部门安全生产的规章和标准;

(2)督促承包人落实安全生产的组织保证体系,建立健全安全生产责任制;

(3)督促承包人对工人进行安全生产教育及进行安全技术交底;

(4)审查承包人施工方案及安全技术措施;

(5)检查并督促承包人,按照施工安全技术标准和规范要求,落实分部、单元工程或各工序及关键部位的安全防护措施;

(6)检查施工现场的消防、冬季防寒、夏季防暑、文明施工、卫生防疫等项工作;

(7)发现违章冒险作业的要责令其停止作业,发现隐患的要责令其停工整改。

9.1.2　安全生产管理的一般内容

工地应建立班前活动制度并作记录,无论工人、管理人员必须遵章守纪,特种作业人员需持证上岗,工伤事故应按调查分析规则处理,重大伤亡、险肇事故应按规定及时报告,还应建立工伤事故档案。

(1)各类施工机具设备均应有完整有效的装置保险,安全防护装置、安全运行装置、润滑系统良好,使用方法等均需符合规定的要求并有完整的运转记录、日报表等。

(2)施工用电应保证在建工程与临时高压线的安全距离,支线架设不凌乱,悬挂或埋设妥当,接头良好,不破皮漏电;现场照明应使用安全电压,线路灯具与地面、走道距离不小于规定高度,防潮,不破皮漏电;保护接地或保护接零装置符合规程要求:20 A 以下施工移动电气设备应有漏电保护器且性能良好。

(3)防火防爆方面。应建立防火安全领导小组,有消防逐级签约和领导逐级责任制,并有群众义务性消防组织,进行定期的训练、学习、检查;重点部位如电工、焊工、危险品管理、物资仓库管理等应建立明确的岗位责任制和管理规章制度。

(4)季节性防护工作应做到以下方面:现场供应和保证供应经检验合格的饮料及茶水,设备和用具、容器应清洗干净,容器做到密封、加盖、加锁。合理安排作息时间,以及环境卫生,除害灭病,消灭四害滋生地等管理组织措施。

9.1.3　日常的安全管理检查事项

(1)定期召开安全例会,检查是否做到作业者对安全的指示、命令人人皆知。

(2)检查现场安全管理状况,如安全纪律牌、施工公告牌、安全标志牌、安全标语牌,现场道路畅通程度,场区排水情况,材料、构件堆放情况等,及时解决事故隐患。

(3)检查安全“三宝”(安全帽、安全带、安全网)使用情况。

(4)检查工地防火措施,检查施工用电(包括各种电气设备、电气线路)的安全使用状况,杜绝事故隐患。

(5)检查各种施工机械、机具安全操作措施,监督其贯彻实施,要求机械操作工必须持证上岗。

(6)检查起重作业设备的安全稳定措施,重点检查其缆风绳锚桩和限位保险装置。

(7)检查基坑开挖边坡的稳定性,禁止在基坑四周附近堆积重物。

(8)检查脚手架及跳板的设置是否安全可靠。

9.2　文明施工管理措施

(1)督促承包人落实文明生产的组织保证体系,建立健全文明生产责任制。

(2)项目监理机构将对承建单位的文明安全施工作定期的检查,可以作全面检查或分项、专项检查。被检单位应积极配合,不得为应付检查而停工待查或弄虚作假,否则一经发现作不合格处理。

(3)项目监理机构有权针对文明安全施工检查中发现的问题向承建单位发出整改通知单,提出整改意见或具体措施并限期贯彻执行,对违反有关文明安全施工的措施行为有权予以制止和纠正。

10　组织协调的方法、手段

组织协调工作涉及面广,受主观因素和客观因素影响较大。监理单位受业主委托协调项目各参与方关系。

项目协调最常用的方式是召开协调会议和采用适当的协调方法。在工程建设项目施工中,工地会议就成为项目协调的主要方式。

监理机构应建立协调会议制度,协调会议包括第一次工地会议、例会和专题会议。总监理工程师一般应主持参建各方的工作协调会议。

第一次工地会议是在工程开工前,就工程开工准备情况进行检查,介绍各方负责人及其授权人和授权内容,沟通相关信息。

第一次工地会议的具体内容可由有关各方会前约定,由总监理工程师或总监理工程师与项目法人负责人联合主持召开。

例会。总监理工程师应定期主持召开由参建各方有关人员参加的会议,通报工程进展状况,分析当前存在的问题,提出问题的解决方案,并检查上次例会中有关决定的执行情况。

专题会议。总监理工程师应根据需要,主持召开专题会议,以研究解决施工中出现的技术问题和涉及索赔、工程变更、争议等问题。

总监理工程师应编写各种协调会的会议纪要,在有关各方签字生效后,监督实施。

除以上协调办法外,还可以采用交谈协调法、书面协调法、访问协调法、情况介绍法等来协调相关方的关系。

11　对影响工程项目工期、质量、投资的关键问题的理解

11.1　对进度(工期)问题的理解

11.1.1　进场道路

进场道路是淮北大堤涡下段加固工程Ⅱ标段开工的前序项目,也是整个工程能否顺利、连续施工的关键因素,因此进场道路在保证自身工期的前提下,还要确保施工质量,以便在整个施工期内能够为工程提供正常服务,保证工程在合同工期内完成施工。

11.1.2　锥孔灌浆

锥孔灌浆是本工程基础性项目,是淮北大堤加固工程能否按期完工的控制性因素。但这项工程的施工工法比较成熟,因此只要选择较为专业的施工队伍,同时配备足够的造孔及灌浆设备,水泥供应及土源充足,即可确保该工程按计划完成。

11.1.3　堤防填筑

堤防和上堤道路的填筑是制约本工程工期的关键因素,它直接影响到后续的堤顶道

路和水土保持工程等项目的实施。为了保证工期，首先，做好施工组织设计，加快堤基清理，作好交叉施工安排，确保不窝工和误工；其次，抓住黄金施工时段，增加施工人员和施工设备，加大作业面；再次，作好冬雨季施工准备，因雨雪天停工能及时复工。

11.1.4 穿堤建筑物

穿堤建筑物是整个堤防填筑工程的一个重要组成部分，根据工期要求，在工程开工伊始，应对工程所使用的材料进行采购，制订切实可行的施工方案，在汛前完成主体工程，确保整个工程安全度汛。

11.1.5 填塘固基

填塘固基受环境和气候的影响较小，只要承包人在机械设备投入满足要求的前提下即可按时完成。

11.1.6 堤顶道路和水土保持

在前期工程按期完成的前提下，堤顶道路和水土保持工程受交叉施工的影响较小，在具备施工条件时，应做好材料采购工作，工程施工时，只要投入的机械设备和人力能满足施工要求，即可按期完成。

11.2 对质量问题的理解

11.2.1 锥孔灌浆

锥孔灌浆的主要目的是利用浆液对原堤身裂缝进行充填和对疏松的土体进行挤压，其主要质量控制要素如下：

(1)依据设计和现场试验合理确定灌浆压力、浆液的浓度、浆液的黏度、浆液的失水量、浆液的胶体率等指标。

(2)合理确定灌浆布孔、灌浆压力等指标。

(3)锥孔灌浆的质量和效果检查如下：

①现场勘察。对坝顶、坝坡进行全面察看，并与灌浆前的结果相对照。

②分析原型观测资料。分析停止灌浆后各测点的位移资料，确定堤身的变形是否已基本稳定。

③注水试验。现场进行注水试验，检查堤身渗透系数的改善程度。

④探井检查。选取沉降量较大和怀疑灌浆质量不够好的堤防段，结合开挖，可分层对浆体和堤身取样进行试验，以评价灌浆质量。

11.2.2 堤防填筑

堤防填筑的质量主要取决于施工参数的确定、击实试验、现场碾压试验、堤基清理、上堤土料的质量以及接头处理等，在施工过程中应按规范和设计的要求重点检查以下方面：

(1)用于堤防填筑的土料质量。

(2)铺土厚度和碾压参数。

(3)压实机具的规格和状况。

(4)土料含水量与碾重是否匹配。

(5)有无层间光面、弹簧土、漏压或欠压土层及裂缝等。

(6)新老堤结合部位的处理。

(7)土料压实的干密度。

11.2.3 现浇混凝土工程

11.2.3.1 按规范控制原材料的质量

对进场材料各项指标进行抽测,并按规范要求对水泥、黄砂、碎石等原材料在现场做平行检验并跟单送检。

11.2.3.2 混凝土配合比控制

混凝土配合比控制必须通过试验选定。

11.2.3.3 混凝土试压块取样

在混凝土浇筑过程中,按规范规定的抽检频率随机取样,并跟单送至有资质的实验室。

11.2.3.4 混凝土浇筑过程质量控制

在混凝土浇筑过程中,监理全过程跟班旁站,控制配料、振捣、浇筑等。

11.2.3.5 混凝土修整

如表面有蜂窝、凹陷或其他缺陷的混凝土面积或体积小于规范要求,则要求承包人进行修补,大于规范要求则作返工处理。

11.2.3.6 混凝土养护

针对本工程的特点及施工季节,确定养护时间间隔及洒水量。

11.2.3.7 混凝土外形尺寸

控制混凝土的外形尺寸及伸缩缝质量,按照设计图纸严格要求,并满足规范规定。

11.2.4 闸门及启闭机制作与安装

闸门及启闭机是组成水闸工程的基本要素,对闸门及启闭机的质量控制也是水闸质量控制的重点之一。闸门及启闭机的质量控制要素如下。

11.2.4.1 闸门制作安装

(1)钢材、焊条等原材料应符合设计要求,材质证明、试验资料齐全。

(2)焊缝质量,控制缺陷在规范允许范围内。

(3)检查门体几何尺寸、组件尺寸及组合错位。

(4)止水橡皮及安装精度满足规范要求。

(5)表面防腐无缺陷。

(6)闸门埋件安装误差不超过设计值。

11.2.4.2 启闭机安装

(1)基础螺栓预埋深度和位置偏差。

(2)螺栓外露长度是否一致。

(3)机架的高程误差、吊点中心误差、水平误差是否在规范允许范围内。

(4)制动性能是否良好。

(5)手动机构灵活程度。

(6)电器线路的绝缘性能。

(7)螺杆或钢丝绳的质量。

11.2.5 电气设备采购与安装

电气设备采购与安装质量控制要素如下:

(1)电气设备采购要选择具有国家认定资质的厂家。

(2)配电屏(柜)控制台安装基础轨道铁满足其调整规定。

(3)预埋管道弯管、管口处理较好,不影响穿线质量。

(4)接地装置接地电阻值不大于规定值,焊接符合规范要求。

(5)注意导线敷设及接线工艺规程。

11.2.6 堤顶道路

由于本工程的堤顶道路是在新加固堤防上修筑,对施工工艺的要求相对较高,应充分考虑可能产生的沉陷、局部弹簧等现象,其质量控制要素如下:

(1)块石、黏土和碎石的质量。

(2)路槽开挖的深度、宽度、平整度和压实密度。

(3)块石摆放的方法、厚度、宽度、牢固和密实情况。

(4)泥灰结碎石拌和的质量、铺设的厚度、宽度、平整度和压实密度。

(5)磨耗层的铺设质量。

11.2.7 水土保持

水土保持工程是堤防防护和环境美化的一个重要措施,其主要质量控制要素如下:

(1)整坡基面高程。

(2)树苗及草籽的质量。

(3)植树、植草程序。

(4)成活或发芽情况。

(5)植树、植草后的浇水情况。

(6)保护情况。

11.3 对投资问题的理解

(1)在承包人进场后,首先应做好原始断面的测量工作,以便较为准确地确定清基量和填筑量。

(2)认真做好料场的规划工作,运用线性规划方法优化运距,以降低工程投资。

(3)慎重对待设计变更,对必要的设计变更要进行技术经济分析,以确保投资得到较好的控制。

(4)严格控制水泥土搅拌桩截渗墙施工,开工前,应按规定先进行“先导孔”(地质复勘孔)的工作,并绘制地质剖面图,由参建各方共同确定截渗墙的施工参数,避免出现浪费。

(5)依据现场实测,参考设计图纸,准确计量建筑物工程的工程量。

(6)协调好各单项工程的结合及交叉施工,防止出现索赔和重复计量。

第三节 监理实施细则编写要点及主要内容

监理实施细则是监理工作中的重要文件,用来指导具体监理工作,是监理单位重要的存档材料。监理实施细则一般应按照施工进度要求在相应工程开始施工前,由专业监理工程师编制并经总监理工程师批准。监理实施细则一般要分专业编写。监理实施细则是在监理规划的基础上,根据项目实际情况对各项监理工作的具体实施和操作要求的具体化、详细化。

监理实施细则是项目监理工作实施的技术依据，它落实了项目计划、规范了施工行为、明确了专业分工和职责，可以协调施工过程中的矛盾。

编制监理实施细则的主要依据有：国家相关的法律、法规以及工程建设相关的规范、规程、标准，监理合同、监理规划以及所监理项目相关的合同文件，设计文件，勘察、设计等技术文件以及工程建设过程中由各方提供的技术资料等。

一、监理实施细则的编写要点

监理实施细则编写时，应严格执行国家的标准、规范、规程并考虑项目的自身特点，对技术指标量化、细化，使其具有可操作性，具体编写要点如下：

(1)监理实施细则应在专项工程或专业工程施工前，由项目和专业监理工程师编制完成，相关各监理人员参与，并经总监理工程师批准。

(2)监理实施细则应符合监理规划的基本要求，充分体现工程特点和合同约定的要求，结合工程项目的施工方法和专业特点，具有明显的针对性。

(3)监理实施细则要体现工程总体目标的实施和有效控制，明确控制措施和方法，具备可行性和可操作性。

(4)监理实施细则应突出监理工作的预控性，要充分考虑可能发生的各种情况，针对不同情况制定相应的对策和措施，突出监理工作的事前审批、事中监督和事后检验。

(5)监理实施细则可根据实际情况按进度、分阶段进行编制，但应注意前后的连续性、一致性。

(6)总监理工程师在审核时，应注意各个监理实施细则间的衔接与配套，以组成系统、完整的监理实施细则体系。

(7)在监理实施细则条文中，应具体写明引用的规程、规范、标准及设计文件的名称、文号；文中涉及采用的报告、报表时，应写明报告、报表所采用的格式。

(8)在监理工作实施过程中，监理实施细则应根据实际情况进行补充、修改和完善。

(9)监理实施细则的主要内容及条款可随工程不同而有所调整。

二、监理实施细则的主要内容

监理实施细则的主要内容一般包括监理项目的特点、监理工作的流程、监理工作控制的要点及目标值、监理工作的方法及措施。具体到各个阶段的监理实施细则的编制，应各有侧重。

(一)总则

(1)编制依据。包括施工合同文件、设计文件与图纸、监理规划、经监理机构批准的施工组织设计及技术措施(作业指导书)，由生产厂家提供的有关材料、构配件和工程设备的使用技术说明，工程设备的安装、调试、检验等技术资料。

(2)适用范围。写明该监理实施细则适用的项目或专业。

(3)负责该项目或专业工程的监理人员及职责分工。

(4)适用工程范围内使用的全部技术标准、规程、规范的名称、文号。

(5)发包人为该项工程开工和正常进展应提供的必要条件。

(二)开工审批内容和程序

(1)单位工程、分部工程开工审批程序和申请内容。

(2)混凝土浇筑开仓审批程序和申请内容。

(三)质量控制的内容、措施和方法

(1)质量控制标准与方法。根据技术标准、设计要求、合同约定等,具体明确工程质量的质量标准、检验内容以及质量控制措施,明确质量控制点及旁站监理方案等。

(2)材料、构配件和工程设备质量控制。具体明确材料、构配件和工程设备的运输、储存管理要求,报验、签认程序,检验内容与标准。

(3)工程质量检测试验。根据工程施工实际需要,明确对承包人检测实验室配置与管理的要求,对检测试验的工作条件、技术条件、试验仪器设备、人员岗位资格与素质、工作程序与制度等方面的要求;明确监理机构检验的抽样方法或控制点的设置、试验方法、结果分析以及试验报告的管理。

(4)施工过程质量控制。明确施工过程质量控制的要点、方法和程序。

(5)工程质量评定程序。根据规程、规范、标准、设计要求等,具体明确质量评定内容与标准,并写明引用文件的名称与章节。

(6)质量缺陷与质量事故处理程序。

(四)进度控制的内容、措施和方法

(1)进度目标控制体系。该项工程的开工、完工时间,阶段目标或里程碑时间,关键节点时间。

(2)进度计划的表达方法。如横道图、柱状图、网络图(单代号、双代号、时标)、关联图、S曲线、香蕉图等,应满足合同要求和控制需要。

(3)施工进度计划的申报。明确进度计划(包括总进度计划、单位工程进度计划、分部工程进度计划、年度计划、月计划等)的申报时间、内容、形式、份数等。

(4)施工进度计划的审批。明确进度计划审批的职责分工、要点、时间等。

(5)施工进度的过程控制。明确施工进度监督与检查的职责分工,拟定检查内容(包括形象进度、劳动效率、资源、环境因素等),明确进度偏差分析与预测的方法和手段(如采用的图表、计算机软件等),制定进度报告、进度计划修正与赶工措施的审批程序。

(6)停工与复工。明确停工与复工的程序。

(7)工期索赔。明确控制工期索赔的措施和方法。

(五)投资控制的内容、措施和方法

(1)投资目标控制体系。投资控制的措施和方法,各年的投资使用计划。

(2)计量与支付。计量与支付的依据、范围和方法,计量申请与付款申请的内容及应提供的资料,计量与支付的申报、审批程序。

(3)实际投资额的统计与分析。

(4)控制费用索赔的措施和方法。

(六)施工安全与环境保护控制的内容、措施和方法

(1)监理机构内部的施工安全控制措施。

(2)承包人应建立的施工安全保证体系。

(3)工程不安全因素分析与预控措施。

(4)环境保护的内容与措施。

(七)合同管理的主要内容

(1)工程变更管理。明确变更处理的监理工作内容与程序。

(2)索赔管理。明确索赔处理的监理工作内容与程序。

(3)违约管理。明确合同违约管理的监理工作内容与程序。

(4)工程担保。明确工程担保管理的监理工作内容。

(5)工程保险。明确工程保险管理的监理工作内容。

(6)工程分包。明确工程分包管理的监理工作内容与程序。

(7)争议的解决。明确合同双方争议的调解原则、方法与程序。

(8)清场与撤离。明确承包人清场与撤离的监理工作内容。

(八)信息管理

(1)信息管理体系。包括设置管理人员及职责,制定文档资料管理制度。

(2)编制监理文件格式、目录。制定监理文件分类方法与文件传递程序。

(3)通知与联络。明确监理机构与发包人、承包人之间通知和联络的方式及程序。

(4)监理日志。制定监理人员填写监理日志制度,拟定监理日志的格式、内容和管理办法。

(5)监理报告。明确监理月报、监理工作报告和监理专题报告的内容及提交的时间、程序。

(6)会议纪要。明确会议纪要记录要点和发放程序。

(九)工程验收与移交程序和内容

(1)明确分部工程验收程序与监理工作内容。

(2)明确阶段验收程序与监理工作内容。

(3)明确单位工程验收程序与监理工作内容。

(4)明确合同项目完工验收程序与监理工作内容。

(5)明确工程移交程序与监理工作内容。

(十)其他根据项目或专业需要应包括的内容

(略)

第四节　监理实施细则实例

监理实施细则一般要分专业编写,现仅举混凝土施工监理实施细则来说明问题。

某大堤加固工程混凝土施工监理实施细则

1　总　则

1.1　本细则依据以下文件及规程规范编写:

(1)发包人与承包人签订的工程承建合同;

(2)《水工砼施工规范》(SDJ 207—82);

(3)《水闸施工规范》(SL 27—91);

(4)《水利水电工程施工质量检验与评定规程》(SL 176—2007);

(5)《水利水电建设工程验收规程》(SL 223—2008)。

1.2 本细则适用于闸室段改造工程(不包括灌注桩及桥面板预应力混凝土)等所有常态(常规)混凝土工程项目。

2 开工许可证的申请程序

2.1 工程承建单位应在现场施工放样施测前21天,完成放样施测报告编制并报送监理批准。内容应包括:

(1)工程简况及施测范围。

(2)施工放样技术说明书(应包括施测方案、施测要求、计算方法和操作规程)。

(3)观测仪器、设备的配置。

(4)测量专业人员的配置。

2.2 在每分部、分项混凝土工程开工28天以前,承建单位应按设计要求,完成拟使用的各种标号混凝土配合比试验,并向监理部提供一式三份至少包括7天、14天、28天或可能更长龄期的试验成果或试验推算资料,报监理部审核。试验中所用的所有材料来源应符合合同要求且应与实际施工中使用的材料一致,并事先得到监理部批准。

2.3 在进行混凝土配合比试验的3天前,承建单位(或其实验室)应书面通知监理部,以使得必要时监理工程师能从材料取样开始对试验全过程进行检查、监督和认证。

2.4 混凝土工程开工28天前,承建单位必须根据合同技术规范、设计文件(包括施工图纸、设计通知、技术要求)以及施工规程规范和单元工程质量评定标准,结合施工水平向监理部报送混凝土工程施工措施计划。

主要内容应包括:

(1)工程概况(包括申报开工部位,设计工程量,浇筑平、剖面图,以及必要的混凝土浇筑布置与工序流程图)。

(2)浇筑程序(包括浇筑作业工序,分缝、分段、分层、分块和止水安装详图,有观测仪器埋设要求的还应包括观测仪器埋设详图)。

(3)浇筑进度(包括浇筑工程量、进度安排、循环作业时间)。

(4)原材料品质(包括砂石骨料、用水、水泥、止水材料、钢材、外加剂)。

(5)混凝土生产(包括级配、配合比、坍落度、浇筑中的允许间歇时间、拌和时间及外加剂品种与掺量)。

(6)施工作业方法(包括设缝、缝面处理,模板、钢筋、预埋件、止水设施安装,混凝土运输,入仓、平仓、振捣手段,拆模、构件保护与混凝土养护。有观测仪器埋设要求的还应包括该仪器埋设作业内容)。

(7)施工设备配置与技术工种组织。

(8)质量控制和安全措施。

(9)合同支付和安全措施。

对于有抗冲、抗冻、抗耐磨等特殊要求的混凝土浇筑,承建单位还应根据设计文件和合同技术规范有关规定进行专门设计、试验和研究,并将这部分内容作为专项列入施工措施计划。

2.5　特殊部位(如闸墩、底板等)的混凝土施工及温控措施,承建单位均应在该项混凝土施工作业的21天前,制订专项施工措施计划报送监理部批准。

2.6　当承建单位采用特种模板(如竹片模板等),或特别的浇筑工序,或监理部认为必要时,可要求承建单位进一步递交模板(模具)及其安装、支撑详图或进一步的详细设计和说明资料。

2.7　混凝土工程浇筑使用的原材料(包括钢筋、水泥、砂石骨料、止水材料、外加剂及掺合料)均应有产品合格证、试验报告或使用说明,并按工程承建合同文件或施工规范技术规定进行抽样检验。止水材料还应提供样品。所有这些资料和样品必须于施工作业开始14天前报送监理部检查认可。

2.8　上述报送文件连同审签意见单一式四份,经承建单位项目经理(或其授权代表)签署后递交,监理部审阅后限时返回审签意见单一份,原文件不退回。审签意见包括"照此执行"、"按意见修改后执行"、"已审阅"及"修改后重新报送"四种。

2.9　除非承建单位接到的批复意见为"修改后重新报送",否则承建单位可即时向监理部申请开工许可证,监理部将于接受承建单位申请后的24 h内开出相应工程项目的开工许可证或开工批复文件。

2.10　监理工程师对施工所进行的任何对照、检查、检验和批准,并不意味着可以减轻承建单位所应负的合同责任。

2.11　如果承建单位未能按期向监理部报送开工申请所必需的材料样品、文件和资料,因而造成施工工期延误和其他损失,均由承建单位承担全部合同责任。若承建单位在限期内未收到监理部(处)应退回的审签意见单或批复文件,可视为已报经审阅。

3　施工过程监理

3.1　承建单位应按照报经批准的施工措施计划按章作业、文明施工。同时,加强质量和技术管理,作好作业过程中资料的记录、收集与整理,并定期向监理部报送。

需根据试验或试验性作业成果决定施工实施,或必须调整、修订施工作业程序、方法进度计划,或必须调整混凝土原材料与配合比等,属于对施工措施计划的实质性变更,均应事先报经监理部书面同意后方可实施。

3.2　在混凝土拆除施工前21天,施工单位应将拆除作业的施工组织设计和现场试验确定的爆破参数报监理部审批。

3.3　混凝土拆除体轮廓线处的钢筋须逐根凿出并切断,待监理人员检查合格后,方可进行下道工序的施工。

3.4　混凝土施工过程中,承建单位应随施工作业进展做好施工测量工作,施工测量工作应包括下述内容:

(1)根据设计图纸和施工控制网点进行测量放线,在施工中,及时测放、检查拆除断面及控制拆除断面高程。

(2)测绘或收集拆除前后的地形、断面资料。

(3)月报量收方测量。

(4)提供工程各阶段和完工后的拆除方量资料。

(5)按合同文件规定或监理工程师要求进行的其他测量工作。

3.5　为确保放样质量，避免造成重大失误和不应有的损失，必要时，监理部可要求承建单位在测量监理工程师直接监督下进行对照检查与校测。但监理工程师所进行的对照检查和校测，并不意味着可以减轻承建单位对保证放样质量所应负的合同责任。

3.6　承建单位应坚持安全生产、质量第一的方针，健全质量控制体系，加强质量管理。施工过程中，坚持三员（施工员、调度员、质检员）到位和三级自检制度，确保工程质量。对出现的质量或安全事故，本着“三不放过”的原则认真处理。

3.7　混凝土拆除应自上而下进行，某些部位如必须采用上、下部位同时拆除时，应采取有效的安全和技术措施，并事先报经监理部批准。

3.8　在混凝土拆（凿）除施工过程中发现实际情况与设计不符时应及时将有关资料报送监理部，由监理部转设计单位，供变更或修改设计参考。

3.9　各分项混凝土工程首仓开仓5天以前，承建单位应对浇筑仓面边线及模板安装实地放线成果进行复核，并将放样成果报监理部审核。为了确保放样质量，避免造成重大失误和不应有的损失，必要时，监理部可要求承建单位在监理工程师直接监督下进行对照检查。

3.10　混凝土开仓浇筑前，承建单位应对各工序质量进行自检，并在“三检”合格基础上填报水利水电工程施工质量终检合格（开工、仓）证。

检查内容包括：

（1）基础面层面或缝面处理。

（2）钢筋布设。

（3）模板安装。

（4）止水安装及伸缩缝处理。

（5）设备及预埋件安装。

（6）混凝土生产与浇筑准备。

（7）其他必须检查检测的项目。

承建单位自检合格后，在开仓前3～12 h通知监理工程师对上述内容进行检查确认，并在认证合格后办理开仓手续。

检查标准参照《水利水电基本建设工程单元工程质量等级评定标准》（SL 38—92）、工程承建合同技术规范和设计技术要求执行。

3.11　承建单位应按合同、施工技术规程规范和质量等级评定标准规定的数量和方法对拌和混凝土及各种原材料进行取样检测。每一规定时段（通常为每月），承建单位或其实验室应一式两份向监理部检测监测处提交书面试验报告。

3.12　如果因施工方面的原因要求增加或改变施工缝时，必须在浇筑程序详图中表明，并报监理部批准。

3.13　重要部位混凝土浇筑过程中，承建单位应有技术人员、质检人员以及调度人员在施工现场进行技术指导、质量检查和作业调度。

3.14　承建单位应严格按批准的混凝土配合比拌制混凝土，对于运送或浇筑不合格混凝土入仓的，监理工程师有权按承建合同文件规定拒绝入仓或指令返工处理。

3.15　预制构件应具备所有必需的标志及证明书，构件安装校正、完成焊接作业后，必须在报经监理工程师检查认可，开出开仓签证后，方可浇灌接头混凝土。

3.16 预应力筋应妥善包装，放置于干燥处，避免风吹雨淋。

3.17 混凝土的强度达到设计规定的强度时，才可施加预应力。

3.18 张拉前，施加预应力的机具设备及仪表，应进行率定和校验，其校验期一般不超过半年。

3.19 在张拉过程中严格控制张拉应力和张拉变形，二者缺一不可。预应力筋锚固的实际预应力与设计预应力相差不得超过5%；预应力筋的实际伸长值比设计伸长值大于10%或小于5%，应停止张拉，采取措施后，方可继续张拉。

3.20 施工期间，承建单位必须按月向监理部报送详细的施工记录或原始施工记录复制件。内容包括：

(1)每一构件混凝土数量，所用原材料的品种、质量，混凝土标号及配合比。

(2)各构件实际浇筑顺序、起迄时间，养护及表面保护时间、方式，模板、钢筋及止水设施、预埋件等的情况。

(3)浇灌(筑)地点的气温，各种原材料的温度，混凝土的出机口与入仓温度，各部位模板拆除的日期和时间。

(4)混凝土试件的试验结果及其分析。

(5)混凝土裂缝的部位、长度、宽度、深度、裂缝条数、发现的日期及发展情况。

(6)施工中发生的质量、安全事故及其处理措施。

(7)按合同文件或监理部规定必须报告的其他事项。

3.21 对于施工中发生的质量事故，承建单位应立即查明其范围、数量，填报质量报告单，分析产生质量事故的原因，提出处理措施，及时向监理部报告，经监理部批准后，方可进行处理。

对于一般的混凝土缺陷，应在拆模后24 h内修复、修补完毕。修复、修补措施应报经监理工程师同意后进行，修复、修补过程中，均须有详细的记录。

3.22 为了确保施工质量，承建单位必须按照有关施工规范和设计文件进行施工。对发生的违规作业行为，监理工程师可发出违规警告、返工指令，直至指令停工整顿。

4 施工质量控制

4.1 原材料

4.1.1 混凝土所用水泥品质应符合国家标准，并应按设计要求和使用条件选用适宜的品种。其原则如下：

(1)水位变化区或有抗冻、抗冲刷、抗磨损等要求的混凝土，应优先选用硅酸盐水泥、普通硅酸盐水泥。

(2)水下不受冲刷部位或厚大构件内部混凝土，宜选用矿渣硅酸盐水泥、粉煤灰硅酸盐水泥或火山灰硅酸盐水泥。

(3)水上部位的混凝土，宜选用普通硅酸盐水泥。

(4)受其他侵蚀性介质影响或有特殊要求的混凝土，应按有关规定或通过试验选用。

4.1.2 水泥强度等级与混凝土设计强度相适应，且不低于32.5，水位变化区的混凝土和有抗冻、抗渗、抗冲刷、抗磨损等要求的混凝土，强度等级不宜低于42.5。

4.1.3 粗骨料宜选用质地坚硬，粒形、级配良好的碎石、卵石。不得使用未经分级的混合石子。其质量标准除应符合表 5-1 的规定外，并按《普通混凝土用碎石或卵石质量标准检验方法》(JGJ 53—92)的规定执行。

表 5-1 粗骨料(碎石或卵石)的质量技术要求

项次	项目	指标	备注
1	含泥量(%)	≤1	不应含有黏土团块
2	硫化物及硫酸盐含量(折算成 SO_3)(%)	≤0.5	
3	有机质含量(%)	浅于标准色	如深于标准色，应进行混凝土对比试验，其强度降低不应大于 15%
4	针片状颗粒含量(%)	≤15	
5	坚固性(按硫酸钠溶液法 5 次循环后损失)(%)	<3 <5	无抗冻要求的混凝土 有抗冻要求的混凝土
6	颗粒密度(t/m^3)	>2.55	
7	吸水率(%)	<2.5	
8	超径(cm)	<5	以原孔筛检验
9	逊径(cm)	<10	

4.1.4 粗骨料最大粒径的选定，应符合下列规定：

(1)不应大于结构截面最小尺寸的 1/4。

(2)不应大于钢筋最小净距的 3/4；对双层或多层钢筋结构不应大于钢筋最小净距的 1/2。

(3)不宜大于 80 mm。

4.1.5 细骨料宜采用质地坚硬、颗粒洁净、级配良好的天然砂。其质量标准除应符合表 5-2 的规定外，并应按《普通混凝土用砂质量标准及检验方法》(JGJ 52—92)的规定执行。

表 5-2 细骨料(天然砂)的质量技术要求

项次	项目	指标	备注
1	含泥量(%)	≤3	不应含有黏土团粒
2	云母含量(%)	≤2	对有抗冻、抗渗要求的混凝土，云母含量不应大于 1%
3	轻物质含量(%)	≤1	视比重小于 2.0
4	硫化物及硫酸盐含量(折算成 SO_3)(%)	≤1	
5	有机质含量	浅于标准色	如深于标准色，应做砂浆强度对比试验，其强度降低不应大于 15%
6	坚固性(按硫酸钠溶液法 5 次循环后损失)(%)	<10	

4.1.6 砂的细度模数宜为 2.3 ~ 3.0。为改善砂级配，可将粗、细不同的砂料分别堆放，配合使用。

4.1.7　拌制和养护混凝土用水应符合下列规定：

(1)凡适宜饮用的水均可使用，未经处理的工业废水不得使用；

(2)水中不得含有影响水泥正常凝结与硬化的有害杂质，氧离子含量不超过 200 mL/L，pH 值不小于 4。

4.2　运至工地用于主体工程的水泥，应有产品出厂日期、厂家的品质试验报告，承建单位实验室必须按规定进行复检，必要时还应进行化学分析。

试验检查项目包括：

(1)水泥标号。

(2)凝结时间。

(3)体积稳定性。

必要时还应增加：

(1)稠度。

(2)细度。

(3)比重。

(4)水化热。

袋装水泥贮运时间超过 7 个月、散装水泥超过 6 个月，使用前应重新检验。

4.3　外加剂应有产品出厂日期、厂家出厂合格证、产品质量检验结果及使用说明，否则应按《水工混凝土外加剂技术标准》(DL/T 5100—1999)进行质量检验。当贮存时间超过产品有效存放期，或对其质量有怀疑时，承建单位必须进行质量检验鉴定。

4.4　混凝土的坍落度应符合合同技术规范和设计文件的规定，若技术规范和设计文件未明确，则应当根据结构部位的性质、含筋率、混凝土运输、浇筑方法和气候条件等决定，并尽可能采用小的坍落度。

4.5　因设计或施工要求，必须在混凝土中掺用减水、缓凝、引气、调稠等外加剂及其他胶凝材料和掺合料时，其掺量及材料必须符合设计文件和技术规范的规定，并经过试验确定后报监理部批准。

4.6　模板安装前应检查模板质量(平面尺寸、清洁、破损等)，安装时必须按混凝土结构物的施工详图测量放样，确保模板的刚度和支撑牢固，重要结构部位应多设控制点，以利检查校正。浇筑过程中，如发现模板变形走样应立即采取纠正措施，直至停止混凝土浇筑。

4.7　模板及支架安装，应与钢筋架设、预埋件安装，混凝土浇筑等工序密切配合，做到互不干扰。

4.8　支架或支撑宜支撑在基础面或坚实的地基上，并有足够的防滑措施。支架、脚手架的各立柱之间，应由足够数量的杆件牢固连接。

4.9　制作和安装模板的允许偏差，应符合《水闸施工规范》(SL 27—91)的规定。

4.10　用于主体工程的钢筋(预应力钢筋)应有出厂证明书或试验报告单。使用前应做拉力、冷弯试验，预应力钢筋还应做外观检查和直径检查，需要焊接的钢筋应做焊接工艺试验。钢号不明的钢筋，经试验合格后方可使用，并不得用于承重结构的重要部位。

4.11　预应力钢筋宜采用砂轮锯或切断机切断，不得采用电弧切断。

4.12　预应力钢筋在储存、运输和安装过程中，应采取措施防止锈蚀及损坏。

4.13　预应力钢筋锚具、夹具和连接器应有出厂合格证，并在进场时进行外观检查、硬度检查和静力锚固性试验。

4.14　张拉过程中预应力钢筋断裂或滑脱的数量，对后张法，严禁超过结构同一截面预应力钢筋总根数的3%，且同一束钢丝只允许一根；对先张法，严禁超过结构同一截面预应力钢筋总根数的5%，且严禁相邻两根断裂或滑脱。

4.15　钢筋的调直和清除污锈应符合下列要求：

（1）钢筋的表面应洁净，使用前应将表面的油渍、漆污、锈皮、鳞锈等清除干净。

（2）钢筋应平直、无局部弯折和表面裂纹，钢筋中心线的偏差不应超过其长度的1%，成盘的钢筋或弯曲的钢筋均应矫正调直后才允许使用。

（3）钢筋在调直机上调直后，其表面伤痕使钢筋截面积减少不得大于5%。

（4）如用冷拉法调直钢筋，则其矫直冷拉率不得大于1%（Ⅰ级钢筋不得大于2%）。

4.16　以另一种钢号或直径的钢筋代替设计文件规定的钢筋时，必须征得设计单位和监理工程师的书面同意，并应遵守以下规定：

（1）以另一种钢号或种类的钢筋代替设计文件规定的钢号或种类的钢筋时，应将两者的计算强度进行换算，并对钢筋截面积作相应的改变。

（2）以同种钢号钢筋代换时，直径变动范围不宜超过4 mm，变更后的钢筋总截面积不得小于设计截面积的98%或超过其103%。

（3）钢筋等级的变换不能超过一级，也不宜采用改变钢筋根数的方法来减少钢筋截面积，必要时应校核构件的裂缝和变形。

（4）以较粗的钢筋代替较细的钢筋，必要时应校核代替后构件的握裹力。

4.17　在加工厂中，钢筋的接头应尽量采用闪光对头焊接。现场作业或不能进行闪光对焊时，宜采用电弧焊（搭接焊、帮条焊、熔槽焊等）。焊接前，应将施焊范围内的浮锈、漆污、油渍等清除干净。直径小于25 mm的钢筋可采用绑扎接头，但轴心受拉、小偏心受拉构件和承受振动荷载构件，均应采用焊接接头。钢筋接头的布置应符合设计要求和技术规范有关规定。

4.18　为保证电弧焊接质量，在开始焊接前，或每次改变钢筋的类别、焊条牌号以及调换焊工之前，特别是在可能干扰焊接操作的不利环境下现场施焊时，应预先用相同的材料、相同的焊接操作条件、参数，制作两个抗拉试件并经抗拉试验合格后，才允许正式施焊。

4.19　钢筋的根数和间距应符合设计规定，并绑扎牢固，其位置偏差应符合表5-3的规定。

4.20　为了保证混凝土保护层的必要厚度，应在钢筋与模板之间设置强度不低于构件设计强度的埋设有钢丝的混凝土垫块，并与钢筋扎紧。垫块应互相错开，分散设置。各排钢筋之间，应用短钢筋支撑，以保证钢筋布设位置准确。

4.21　在混凝土浇筑施工中，应安排值班人员经常检查钢筋架立位置，如发现变动应及时矫正，严禁为方便浇筑擅自移动或割除钢筋。

4.22　伸缩缝止水材料的形式、结构尺寸、材料的品种规格和物理学指标均应记录备查。采用供销用品时，须经过试验论证并征得设计单位同意后方可使用。

表5-3　钢筋安装位置允许偏差　（单位:mm）

项次	项目		允许偏差
1	受力钢筋间距		±10
2	分布钢筋间距		±20
3	箍筋间距		±20
4	钢筋排间距的偏差(顺高度方向)		±5
5	钢筋保护层厚度	基础、墩、厚墙 薄墙、梁 桥面板	±10 -5, +10 -3, +5

4.23　成品嵌缝填料应抽样检验其主要技术指标。同嵌缝材料接触的混凝土表面必须平整、密实、洁净、干燥,嵌缝填料施工完毕后应及时保护。

4.24　混凝土的运输应遵照以下原则:

(1)混凝土的运输设备应根据施工条件选用。运输过程中应避免发生分离、漏浆、严重泌水或过多降低坍落度。

(2)运输不同标号的混凝土时,应在运输设备上设置明显的标志,以免混仓。

(3)运输过程中,应尽量缩短运输时间或减少转运次数。因故停歇过久,混凝土产生初凝时,应作废处理。在任何情况下,严禁中途加水后运入仓内。

(4)不论采用何种运输设备,当混凝土入仓自由下落高度大于2 m时应采取缓降措施。

4.25　在混凝土浇筑前,应详细检查仓内清理、模板、钢筋、预埋件、永久缝及浇筑准备工作等,并作好记录,经验收方可浇筑。

4.26　混凝土应按一定厚度、顺序和方向,分层浇筑,浇筑面应大致水平。上下相邻两层同时浇筑时,前后距离不宜小于1.5 m。

在倾斜面浇筑混凝土时,应从低处开始浇筑,并使浇筑面保持水平。仓内的泌水应及时排除,严禁在模板上开孔赶水,以免带走灰浆。严禁在流水中浇筑混凝土,已浇筑的混凝土在硬化之前不得受水流冲刷。

4.27　混凝土浇筑应保证连续性。如因故中止且超过允许间歇时间,则应按施工缝处理。若能重塑者且经监理工程师认定,仍可继续浇筑混凝土。

4.28　浇入仓内的混凝土应随浇随平仓,不得堆积。仓内若有粗骨料堆积时,应均匀地散铺于砂浆较多处或未经振捣的混凝土上,但不得用水泥砂浆覆盖,以免造成内部蜂窝。

4.29　混凝土施工缝的处理,应遵守下列规定:

(1)按混凝土硬化程度,采用凿毛、冲毛或刷毛等方法,清除老混凝土表层的水泥浆薄膜和松弱层,并冲洗干净,排除积水。

(2)已浇好的混凝土,在强度未达到2.5 MPa前,不得进行上一层混凝土浇筑的准备工作;临浇筑前,水平缝应铺一层1~2 cm的水泥砂浆,垂直缝应刷一层净水泥浆,其水灰比应较混凝土减少 0.03 ~0.05。

(3)新老结合面层的混凝土应细致振捣。

4.30 在混凝土浇筑过程中,应随时检查模板、支架等稳固情况,如有漏浆、变形或沉陷,应及时处理。相应检查钢筋、预埋件位置,如发现移动,应及时校正。

4.31 在混凝土浇筑过程中,应及时清除黏附在模板、钢筋和预埋件表面的灰浆。浇筑到顶时,应即抹平,排除泌水。待定浆后再抹一遍,防止产生松顶和表面干缩。

4.32 混凝土浇筑时和固化后混凝土的质量检验应符合《水闸施工规范》(SL 27—91)的规定。

4.33 混凝土模板拆除的期限,应得到监理部的同意。除非另有规定,否则应遵守下列规定:

(1)不承重的侧面模板,应在混凝土强度达到 2.5 MPa 以上,并能保证其表面及棱角不因拆模而损坏时才能拆除。

(2)钢筋混凝土结构的承重模板,至少应在混凝土强度达到设计强度的70%以上,对于跨度较大的构件必须达到设计强度的100%,才能拆除。

4.34 混凝土浇筑完毕后,当硬化到不因洒水而损坏时,就应采取洒水等养护措施。混凝土表面应经常保持湿润状态直到养护期满。在炎热或干燥气候条件下,早期混凝土表面应采用经常保持水饱和或用覆盖物进行遮盖,避免太阳暴晒。

5 其他

5.1 每单元混凝土工程施工结束后,承建单位应及时对混凝土单元工程质量检查评定,并报监理工程师确认,作为评定相应分部工程质量等级的基础。

5.2 本细则未列之其他施工技术要求、原材料品质和质量检验标准,按合同技术规范、有关施工技术规程规范和质量评定标准执行。

5.3 已按设计要求完成,报经监理工程师质量检验合格,按合同规定应予以支付的工程量才予以计量支付。合同支付计量与量测,按合同文件规定及有关要求执行。

第五节 监理报告编写要求及实例

一、监理报告的编写要求

(1)在施工监理实施过程中,由监理机构提交的监理报告包括监理月报、监理专题报告、监理工作报告和监理工作总结报告。

(2)监理月报应全面反映当月的监理工作情况,编制周期与支付周期同步,在下月的5日前发出。

(3)监理专题报告针对施工监理中某项特定的专题撰写。专题事件持续时间较长时,监理机构可提交关于该专题事件的中期报告。

(4)在进行监理范围内各类工程验收时,监理机构应按规定提交相应的监理工作报告。监理工作报告应在验收工作开始前完成。

(5)监理工作结束后,监理机构应在以前各类监理报告的基础上编制全面反映所监理项目情况的监理工作总结报告。监理工作总结报告应在结清监理费用后56日内发出。

(6)总监理工程师应负责组织编制监理报告,审核签字、盖章后,报送发包人和监理单位。

(7)监理报告应真实反映工程或事件状况、监理工作情况,做到内容全面、重点突出、语言简练、数据准确,并附必要的图表、照片和音像资料。

二、监理月报的主要内容

监理月报应真实反映工程现状和监理工作情况,做到数据准确、重点突出、语言简练,并附必要的图表和照片。监理月报的主要内容如下:

(1)本月工程描述。

(2)工程质量控制。包括本月工程质量状况及影响因素分析、工程质量问题处理过程及采取的控制措施等。

(3)工程进度控制。包括本月施工资源投入、实际进度与计划进度比较、对进度完成情况的分析、存在的问题及采取的措施等。

(4)工程投资控制。包括本月工程计量、工程款支付情况及分析、本月合同支付中存在的问题及采取的措施等。

(5)合同管理其他事项。包括本月施工合同双方提出的问题、监理机构的答复意见和工程分包、变更、索赔、争议等处理情况,以及对存在的问题采取的措施等。

(6)施工安全和环境保护。包括本月施工安全措施执行情况、安全事故及处理情况、环境保护情况、对存在的问题采取的措施等。

(7)监理机构运行状况。包括本月监理机构人员及设施、设备情况,尚需发包人提供的条件或解决的情况等。

(8)本月监理小结。包括对本月工程质量、进度、计量与支付、合同管理其他事项、施工安全、监理机构运行状况的综合评价。

(9)下月监理工作计划。包括监理工作重点,在质量、进度、投资、合同其他事项和施工安全等方面需采取的预控制措施等。

(10)本月工程监理大事记。

(11)其他应提交的资料和说明事项等。

(12)监理月报中的表格宜采用规范中要求的施工监理工作常用表格。

三、监理专题报告的主要内容

(1)事件描述。

(2)事件分析。包括事件发生的原因及责任分析、事件对工程质量与安全影响分析、事件对施工进度影响分析和事件对工程费用影响分析。

(3)事件处理。包括承包人对事件处理的意见、发包人对事件处理的意见、设计单位对事件处理的意见、其他单位或部门对事件处理的意见、监理机构对事件处理的意见以及事件最后处理方案或结果(如果为中期报告,应描述截至目前事件处理的现状)。

(4)对策与措施(为避免此类事件再次发生或其他影响合同目标实现事件的发生,监理机构的意见和建议)。

(5)其他应提交的资料和说明事项等。

四、监理工作报告的主要内容

(1)验收工程概况。包括工程特性、合同目标、工程项目组成等。

(2)监理规划。包括监理制度的建立、监理机构的设置与主要工作人员、检测采用的方法和主要设备等。

(3)监理过程。包括监理合同履行情况和监理过程情况。

(4)监理效果。包括质量控制监理工作成效及综合评价、投资控制监理工作成效及综合评价、进度控制监理工作成效及综合评价和施工安全与环境保护监理工作成效及综合评价。

(5)经验与建议。

(6)其他需要说明或报告的事项。

(7)其他应提交的资料和说明事项等。

(8)附件。通常有监理机构的设置与主要工作人员情况表、工程建设监理大事记等。

五、监理工作总结报告的主要内容

监理工作结束后,监理单位应向建设单位提交项目监理工作总结报告,其主要内容包括:

(1)监理工程项目概况(包括工程特性、合同目标、工程项目组成等)。

(2)监理工作综述(包括监理机构设置与主要工作人员,监理工作内容、程序、方法,监理设备情况等)。

(3)监理规划执行、修订情况的总结评价。

(4)监理合同履行情况和监理过程情况简述。

(5)对质量控制的监理工作成效进行综合评价。

(6)对投资控制的监理工作成效进行综合评价。

(7)对施工进度控制的监理工作成效进行综合评价。

(8)对施工安全与环境保护监理工作成效进行综合评价。

(9)经验与建议。

(10)工程建设监理大事记。

(11)其他需要说明或报告的事项。

(12)其他应提交的资料和说明事项等。

六、监理工作报告编写实例

监理工作报告编写实例如下。

某水利工程监理工作报告

第一章　工程概况

某水库是长江上游支流某流域开发的龙头控制工程，位于××区××乡××村，距城区44 km，距××场4.8 km，是一座以灌溉为主，兼有城市供水、防洪、发电、旅游等综合效益的中型水利工程。主要工程项目有拦河坝、导流（放空）洞、溢洪道、坝后电站、渠系工程、××水厂等。拦河坝设计坝型为钢筋混凝土面板碾压堆石坝，坝高53 m，水库正常蓄水位417 m，库容3 360 万 m^3，调洪库容575 万 m^3，该工程由××施工。溢洪泄流方式为有闸控制的河岸式正堰溢洪泄流，堰顶高程410 m，设计最大下泄流量1 033 m^3/s，由××负责施工。施工期导流选择低水围堰挡枯水期河水隧洞导流，导流洞最大下泄278 m^3/s，由××公司承建。发电厂新增装机2×1 250 kW，并改造原高洞电站装机为2×400 kW，由××区水电建设公司承建。渠系工程总长50.8 km，设计灌溉面积11.43 万亩，其左干渠引水隧洞全长17.68 km，由××公司等15个施工单位承建。配套××水厂工程近期按10万 t/d，远期按20万 t/d设计。工程概算总投资32 526 万元，其中水库投资18 648万元，电站总投资940万元，水厂动态总投资1 293 万元。

第二章　监理规划

××水库工程建设业主单位为××开发有限公司，受业主的委托，中国某水电咨询中心承担该水库枢纽工程监理任务，监理范围是首部枢纽工程及坝后电站一座，相应工程投资为6 710 万元。

针对××水库工程施工特点，按照与业主签订的《工程建设监理合同》，××分部在施工现场组建了××水库工程监理部，具体履行监理合同中约定的权利和义务。

第一节　监理制度

监理部按照合同规定，结合业主××开发有限公司《关于加强××水利工程建设监理工作的通知》（××[1998]58号）文件精神，制定了《××区××水库大坝枢纽工程施工监理规划》、《××水库枢纽工程质量管理实施细则》及《××水库枢纽区施工质量控制规则》等一系列规范性文件，建立了设计审查修改、质量检查处理、验收等14项规章制度。

第二节　项目目标

一、工期目标

××水库被××政府列为1999年"为民办十件实事"之首要工程，提出"三年工期，两年完成"的奋斗目标，即在1999年底大坝主体工程完成，2000年5月达到发电目标。根据业主与各施工单位签订的《工程建设承包合同》规定工期具体为：

（1）拦河坝工程1998年7月进场，10月开工，1999年12月25日完工。

（2）导流（放空）洞工程1998年6月4日开工，1999年4月30日前完工。

（3）溢洪道工程1998年8月15日开工，1999年4月30日竣工。

（4）0#压力洞工程1998年8月8日开工，1999年5月30日竣工。

（5）引水式发电厂房1999年1月开工，2000年1月底竣工，2000年5月发电。

二、质量目标

合格。

三、投资目标

以 1998 年预算为基价,静态总投资为		671 万元
其中	拦河坝工程	374.9 万元
	导流洞工程	19.5 万元
	溢洪道工程	42.3 万元
	0#压力洞工程	20.6 万元
	发电厂房	94 万元
	机电设备及其他工程	119.7 万元

第三节 组织机构

监理部组织形式采用项目与专业相结合的矩阵制监理组织形式。内部实行总监理工程师负责制,下设现场生产管理组、质量进度控制组、资料档案整理组,在业主单位的支持下配备有水工、机电、施工、地质、测量、试验等专业的监理工程师。按总监理工程师、监理工程师及监理员三级进行管理。

第四节 监理方法

监理部采用主动控制为主、被动控制为辅相结合的动态控制手段,对工程项目实施全方位、全过程的监理,并针对关键部位、隐蔽工程和主要工序实行旁站监理。对施工单位的资质进行严格考查,工程所有的检测方法按规范要求执行,检测设备由监理人员、施工单位及委托的试验单位配备。

第三章 监理过程

我们与项目法人之间是被委托与委托的合同关系、与施工单位(承包商)是监理与被监理的关系。我们依据合同,按照"公正、独立、自主"的原则,开展工程建设监理工作,维护项目法人和施工单位的合法权益。因而,在实际工作中,坚定不移地贯彻"三控制"的目标。对影响到工程的进度和质量的重大问题,提出有预见性的超前建议,供业主正确决策。供施工方更合理地实现合同要求。××水库的监理就是在业主全方位的支持下,在施工单位主动协作下较好地开展工作,业主支持监理在现场的指挥调度,在各种会议上强调监理工作的重要性和权威性,承包商无条件地执行监理工程师的指令,发现工程存在问题,先向监理通报信息,由监理出面处理,以树立监理在现场的权威,从而保证了工程建设的顺利进行。

第一节 质量控制

质量控制是监理工作的重心。监理部从工程开工以来,自始至终都将质量控制放在第一位。工程质量不仅关系着工程的寿命和运行的安全,在施工期也直接影响工程的进度及效益。在工程质量控制方面我们做了大量的工作。质量控制以主动控制和施工前准备工作(事前)及施工过程(事中)控制的方式为主,已完工程检查验收(事后)控制为辅,强调预防为主。

一、质量的事前控制

监理工作的主要内容是对设计图纸、文件进行审查签发;对施工单位的施工组织设计、施工技术措施及有关图纸进行审查;对施工单位的质量保证体系、试验资质进行检查,对原材料或半成品进行报验等,使各项工作达到合同规定要求后方能开工。一是制定《××水库枢纽工程质量管理实施细则》及《关于加强大坝枢纽区施工阶段质量控制的通知》,将监理的工程划分为7个单位工程、39个分部工程,作为质量评定内容和依据,规定了施工阶段质量控制的程序和标准,统一制定了质量控制的10类表格,明确了工序验收,检查以规范、设计为依据。二是掌握和熟悉质量控制的技术依据,考查施工队伍的素质,经审查调整了大小三个施工单位。保护和发挥好承包商的积极性与创造性,有利于更好地实现工程建设的目标和效益。对于承包商提出的施工方法和施工措施,只要能保证工程质量,对施工进度有好处,监理部都给予了积极的支持,并协助他们完善。对于承包商提出的新技术、新工艺,监理部都仔细加以研究。譬如大坝施工单位××对前期料场及爆破参数的选定提出了有价值的建议,监理部争取业主的支持,在提前完成工程目标方面获得成功。三是审查施工单位施工组织设计或施工方案,如料场开采顺序和调整、爆破参数的修正、导流方式的改变、人工砂石骨料的规范加工、防空洞模板排架的修改、引水洞竹模板改为钢结构、溢洪道塔吊方案的实行,临时度汛方案的修改等一系列工作。四是加强监理监测工作,监理部严格实行检验制,对大坝实验室资质考察,堆石料碾压试验,钢筋性能试验,止水铜片性能试验、贴缝、对缝焊接试验检查(X光拍片),原材料及半成品全部进行报验签证。五是监理具有强烈的质量意识,在一切监理活动中,都突出质量第一的观点,无论是对图纸审查、对技术要求的审查、监理细则的制定、有关规定的执行,都首先看能否保证质量,同时要求监理人员必须把握好质量关的基本方法和技能,并在实践中不断提高。监理部总计审查签发设计图纸、设计更改、设计文件×份。六是增强承包商的质量意识,协助他们建立健全质量保证体系,并反复检查、督促他们完善质量保证体系、质量报表、质量事故申报制度,加强和××水库质量监督站的联系,进行试坑、试块检测及现场回弹仪测试工作。

二、质量的事中控制

施工过程质量控制是整个质量控制工作的重点,以单元工程为基础,按工程的工艺流程进行全过程控制。质量检测实行施工单位自检和监理试验抽检双控制度。加强中间检查,对施工全过程进行跟踪检查监督,即每天随时随地进行工地巡视,发现问题及时采取口头、书面通知,责令整改,性质严重或不及时整改的,予以经济处罚,直至停工整顿。对重点部位和关键工序进行旁站监理。

(一)施工工艺过程质量控制

7个单位工程施工阶段,采用了观察、旁站、量测、测量、试验等控制手段,并按采料、填筑、混凝土、灌浆、安装等项目进行了旁站监理,大多是24 h全天进行,并施行上道工序未经检查不准进行下道工序施工,质检员进行工序验收,监理工程师签发合格证,在程序上,因信息传递有误,发生二次违规现象,皆及时处理,并根据现场实际情况发出监理现场指示、监理指令17份,督促做好质量改进工作。例如,帷幕灌浆、压水试验、混凝土浇筑等隐蔽工程都实行监理跟班旁站,并规定没有监理在场,这些工序无效。为使大坝填筑碾压达到质量要求,监理24 h跟班进行碾压记数、签证。要求承包商严格按设计文件施工,凡属设计变更项目皆依设计修改为准。业主或施工需要提出的设计变更必须取得设计同意,并主动提供资料协助设计单位作出设计变更,各工序施工均处在监理“质控”之中。

（二）工程质量事故处理

对于关系重大的质量问题和质量事故，都要经过精心研究，请专家分析、论证提出处理措施，从而保证了工程施工质量。一是大坝填筑料含泥量一度超标，除了工程指挥部、监理部、施工单位内部专家讨论外，先后请了水利部咨询中心、××咨询公司、××水电局等专家进行了仔细的分析讨论，才作出最后决定，将无用料控制在5%之内，并坚持检查五个环节：①开钻前机械挖除；②爆破前的人工清理；③爆破后的机械处理；④装车前检查；⑤填筑现场返工等。大坝填筑返工经常不断，大返工三次，最长一次三天。二是大坝趾板止水片的焊接，前期由于人员、工艺、现场保护等因素的影响，经多次反复焊接都达不到质量要求，最后经工程指挥部总工程师、监理部总监理工程师决定进行焊接技术比武，确定最佳上岗人员及最佳焊接方法，并加大现场检查力度和防渗探测手段后，才同意正式进行施工。三是电站水轮机组设备安装时发现，加工质量达不到标准，监理部两次组织业主、安装单位及生产厂家到现场实地检查并讨论解决办法，决定返厂处理，从1999年12月初到2000年元月下旬，设备返工后运到现场，经检查质量合格才开始安装。

三、质量的事后控制

事后控制是在竣工验收之前对竣工资料和施工现场进行全面细致的检查，对发现的问题或部位进行复查或补检，并对竣工验收项目提出质量评定和竣工验收意见。一是在施工过程中，监理要求每个单元工程或工序的开工，必须在施工单位“三检”合格的基础上，报监理工程师，通过现场质量检验合格认证，不合格单元工程必须返工或修补合格后，方准予进入下道工序。对于基础验收由监理组织业主、设计、施工、质检四方参加现场联检。二是经常检查、督促工序质量验收成果执行标准情况，结合单元工程的评定，下发了单元工程评定的统一标准，并抽出一名监理工程师检查、指导，及时地推进了单元质量评定工作的进度和质量。三是有关质量问题除在《监理简报》内反映外，突出的有关质量技术问题发专门报告引起各方注意，如《当前施工中有关问题的说明》、《关于抓好××水库枢纽工程关键部位质量问题的通知》、《关于溢洪道混凝土施工的质量要求》等文件有30余份。四是做好单位工程的验收工作，多次会议强调，日常分头检查，详细交待整理要求、内容、注意事项，并督促检查资料的真实性。

第二节　进度控制

进度控制主要采用主动控制与被动控制相结合，事前控制与事中控制相结合的动态控制方法，通过网络计划、进度横道图、工程形象进度图等对实际进度与计划进度相比较，以工期的奖罚条款作为进度控制的重要手段进行进度控制。

一、进度的事前控制

（1）按照××政府提出的“三年工期，两年完成”的奋斗目标，依据各单位工程签订的施工承包合同工期，监理部进行了认真研究，审核各施工项目部的施工组织设计和进度网络计划，根据总进度分解为年度、月计划，在检查设备配备、材料供应、施工技术力量状况落实的情况下，由施工单位填报开工申请报告，经监理工程师审核批准，具备开工条件后，下达开工令。

（2）施工总控布置：××水库地处狭窄的河谷地区，缺乏理想的施工布置条件，交通不易解决。前期由于无用料的清除，公路中断，只能采用定期通路，人工运送材料的办法。

而中后期限期抢通了上线交通要道，改变了临时度汛方案，利用408 m高程堆石坝连通了溢洪道和0#压力洞，保证了施工的正常进行。后期大坝升高，限期恢复围堰交通道路，确保了各部位的正常施工。

二、进度的事中控制

在施工中进行定期检查，对实际进度与计划进度进行对比分析，找出偏差原因并提出解决的措施。一是对承包商影响进度的设备、材料、人员等进行定期检查，发现问题及时处理。例如，趾板混凝土设备和材料的补充，面板骨料的提前加工，溢洪道混凝土设备增加、人工砂石料场的提前加工，引水洞衬砌增加工作面和技术力量的调整等形成文件资料发至有关部门，同时进行了检查和落实。二是建立工程进度日志，在工程高峰期建立进度形象及完成实物工程量班日统计，记载影响工程进度的内外因素、施工问题处理方法、效果等。三是月中定期进行施工进度检查和计划调整，月末定期召开生产计划会，总结上月完成情况，布置下月工程任务、计划和措施。共发会议纪要17份。四是加强现场的协调工作。例如，施工中各项目部机械、设备、材料的相互支援，大坝施工与溢洪道施工交通干扰协调，爆破对机械设备、村民财产、人身安全影响的协调等，监理部做了大量工作，在矛盾发生后，及时进行调解，排除了严重纠纷2次，避免了不必要的人身伤亡、机械损害事故。五是根据《工程建设合同》中的工程量与实际工程量有出入这一特点，我们对次要工程的工期进行了调整，但对面板堆石坝的度汛及完成工期不准拖延。这样既可满足区府提出的目标，又使施工队伍实现合理的工期。大坝自1998年10月28日开工历时1年26天，于1999年11月23日完工，达到预期目标。

三、进度的事后控制

进度的事后控制是合同执行工期的校定。由于施工环境和业主提供的施工条件的制约，一定程度上会影响工程的正常施工。监理部按照合同条款的有关规定，根据监理日记及施工记录，对施工单位报送的工期补偿进行核实，最后报业主审核确认工程延期。如溢洪道、0#压力引水隧洞因进场交通的调整延期，设备和材料无法进场，影响了工程正常进行，监理根据实际情况，并经业主同意后批准了工期延期申请，使工程在合理工期内完成。

（一）关于大坝开工问题

××水库枢纽工程混凝土面板堆石坝其工期能否按合同实现，将严重影响社会效益、经济效益。由于前期导流洞工期的延长，使导流围堰无法施工，到1998年10月初大坝还不具备正式开工的条件。建设、施工双方本着严格履行合同的认真态度，业主主动采取果断措施，改浆砌条石心墙围堰为黏土心墙围堰，为坝基开挖创造条件，冬季枯水期将水源抽至引水渠导流，另开引水洞代替引水渠，以保证小水电厂正常发电，施工方积极配合，日夜奋战，终于在10月26日完成围堰施工，并为溢洪道、0#压力引水隧洞创造了交通条件，同日监理部发出《××水库拦河坝工程开工令》，10月28日正式开工。

（二）关于趾板尽早浇筑的问题

趾板不能按期浇筑混凝土，将影响基础灌浆、坝体堆筑、面板混凝土施工，同时1999年汛期大坝度汛也存在问题，年底堆石坝基本完工将成泡影。监理部根据施工规范并参照国内外经验，确定趾板定线开挖与混凝土浇筑同步进行，尽量在科学分析的基础上，督促施工单位抓紧趾板基础清面、断面测量，主动向设计方提供资料，在总工办大力支持下，确定了趾板轴线定位,基本上没有延误工期。但由于工期紧迫,不能有更多的时间进一步研究基础问题,由于基础岩石构造和地形原因,开挖后出现了高趾板,增加了混凝土的回填方量。

(三)大坝施工高峰期的形成

1999 年 1 月份,大坝各项施工条件具备,采料、填筑、混凝土浇筑、灌浆等单项工程全面铺开。承包商施工前期准备工作方面的技术、设备力量不足,管理体制薄弱,质量意识欠缺逐渐暴露,监理部本着实事求是的原则,协助施工单位调整施工方案,整顿施工队伍,引进技术力量,完善质量检查制度,组织施工设备、机械。共组织反铲挖掘机 11 台,汽车 25 辆,推土机 5 台,振动碾 4 台,高压钻 2 台及大量浇筑设备等。监理部于 1999 年 2 月 17 日及时下发《混凝土面板堆石坝 1999 年度汛目标及质量保证措施的决定》,统一了各方思想,为度汛任务提出了明确要求,于 2 月下旬施工逐渐形成高潮。与此同时,在监理部具体指导下,大坝项目部制定《关于优质、高产,确保度汛的施工组织措施》,分工明确,责任落实到人,奖罚分明,施工大有起色。高峰期大坝日上料达 0.45 万 m^3,月上料达 10.6 万 m^3。在 9 个月的堆筑工期中,有 5 个月超设计强度 6.1 万 m^3/月。

(四)关于施工期大坝度汛问题

大坝度汛始终是 1999 年上半年工程施工目标,根据施工进度情况,为了做到万无一失,监理部征求业主意见,将原设计汛期大坝挡水度汛改为过水度汛,监理部、工程指挥部、设计单位、施工单位三次进行方案研究,于 4 月 23 日形成纪要,最后确定在右岸高程 391 m 留 30 m 宽的临时溢洪道,根据气象预报再确定缺口的封堵时间,防洪能力由设计的 20 年一遇提高到 50 年一遇的标准。6 月 10 日,临时溢洪道缺口封堵,既有利于大坝全断面上升,又解决了汛期溢洪道及 0# 压力引水隧洞的交通中断问题。

第三节　投资控制

监理部根据监理合同规定的权限范围,以施工承包合同为依据,认真做好工程计量支付、合同变更和合同外项目工程量的审核,把工程投资控制在合同范围内。

根据各施工单位所签《工程建设承包合同》承包方式的不同,采用不同的投资控制方式。大坝工程是总价承包,总投资明确,具有控制性;溢洪道、0# 压力引水隧洞是单价承包,尽管合同中有总价,在每月结算上是以实际完成的工程量进行结算,具有一定的灵活性;电站施工合同规定是单价承包,“三边”结算,即“边出图、边干、边算”,干完才知道总价,监理部控制较困难。工程量计算是投资控制的主要环节,而准确计量又是工程价款的基础,我们尽最大努力在业主的支持下做好了以下工作:

(1)熟悉设计图纸,研究标底标书,明确收方办法,统一测量断面,为工程计量、项目划分做到清楚、准确。例如:大坝基坑开挖时,开工前以实测原始地面地形图为依据,按设计开挖断面复核开挖方量,在开挖总量确认后,计量控制的重点是开挖形象及进度,每月复测开挖地形作为复核工程量的依据。

(2)制定统一的工程进度投资完成月报表。按合同规定的内容逐月逐项申报、审查,由于施工、监理、业主三道程序控制,凡是不经共同收方、计算的项目不予认可,在监理程序中既有现场监理人员的认可,又有总监理工程师的审核,凡是监理部经手的报表,应该说是求实的。

(3)对计量支付实行“动态控制”。一方面与进度控制相结合,按月进度付款,防止超前支付;另一方面与质量控制相结合,要求施工单位进行月工程价款结算时,同时报送质量月报及相应的单元工程质量签证资料,防止对不合格的工程量支付价款。大坝总包在逐月审批中不属于原合同的基本上留待竣工时协商解决。其他单位工程按单价结算的项目,逐月按实际情况进行结算,施工单位提出单价调整按合同条款协商解决。

(4)鉴于实际情况的变化,设计修改超量问题普遍存在,超合同量的项目常有发生,现将各施工单位实际完成工程量附后(略)。

第四节　合同管理

监理部对工程项目的合同实施过程进行全面管理,并保存全套资料和文件,形成该工程的全部文档资料,并要求监理人员要熟悉合同,合理地运用合同,按照合同的有关条款行使监理的有关权力。

一、以合同为基础统一管理标准

属于监理范围内的大坝枢纽各单位工程在进度和质量控制方面,是依据合同规定的工期和要求的施工规范、设计标准进行控制的,不因原地区、行业、习惯不同有差别而改变,这一原则的确定和执行,统一了各单位工程的施工管理,便于三控制的实行。

二、以合同为依据履行自己职责

在初次实行建设监理制的工程项目,建设各方对实行监理制的认识、做法、态度上千差万别,监理部有效的手段就是以合同规定内容为依据,要求各方履行自己的职责,进而按工程建设的要求统一报表程序和形式,统一质量检查程序和标准,统一会议制度,统一工作制度,基本上满足施工管理的要求。

三、以合同为准绳严格工程结算

工程结算时,不论是总价承包还是单价承包合同,我们都同时注意预付、借资、合同外的支付等,严格执行合同规定条款。根据合同承包形式不同,工作重点有所区别,大坝为总包,牵涉合同外问题比较敏感突出,监理部不仅逐月逐项计算、审核工程量,控制不超出合同量进行拨款,同时要作好记录,查清项目,为调整工程量作好各种准备。对于单价承包的,当月只要按计划项目工程量计算准确的就可结算,不重报、不漏项即可。

四、对合同外管理必须重新签订

监理部根据监理职责,对合同外增加的项目及合同变更都严格按照国家规定的程序办理。一是对合同外增加项目必须签订新合同;二是对于承包商的索赔,必须有合同依据并按索赔程序进行,不能随意处理;三是对于业主或承包商要求变更合同都必须按已签合同的程序,有书面变更补充或另签补充合同,方能执行,不能按“口头指示、许诺”作为合同依据。

第五节　信息管理

××水库的监理工作,信息管理是三控制的基础,大量的工程数据、资料的收集和处理,对不同的信息分门别类地进行整理、汇集,使之服务于工程进度、质量、投资和合同管理及资料归档工作等。我们根据现场实际情况和力所能及的手段做了如下工作:

(1)重视对原始资料的收集。建立了现场监理工作日志,并作了明确的填写规定。对施工单位的值班记录、现场的记录材料都进行了点滴的数据汇集,如施工单位投入的人力、设备、施工的工效、质量、材料及成品质量、施工方法等现场情况。

(2)做好资料的档案管理工作。按不同单位的来文和向不同单位发出的不同信息的文件都有明确的编号,建立了××水库枢纽工程信息编码体系,收集整理各类信息资料,查阅十分方便。

(3)做好信息的传递工作,充分发挥信息工作对业主决策、领导部门掌握××水库状况的作用。我们按月编制了《××水库工程完成月投资报表》和《××水库监理协调会议纪要》,双月编发《××水库监理简报》,不定期编发《工程质量安全简报》。

(4)注意"形象信息"的收集整理。录像、摄影是"形象信息",监理部在业主的支持下设有专人负责,对现场的重大事情、工程进展、工程形象、重要工程质量、发生的重大安全事故等都摄入镜头,按规定整理后提供给业主。

(5)督促施工单位及时整理工程资料。一是收集原材料、半成品、试验资料;二是整理质量检查验收评定资料;三是整理逐月完成工程量投资累计表;四是督促检查各施工单位竣工资料的整理。

第六节　组织协调

做好施工阶段的协调工作,对于保证施工现场的施工秩序,保证工程的正常进行都十分重要。

一、建立工程施工协调会议制度

每月25日监理部召集枢纽区各施工单位及业主参加监理部的工程施工协调会议,协调各个施工单位在施工中的交通、放炮、移民等干扰,解决存在的质量、安全、进度、资金等问题,并形成纪要备查。对于施工面上需要协调的问题由现场工程师召集现场协调会,进行专题有效的协调。

二、对于工种安排、工序处理的协调

工种安排主要是帮助承包商在安排施工时要有全局观念,要考虑到总目标,工种的先后从有利于进度出发,而工序的协调着重于工程质量的控制,因而对承包商报来的施工组织设计,我们都进行仔细、全面的审查,着重协调各方面的关系。例如,大坝趾板浇筑与填筑施工的协调等。

三、加强业主与施工单位的协调

业主与施工单位之间的协调,主要反映在投资到位和工程进度形象方面,我们在这方面做了大量的协调工作:一是当业主出现资金不能完全满足要求时,在有限的资金情况下合理安排施工单位的工程进度;二是在协调进度与质量关系方面,我们强调质量是进度的保证,没有质量谈不上进度,同样,没有进度,质量也是空的。例如,大坝开工施工方案的协调,机械、设备、技术力量、施工强度的协调,堆筑、碾压与设计要求不适应的协调,度汛方案的协调等都达到了满意的效果。其中,有些协调因分歧较大是在施工中断的情况下协调一致的。

四、各个施工单位之间的协调

上坝公路修建得到各施工单位的理解、支持。后期通过坝上公路、坝肩公路,为各施工单位提供方便。土建与安装、安装与制造相互配合的协调,设备、材料的互相支援等,这些都是在监理部的组织、业主的支持下协调一致的。

第四章 监理效果

××水库工程是××区政府1999年“为民办十件实事”一号水利工程,各级领导皆十分关注,经常现场检查指导,在政策上给予很大的支持,在施工高峰期资金给予了保证,在工程建设管理上组织了强有力的领导指挥班子,在各方配合下狠抓了工程施工进度,严格有效地控制了质量标准,合理地进行了投资的控制,达到了工程建设的预期目标。

第一节 工期综合评价

工程进度实现了区政府提出“三年工期,两年完成”的预定目标。监理部在业主的大力支持下,自始至终明确坚持狠抓面板堆石坝单位工程,以该工程为主线布置、调整、检查、协调大坝枢纽区各单位工程的进度。咬定进度、质量、投资控制目标毫不放松,不达目的誓不罢休。混凝土面板堆石坝于1998年6月30日与××签订合同,7月进场,10月28日正式批准开工,于1999年11月23日面板混凝土完工,12月31日下闸蓄水,主体工程历时13个月,开工时间比合同规定较晚,完工时间略有提前。当然在施工过程中也经历了质量、技术、措施、布置、资金等各种困难、挫折和人际方面的干扰,问题相当复杂,但在大目标的基础上,最终达到团结一致,共同搞好工程建设。其他的单位工程如溢洪道、0#压力引水洞、电站厂房等有些合同工期规定的时间较紧,但它的后延,不影响水库工程实际效益的发挥,有一些项目是追加了后续工程的补充合同,有一些为了和金属结构加工、安装的配合或者排除施工干扰,工期相应地作了后延安排,我们认为这是必要的,也是合理的,可以理解,总的工期目标是符合合同精神的,应予肯定。

第二节 质量综合评价

堆石坝各分区填筑质量控制采用碾压参数和干密度(孔隙率)两种参数作为施工控制的主要标准。用试坑法共抽查54个,其中有6个试坑干密度数据需进一步核实,按规范规定不合质量标准的有两个,所测层填料全部返工处理重新测试,达到标准。实测颗分级配曲线约1/5超出设计颗分级配曲线,或存在着某种粒径的突变,曲线成为局部折线。但这些试坑测试的干密度,又符合设计标准,在此以予说明,可进一步探讨。

混凝土施工系统全过程皆进行了质量监控,一方面有现场检测验收、工序验收、旁站监理,另一方面从成品、半成品、混凝土配制及试块技术参数实验室试验的数据资料。两方面同时控制成果是一致的,符合规范要求,成果可以作为质量评价标准。混凝土施工的主要问题是骨料料源的局限性,被迫采用砂岩加工人工碎石、砂,砂的细度模数不稳定,达1.5~2.6,粉尘偏大,含量达10%~20%,混凝土配合比突破了水泥常规用量25%~80%。骨料前期加工地点分散,零星稳定性差,离差系数在规定的范围内稍有变化,后期加工相对集中,均质性好,在水泥用量不变的情况下,离差系数较稳定。在施工前期不同程度地忽视了砂石骨料加工和混凝土试配工作,混凝土施工开工后,工期短,难度大,没时间也不可能大范围调整混凝土的配合比,每立方米多用水泥67~95 kg,今后施工中应引以为戒。

第三节 投资控制评价

(1)在施工阶段是按月收方、计量,按月审核,按月支付,总包项目是按分项合同量进行控制的,超过合同工程量进入基本预备费或者留待后期解决,量、款都是清楚的。属于单价承包的项目按施工图和下达的月计划验收、核量,逐月拨款,项目清楚,计量准确。

(2)在施工承包合同签订阶段,主要施工图已出,而部分图纸和细部结构尚在设计,某些工程量未最后确定,加上临时施工项目大量增加、设计修改、地质问题、施工要求限制等,工程量有相当比例的增加。

第五章 经验与建议

(1)正确理解社会主义市场经济条件下,监理单位的职责和地位。目前,业主单位在工程建设中处于中心地位,负责对整个工程的总体规划、组织协调、决策等。因此,监理单位的意见和指令及在日常的施工管理工作中,监理工作不能仅仅停留在对工程施工合同执行情况的监督管理上,而应提倡监理工作的服务性,采取"监帮结合"的方针,从工程建设大局出发,努力提高监理工作的预见性和指导性,为业主和施工单位出谋划策,使工程顺利进行。

(2)必须履行招投标的工作,认真贯彻"三公"原则,所提供的设计文件深化至施工图,并且主要的细部结构已基本齐全,不致使投资控制有较大的变动。建设、设计、施工、监理各工程建设施工单位要同步到位、同步进行工作,以便在施工阶段有充分的准备时间,便于互相间对问题有深化理解,步骤上能够取得一致。

(3)资金支付比较理想,特别是施工高峰期资金的支付更是影响工程能否顺利进行的关键,而认真做到机械设备、材料及技术力量的及时到位是工程成功的基础。

(4)下大力气狠抓工程进度,严格全面控制质量检查、验收,严格工序检查。认真履行报表审批制度,是工程三控制的重要手段。

(5)完善、丰富合同内容,合同的签订要符合合同法的基本要求,责任明确,进度、投资、质量规定清楚,不以文字叙述上的原因,造成不确切的理解,影响执行效果。

第六节 监理日志记录要点及实例

一、监理日志的记录要点

监理日志是工程实施过程中监理工作的原始记录和最真实的工作依据,是项目监理部监理工作状况的综合反映,是监理的工作量及价值的体现,是记录施工人员素质、能力和技术水平的体现。它作为监理的工程跟踪资料是监理资料的重要组成部分,能动态地反映出监理工程的实际施工全貌和监理部工作成效,其内容必须真实、准确、全面。监理日志由监理机构指定专人填写,按月装订成册。

(一)监理日志分类与填写

(1)监理日志可分项目监理日志和专业监理日志,每个工程项目必须设项目监理日志,对于专业不复杂的工程项目,由项目总监理工程师确定亦可取消专业监理日志,只设项目监理日志。

(2)专业监理日志和项目监理日志不分层次,平行记载并归档。

(3)专业监理日志由专业监理工程师填写,定期由项目总监理工程师审阅并逐日签字；项目监理日志可与主要专业（如土建专业）监理日志合并，由项目总监理工程师或项目总监理工程师指定专人当日填写，项目总监理工程师每日签阅。

（二）专业监理日志记录内容

1. 日期及气象情况

记录当天日期、气温及天气情况（分上午、下午及晚上）。主要包括当日最高、最低气温，当日降雨（雪）量，当天的风力。气候条件不仅影响工程进度而且也影响工程质量，因此要详细记录气候情况。

2. 施工工作情况

1）施工进度情况

记录当天施工部位、施工内容、施工进度、施工班组及作业人数、施工投入使用的机械设备数量、名称。施工进度除应记录本日开始的施工内容、正在施工的内容及结束的施工内容外，还应记录留置试块的编号（与施工部位对应）。重要的隐蔽工程验收、施工试验、检测等应予摘要记录，以备检索。若发生施工延期或暂停施工应说明原因。要深入施工现场对每天的进度计划进行跟踪检查，检查施工单位各项资源的投入和施工组织情况并详细记录监理日志。

2）建筑材料情况

记录当天建筑材料（含构配件、设备）进场情况，填写材料（含构配件、设备）名称、规格型号、数量、产地、所用部位、取样送检委托单号、试验合格与否（补填）、验证情况、不合格材料处理等。对进场的原材料应详细记入监理日志。需要进行见证取样的，应及时取样送检，并将取样数量、部位及取样送检人记录清楚。

3）施工机械情况

记录当天施工机械运转情况，填写机械名称、规格型号、数量及机械运转是否正常，若出现异常，应注明原因。

3. 本专业监理工作情况

（1）现场质量（安全）问题的发现和处理。监理人员应做好旁站、巡视和平行检验等现场工作。现场监理工作要深入、细致，这样才能及时发现问题、解决问题，监理人员应在当天现场检查工作结束后，按不同施工部位、不同工序进行分类整理，并按时间顺序记录当日主要监理工作和监理在现场发现及监理预见到的问题，并应逐条记录监理所采取的措施及处理结果，对于当日没有结果的问题，应在以后的监理日志中得到明确反映。

（2）当日收发文号、收发文的主题以及重要文件的内容摘要，包括收到的各方要求、请示来文和当日签发的监理指令（如指令单、通知单、联系单）、监理报表（各种施工单位报审表及监理签证等），并应逐一说明监理落实处理上述收发文的情况。

（3）有关会议纪要和工程变更及洽商摘要。

（4）本专业重要监理事件的记录。

（5）其他事宜。

（三）项目监理日志记录内容

1. 日期及气象情况

记录当天日期、气温及天气情况（分上午、下午及晚上）。

2. 项目施工工作情况

记录主要专业相应施工工作情况。

3. 项目监理工作情况

(1)与项目监理日志合并的主要专业监理工作情况,内容可比照专业监理日志中相应要求填写。

(2)专业监理日志所未记载的收发文。

(3)涉及整个项目的会议及工地洽商等,项目监理日志应予记载。

(4)专业监理日志所未记载的综合性监理事件,对于重大监理事件,应予详细记载。

(5)其他事宜。

(四)监理日志记录注意事项

(1)准确记录日期、气象情况。有些监理日志往往只记录时间,而忽视气象记录,其实气象情况与工程质量有直接关系。因此,监理日志除写明日期外,还应详细记录当日气象情况(包括气温、晴、雨、雪、风力等天气情况)及因天气原因而延误的工期情况。

(2)做好现场巡查,真实、准确、全面地记录工程相关问题。监理人员在书写监理日记之前,必须做好现场巡查,增加巡查次数,提高巡查质量,巡查结束后按不同专业、不同施工部位进行分类整理,最后工整地书写监理日记,并做记录人的签名工作。记录监理日记时,要真实、准确、全面地反映与工程相关的一切问题(包括“三控制、三管理、一协调”)。

(3)监理日志应注意监理事件的“关闭”。监理人员在记监理日志时,往往只记录工程存在的问题,而没有记录问题的解决,从而存在“缺口”。发现问题是监理人员经验和观察力的表现,而解决问题是监理人员能力和水平的体现,是监理的价值所在。在监理工作中,并不只是发现问题,更重要的是怎样科学合理地解决问题。所以,监理日记要记录好发现的问题、解决的方法以及整改的过程和程度,监理日志应记录所发现的问题、采取的措施及整改的过程和效果,使监理事件圆满“闭合”。

(4)关心安全文明施工管理,作好安全检查记录。一般的委托监理合同中,大多不包括安全内容。虽然安全检查属于委托监理合同外的服务,但直接影响操作工人的情绪,进而影响工程质量,所以监理人员也要多关心、多提醒,作好检查记录,从而保证监理工作的正常开展。

(5)监理日志应内容严谨真实、书写工整、用语规范。监理日志体现了记录人对各项活动、问题及其相关影响的表达。文字如处理不当,比如错别字多、涂改明显、语句不通、不符逻辑,或用词不当、用语不规范、采用日常俗语等都会产生不良后果。语言表达能力不足的监理人员在日常工作中要多熟悉图纸、规范,提高技术素质,积累经验,掌握写作要领,严肃认真地记录好监理日志。

(6)监理日志记录后,要及时交项目总监理工程师审阅,以便及时沟通和了解,从而促进监理工作正常有序地开展。

二、监理日志编写实例

监理日志编写实例如下。

监理日志

填写人：×××　　　　　　　　　　　　　　　　日期：××××年×月×日

天气	白天	气温：最高气温 27.1 ℃， 风力：西风 7.7 m/s	夜晚	最低气温 16.7 ℃
施工部位、施工内容、施工形象	宜分标段填写，力求完整、简介、扼要，如： 1 标段：标段大坝充填灌浆 0+025~0+045，大坝充填灌浆已完成 67%。 2 标段：上游坝坡干砌石施工、下游坝坡浆砌石排水沟施工、坝顶防浪墙浆砌石施工，上游坝坡干砌石完成 71%；下游坝坡浆砌石排水沟完成 65%、坝顶防浪墙浆砌石完成 64%。 3 标段：溢洪道左边墙（单元编号）浇筑混凝土，溢洪道边坡浇筑混凝土完成 50%			
施工质量检验、安全作业情况	宜分标段填写，力求完整、简介、扼要，如： 1 标段：大坝充填灌浆，进行×-×-××单元验收、质量评定；钻机设有拉缆绳，要求拉缆绳。 2 标段：坝顶防浪墙浆砌石×-×-××单元验收，质量评定，施工作业安全。 3 标段：溢洪道左边墙（单元编号）浇筑混凝土，仓面验收，搅拌机站电闸裸露，要求增加防护措施			
施工作业中存在的问题及处理情况	宜分标段填写，力求完整、简介、扼要，如： 2 标段：上游坝坡干砌石有浮砌和叠砌情况，要求返工处理，下游坝坡浆砌石排水沟、防浪墙浆砌石局部砂浆不饱满，要求返工处理，下发监理整改通知。 3 标段：溢洪道左边坡浇筑混凝土，模板缝未按要求封闭，有跑浆现象，另模板有两处变形，要求封闭、矫正加固			
承包人的管理人员及主要技术人员到位情况	宜分标段填写，人员最后指明姓名，如： 1 标段：技术负责人、施工员、质检员、安全员在工地，项目经理有事请假回××。 2 标段：技术负责人、施工员、质检员、安全员在工地。			
施工机械投入运行和设备完好情况	宜分标段填写，机械宜注明型号、台数及运行情况，如： 1 标段：DJ-250 钻机 1 台、泥浆机 1 台，运行正常，设备完好。 2 标段：砂浆搅拌机 2 台、装载机 2 台，运行正常，设备完好。 3 标段：250 型混凝土搅拌机 1 台、三轮车 3 辆、振捣棒 2 台，运行正常，设备完好			
会议情况				
监理机构签发的意见、通知				
其他				

说明：本表由监理机构指定专人填写，按月装订成册。

小　结

本章重点阐述了监理规划编写要点及主要内容，监理规划的实例，监理实施细则编写要点及主要内容，监理实施细则实例，监理报告编写要求及实例，监理日志记录要点及实例，使学生结合实例进一步掌握监理规划、监理实施细则、监理报告、监理日志编写的相关知识。

复习思考题

1. 简述监理规划的编写要点。
2. 监理规划的主要内容有哪些？
3. 简述监理实施细则的编写要点。
4. 监理实施细则的主要内容有哪些？
5. 简述监理报告的编写要求。
6. 监理月报的主要内容有哪些？
7. 监理专题报告的主要内容有哪些？
8. 监理工作报告的主要内容有哪些？
9. 监理工作总结报告的主要内容有哪些？
10. 监理日志的记录要点有哪些？

参考文献

[1] 中国水利工程协会．水利工程建设监理概论[M]．北京：中国水利水电出版社，2007.

[2] 中华人民共和国水利部．SL 288—2003 水利工程建设项目施工监理规范[S]．北京：中国水利水电出版社，2003.

[3] 中华人民共和国水利部．水利工程施工监理招标文件示范文本[M]．北京：中国水利水电出版社，2007.

[4] 中华人民共和国水利部．GF—2000—0211 水利工程建设监理合同示范文本[S]．北京：中国水利水电出版社，2007.

[5] 韦志立，聂相田．建设监理概论[M]．2 版．北京：中国水利水电出版社，2001.

[6] 王立权．水利工程建设项目施工监理实用手册[M]．2 版．北京：中国水利水电出版社，2004.

[7] 张华．水利工程监理[M]．北京：中国水利水电出版社，2004.

[8] 娄鹏，刘景运．水利工程施工监理实用手册[M]．北京：中国水利水电出版社，2007.

[9] 范世平．水利工程建设监理理论与实用技术[M]．北京：中国水利水电出版社，2008.

[10] 陈惠忠，姜和平，陈昌杰．水利水电工程监理实施细则范例[M]．北京：中国水利水电出版社，2005.

[11] 姜国辉．水利工程监理[M]．北京：中国水利水电出版社，2005.

[12] 孙犁．建设工程监理概论[M]．郑州：郑州大学出版社，2006.

[13] 钟汉华，赵旭升．工程建设监理[M]．2 版．郑州：黄河水利出版社，2009.

[14] 张梦宇，梁建林．工程建设监理概论[M]．北京：中国水利水电出版社，2006.